付録 とりはずしてお使いください。

計算せんもんドリル

6年

6年　組

特色と使い方

- このドリルは、計算力を付けるための計算問題をせんもんにあつかったドリルです。
- 教科書ぴったりトレーニングに、このドリルの何ページをすればよいのかが書いてあります。教科書ぴったりトレーニングにあわせてお使いください。

もくじ

1 分数×整数 ①
2 分数×整数 ②
3 分数÷整数 ①
4 分数÷整数 ②
5 分数のかけ算①
6 分数のかけ算②
7 分数のかけ算③
8 分数のかけ算④
9 ３つの数の分数のかけ算
10 計算のきまり
11 分数のわり算①
12 分数のわり算②
13 分数のわり算③
14 分数のわり算④
15 分数と小数のかけ算とわり算
16 分数のかけ算とわり算のまじった式①
17 分数のかけ算とわり算のまじった式②
18 かけ算とわり算のまじった式①
19 かけ算とわり算のまじった式②

●６年間の計算のまとめ
20 整数のたし算とひき算
21 整数のかけ算
22 整数のわり算
23 小数のたし算とひき算
24 小数のかけ算
25 小数のわり算
26 わり進むわり算
27 商をがい数で表すわり算
28 分数のたし算とひき算
29 分数のかけ算
30 分数のわり算
31 分数のかけ算とわり算のまじった式
32 いろいろな計算

おうちのかたへ

- お子さまがお使いの教科書や学校の学習状況により、ドリルのページが前後したり、学習されていない問題が含まれている場合がございます。お子さまの学習状況に応じてお使いください。
- お子さまがお使いの教科書により、教科書ぴったりトレーニングと対応していないページがある場合がございますが、お子さまの興味・関心に応じてお使いください。

1 分数×整数 ①

★できた問題には、「た」をかこう！

月　　日

1 次の計算をしましょう。

① $\frac{1}{6}\times5$　　② $\frac{2}{9}\times4$

③ $\frac{3}{4}\times9$　　④ $\frac{4}{5}\times4$

⑤ $\frac{2}{3}\times2$　　⑥ $\frac{3}{7}\times6$

月　　日

2 次の計算をしましょう。

① $\frac{3}{8}\times2$　　② $\frac{7}{6}\times3$

③ $\frac{5}{12}\times8$　　④ $\frac{10}{9}\times6$

⑤ $\frac{1}{8}\times8$　　⑥ $\frac{4}{3}\times6$

2 分数×整数 ②

★できた問題には、「た」をかこう！

1 2

1 次の計算をしましょう。

月　日

① $\frac{2}{7}\times 3$

② $\frac{1}{2}\times 9$

③ $\frac{3}{8}\times 7$

④ $\frac{5}{4}\times 3$

⑤ $\frac{6}{5}\times 2$

⑥ $\frac{2}{3}\times 8$

2 次の計算をしましょう。

月　日

① $\frac{1}{4}\times 2$

② $\frac{5}{12}\times 3$

③ $\frac{1}{12}\times 10$

④ $\frac{5}{8}\times 6$

⑤ $\frac{1}{3}\times 6$

⑥ $\frac{5}{4}\times 12$

3 分数÷整数 ①

★できた問題には、「た」をかこう！

1 でき　2 でき

1 次の計算をしましょう。　　月　　日

① $\frac{8}{7} \div 9$

② $\frac{6}{5} \div 7$

③ $\frac{4}{3} \div 5$

④ $\frac{10}{3} \div 2$

⑤ $\frac{9}{8} \div 3$

⑥ $\frac{3}{2} \div 3$

2 次の計算をしましょう。　　月　　日

① $\frac{2}{9} \div 6$

② $\frac{3}{5} \div 12$

③ $\frac{2}{3} \div 4$

④ $\frac{9}{10} \div 6$

⑤ $\frac{6}{7} \div 4$

⑥ $\frac{9}{4} \div 12$

4 分数÷整数 ②

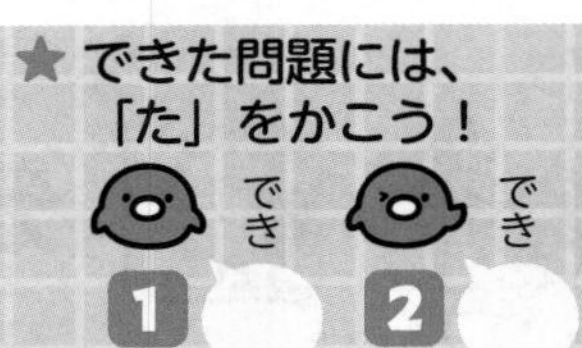

1 次の計算をしましょう。

月　日

① $\frac{5}{6}\div8$

② $\frac{3}{8}\div2$

③ $\frac{2}{3}\div9$

④ $\frac{6}{5}\div6$

⑤ $\frac{9}{10}\div3$

⑥ $\frac{15}{2}\div5$

2 次の計算をしましょう。

月　日

① $\frac{3}{2}\div9$

② $\frac{2}{7}\div10$

③ $\frac{4}{3}\div12$

④ $\frac{6}{5}\div10$

⑤ $\frac{9}{4}\div6$

⑥ $\frac{8}{5}\div6$

5 分数のかけ算①

★できた問題には、「た」をかこう！

1 でき　2 でき

月　日

1 次の計算をしましょう。

① $\frac{1}{5}\times\frac{1}{6}$

② $\frac{2}{3}\times\frac{2}{5}$

③ $\frac{3}{5}\times\frac{2}{9}$

④ $\frac{3}{7}\times\frac{5}{6}$

⑤ $\frac{14}{9}\times\frac{12}{7}$

⑥ $\frac{5}{2}\times\frac{6}{5}$

月　日

2 次の計算をしましょう。

① $1\frac{1}{3}\times\frac{2}{5}$

② $1\frac{1}{8}\times1\frac{1}{6}$

③ $\frac{8}{15}\times2\frac{1}{2}$

④ $1\frac{3}{7}\times1\frac{13}{15}$

⑤ $6\times\frac{2}{7}$

⑥ $4\times2\frac{1}{4}$

6 分数のかけ算②

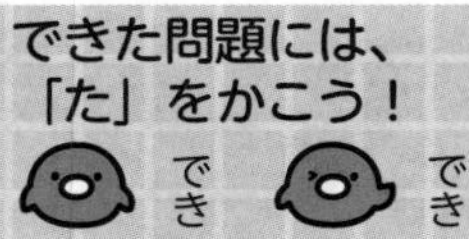

月　日

1 次の計算をしましょう。

① $\frac{1}{2}\times\frac{1}{7}$

② $\frac{6}{5}\times\frac{6}{7}$

③ $\frac{4}{5}\times\frac{3}{8}$

④ $\frac{5}{8}\times\frac{4}{3}$

⑤ $\frac{7}{8}\times\frac{2}{7}$

⑥ $\frac{14}{9}\times\frac{3}{16}$

月　日

2 次の計算をしましょう。

① $\frac{6}{7}\times1\frac{3}{5}$

② $1\frac{2}{5}\times1\frac{7}{8}$

③ $2\frac{1}{4}\times\frac{8}{15}$

④ $2\frac{1}{3}\times1\frac{1}{14}$

⑤ $1\frac{1}{8}\times1\frac{7}{9}$

⑥ $4\times\frac{5}{6}$

7 分数のかけ算③

★できた問題には、「た」をかこう！

でき 1　でき 2

月　日

1 次の計算をしましょう。

① $\frac{1}{4}\times\frac{1}{3}$

② $\frac{5}{6}\times\frac{5}{7}$

③ $\frac{2}{7}\times\frac{3}{8}$

④ $\frac{3}{4}\times\frac{8}{9}$

⑤ $\frac{7}{5}\times\frac{15}{7}$

⑥ $\frac{8}{3}\times\frac{9}{4}$

月　日

2 次の計算をしましょう。

① $2\frac{1}{3}\times\frac{5}{6}$

② $\frac{4}{7}\times2\frac{3}{4}$

③ $1\frac{1}{10}\times1\frac{4}{11}$

④ $1\frac{1}{4}\times1\frac{3}{5}$

⑤ $7\times\frac{3}{5}$

⑥ $8\times2\frac{1}{2}$

8 分数のかけ算④

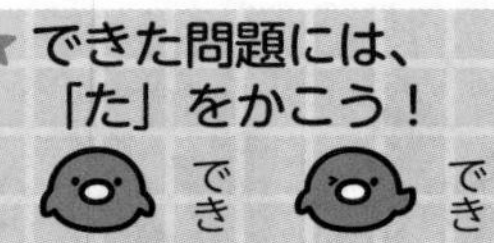

1 次の計算をしましょう。

月　日

① $\frac{1}{3}\times\frac{1}{2}$

② $\frac{2}{7}\times\frac{3}{7}$

③ $\frac{5}{6}\times\frac{3}{8}$

④ $\frac{2}{5}\times\frac{5}{8}$

⑤ $\frac{9}{2}\times\frac{8}{3}$

⑥ $\frac{14}{3}\times\frac{9}{7}$

2 次の計算をしましょう。

月　日

① $\frac{3}{7}\times1\frac{4}{5}$

② $1\frac{3}{8}\times1\frac{2}{11}$

③ $3\frac{3}{4}\times\frac{8}{25}$

④ $1\frac{1}{2}\times1\frac{1}{9}$

⑤ $2\frac{1}{4}\times1\frac{7}{9}$

⑥ $6\times\frac{5}{4}$

9 3つの数の分数のかけ算

★できた問題には、「た」をかこう！

1 次の計算をしましょう。

月　日

① $\frac{4}{3}\times\frac{5}{4}\times\frac{2}{7}$

② $\frac{8}{5}\times\frac{7}{8}\times\frac{7}{9}$

③ $\frac{2}{5}\times\frac{7}{3}\times\frac{5}{8}$

④ $\frac{1}{3}\times\frac{14}{5}\times\frac{6}{7}$

⑤ $\frac{7}{6}\times\frac{5}{3}\times\frac{9}{14}$

⑥ $\frac{5}{4}\times\frac{6}{7}\times\frac{8}{15}$

2 次の計算をしましょう。

月　日

① $\frac{5}{11}\times\frac{5}{12}\times2\frac{3}{4}$

② $\frac{5}{7}\times\frac{1}{6}\times1\frac{4}{5}$

③ $\frac{3}{7}\times3\frac{1}{2}\times\frac{6}{11}$

④ $\frac{8}{9}\times1\frac{1}{4}\times\frac{3}{10}$

⑤ $2\frac{2}{3}\times\frac{3}{4}\times\frac{7}{12}$

⑥ $3\frac{3}{4}\times\frac{5}{6}\times\frac{4}{5}$

10 計算のきまり

1 計算のきまりを使って、くふうして計算しましょう。

① $\left(\frac{1}{5}\times\frac{2}{7}\right)\times\frac{7}{2}$

② $\frac{35}{8}\times\left(\frac{1}{5}+\frac{3}{7}\right)$

③ $\left(\frac{1}{3}+\frac{1}{4}\right)\times\frac{12}{5}$

④ $\left(\frac{1}{2}-\frac{4}{9}\right)\times\frac{18}{5}$

⑤ $\frac{1}{4}\times\frac{10}{9}+\frac{1}{5}\times\frac{10}{9}$

⑥ $\frac{3}{5}\times\frac{5}{11}-\frac{2}{7}\times\frac{5}{11}$

11 分数のわり算①

★できた問題には、「た」をかこう！

でき 1　でき 2

月　　日

1 次の計算をしましょう。

① $\frac{3}{4} \div \frac{1}{5}$

② $\frac{7}{5} \div \frac{3}{4}$

③ $\frac{8}{5} \div \frac{7}{10}$

④ $\frac{3}{4} \div \frac{9}{5}$

⑤ $\frac{5}{3} \div \frac{10}{9}$

⑥ $\frac{5}{6} \div \frac{15}{2}$

月　　日

2 次の計算をしましょう。

① $1\frac{1}{9} \div \frac{3}{7}$

② $\frac{7}{8} \div 3\frac{1}{2}$

③ $2\frac{1}{2} \div 1\frac{1}{3}$

④ $1\frac{2}{5} \div 2\frac{3}{5}$

⑤ $8 \div \frac{1}{2}$

⑥ $\frac{7}{6} \div 14$

12 分数のわり算②

★できた問題には、「た」をかこう！

1 でき　2 でき

1 次の計算をしましょう。　　月　日

① $\frac{5}{4} \div \frac{3}{7}$

② $\frac{7}{3} \div \frac{1}{9}$

③ $\frac{7}{2} \div \frac{5}{8}$

④ $\frac{4}{5} \div \frac{8}{9}$

⑤ $\frac{5}{9} \div \frac{20}{3}$

⑥ $\frac{3}{7} \div \frac{9}{14}$

2 次の計算をしましょう。　　月　日

① $4\frac{2}{3} \div \frac{7}{9}$

② $\frac{8}{9} \div 1\frac{1}{2}$

③ $1\frac{1}{3} \div 1\frac{4}{5}$

④ $2\frac{2}{9} \div 3\frac{1}{3}$

⑤ $7 \div 4\frac{1}{2}$

⑥ $\frac{9}{8} \div 2$

★できた問題には、「た」をかこう！

できた 1 / できた 2

1 次の計算をしましょう。

月　日

① $\frac{2}{3} \div \frac{1}{4}$

② $\frac{3}{2} \div \frac{8}{3}$

③ $\frac{9}{4} \div \frac{5}{8}$

④ $\frac{7}{9} \div \frac{4}{3}$

⑤ $\frac{8}{7} \div \frac{12}{7}$

⑥ $\frac{5}{6} \div \frac{10}{9}$

2 次の計算をしましょう。

月　日

① $1\frac{2}{5} \div \frac{3}{4}$

② $\frac{9}{10} \div 3\frac{3}{5}$

③ $3\frac{1}{2} \div 1\frac{3}{10}$

④ $1\frac{7}{8} \div 2\frac{1}{2}$

⑤ $6 \div \frac{1}{5}$

⑥ $\frac{3}{4} \div 5$

14 分数のわり算④

★できた問題には、「た」をかこう！

できた 1　できた 2

1 次の計算をしましょう。

月　日

① $\frac{8}{3} \div \frac{7}{10}$

② $\frac{4}{3} \div \frac{1}{6}$

③ $\frac{7}{4} \div \frac{5}{8}$

④ $\frac{6}{5} \div \frac{9}{7}$

⑤ $\frac{3}{8} \div \frac{9}{2}$

⑥ $\frac{7}{9} \div \frac{7}{6}$

2 次の計算をしましょう。

月　日

① $4\frac{1}{4} \div \frac{5}{8}$

② $\frac{4}{5} \div 1\frac{2}{3}$

③ $1\frac{1}{7} \div 1\frac{1}{5}$

④ $3\frac{3}{4} \div 4\frac{3}{8}$

⑤ $5 \div \frac{10}{3}$

⑥ $5\frac{1}{3} \div 3$

15 分数と小数のかけ算とわり算

★できた問題には、「た」をかこう！

1 でき　2 でき

月　日

1 次の計算をしましょう。

① $0.3 \times \frac{1}{7}$

② $2.5 \times 1\frac{3}{5}$

③ $\frac{5}{12} \times 0.8$

④ $1\frac{1}{6} \times 1.2$

月　日

2 次の計算をしましょう。

① $0.9 \div \frac{5}{6}$

② $1.6 \div \frac{2}{3}$

③ $\frac{3}{4} \div 0.2$

④ $1\frac{1}{5} \div 1.2$

16 分数のかけ算とわり算のまじった式①

★できた問題には、「た」をかこう！

月　日

1 次の計算をしましょう。

① $\frac{1}{2}\times\frac{9}{2}\div\frac{3}{10}$

② $\frac{7}{3}\times\frac{5}{9}\div\frac{10}{3}$

③ $\frac{1}{4}\times\frac{6}{5}\div\frac{9}{5}$

④ $\frac{3}{5}\div\frac{1}{3}\times\frac{6}{7}$

⑤ $\frac{2}{3}\div\frac{8}{9}\times\frac{3}{4}$

⑥ $\frac{8}{5}\div\frac{2}{3}\times5$

⑦ $\frac{5}{9}\div\frac{5}{6}\div\frac{3}{7}$

⑧ $\frac{8}{7}\div\frac{4}{3}\div\frac{6}{5}$

17 分数のかけ算とわり算のまじった式②

★できた問題には、「た」をかこう！

月　　日

1 次の計算をしましょう。

① $\frac{9}{4}\times\frac{5}{2}\div\frac{7}{8}$

② $\frac{5}{3}\times\frac{2}{7}\div\frac{10}{21}$

③ $\frac{3}{8}\div\frac{5}{6}\times\frac{2}{9}$

④ $\frac{4}{5}\div3\times\frac{9}{8}$

⑤ $\frac{2}{3}\div\frac{8}{7}\div\frac{2}{9}$

⑥ $\frac{3}{4}\div\frac{9}{5}\div\frac{5}{8}$

⑦ $\frac{4}{5}\div\frac{8}{7}\div\frac{14}{15}$

⑧ $\frac{5}{6}\div\frac{1}{9}\div6$

18 かけ算とわり算のまじった式①

月　日

1 次の計算をしましょう。

① $\frac{8}{5}\times\frac{3}{4}\div0.6$

② $\frac{8}{7}\div\frac{5}{6}\times0.5$

③ $\frac{5}{4}\div0.8\times\frac{8}{15}$

④ $\frac{4}{3}\div0.6\div\frac{8}{9}$

⑤ $0.5\times\frac{4}{3}\div0.08$

⑥ $0.9\div\frac{3}{8}\times1.2$

⑦ $0.9\div3.9\times5.2$

⑧ $0.15\times15\div\frac{5}{8}$

19 かけ算とわり算のまじった式②

★できた問題には、「た」をかこう！

でき 1

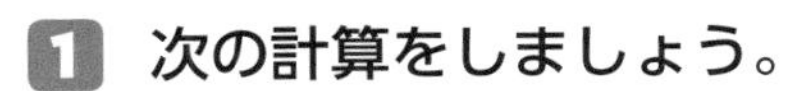

月　日

1 次の計算をしましょう。

① $0.2\times\frac{10}{9}\div6$

② $0.4\times\frac{4}{5}\div1.6$

③ $\frac{2}{3}\times0.8\div8$

④ $\frac{1}{3}\div1.4\times6$

⑤ $5\div0.5\times\frac{3}{4}$

⑥ $2\times\frac{7}{9}\times0.81$

⑦ $0.8\times0.4\div0.06$

⑧ $\frac{6}{5}\div4\div0.9$

6年間の計算のまとめ

20 整数のたし算とひき算

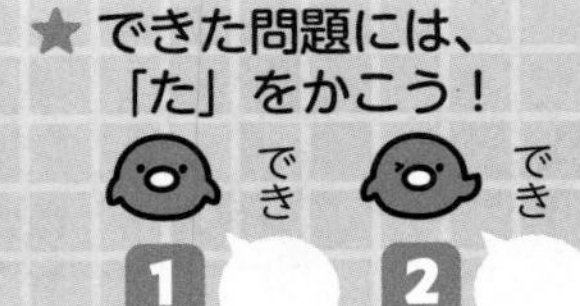

1 次の計算をしましょう。

① 23＋58　② 79＋84　③ 73＋134　④ 415＋569

⑤ 314＋298　⑥ 788＋497　⑦ 1710＋472　⑧ 2459＋1268

2 次の計算をしましょう。

① 92－45　② 118－52　③ 813－522　④ 412－268

⑤ 431－342　⑥ 1000－478　⑦ 1870－984　⑧ 2241－1736

★できた問題には、「た」をかこう！

1 でき　2 でき

1 次の計算をしましょう。

月　日

① 45×2　② 29×7　③ 382×9　④ 708×5

⑤ 39×41　⑥ 54×28　⑦ 78×82　⑧ 32×45

2 次の計算をしましょう。

① 257×53　② 301×49　③ 83×265　④ 674×137

整数のわり算

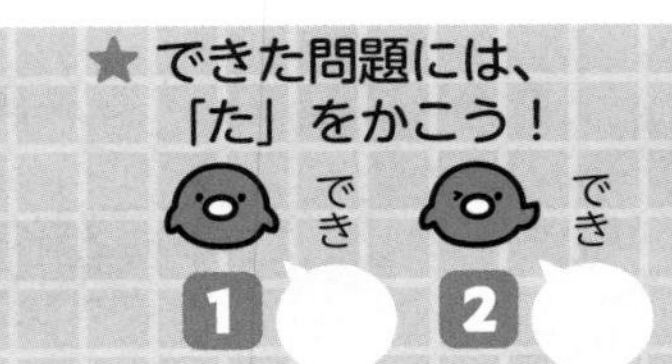

① 78÷6　② 92÷4　③ 162÷3　④ 492÷2

⑤ 68÷17　⑥ 152÷19　⑦ 406÷29　⑧ 5456÷16

2 商を一の位まで求め、あまりも出しましょう。

① 84÷5　② 906÷53　③ 956÷29　④ 2418÷95

6年間の計算のまとめ

23 小数のたし算とひき算

★できた問題には、「た」をかこう！

1 できた　2 できた

1 次の計算をしましょう。

月　　日

① 4.3+3.5　② 2.8+0.3　③ 7.2+4.9　④ 16+0.5

⑤ 0.93+0.69　⑥ 2.75+0.89　⑦ 2.4+0.08　⑧ 61.8+0.94

2 次の計算をしましょう。

月　　日

① 3.7−1.2　② 7.4−4.5　③ 11.7−3.6　④ 4−2.4

⑤ 0.43−0.17　⑥ 2.56−1.94　⑦ 5.7−0.68　⑧ 3−0.09

小数のかけ算

1 次の計算をしましょう。　　　　月　　日

① 3.2×8　　② 0.27×2　　③ 9.4×66　　④ 7.18×15

2 次の計算をしましょう。　　　　月　　日

① 12×6.7　　② 7.3×0.8　　③ 2.8×8.2　　④ 3.6×2.5

⑤ 9.08×4.8　　⑥ 3.4×0.04　　⑦ 0.65×0.77　　⑧ 13.4×0.56

★できた問題には、「た」をかこう！

できた 1 できた 2

① 6.5÷5　② 42÷0.7　③ 39.2÷0.8　④ 37.1÷5.3

⑤ 50.7÷0.78　⑥ 8.37÷2.7　⑦ 19.32÷6.9　⑧ 6.86÷0.98

2 商を $\frac{1}{10}$ の位まで求め、あまりも出しましょう。

① 6.8÷3　② 2.7÷1.6　③ 5.9÷0.15　④ 32.98÷4.3

6年間の計算のまとめ

26 わり進むわり算

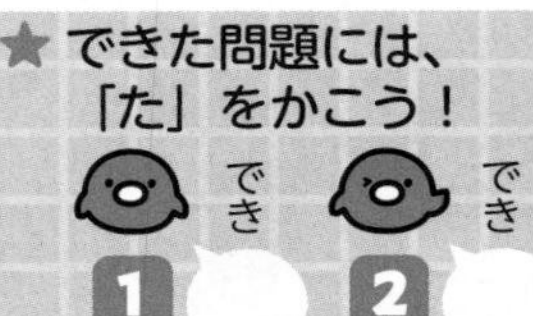

1 次のわり算を、わり切れるまで計算しましょう。

月　日

① 5.1÷6　② 11.7÷15　③ 13÷4　④ 21÷24

2 次のわり算を、わり切れるまで計算しましょう。

① 2.3÷0.4　② 2.09÷0.5　③ 3.3÷2.5　④ 9.36÷4.8

⑤ 1.96÷0.35　⑥ 4.5÷0.72　⑦ 72.8÷20.8　⑧ 3.85÷3.08

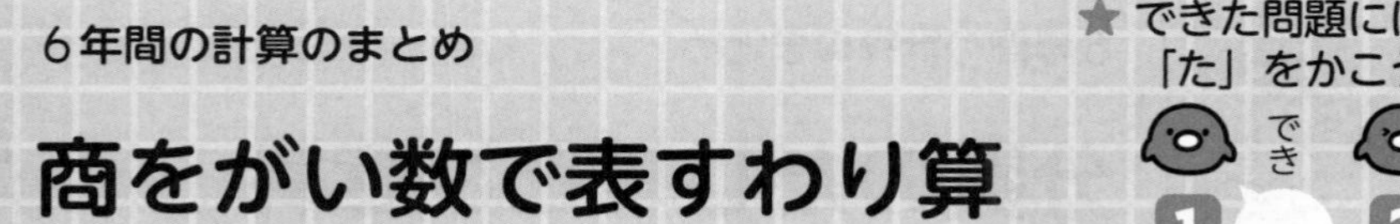

6年間の計算のまとめ

27 商をがい数で表すわり算

★できた問題には、「た」をかこう！

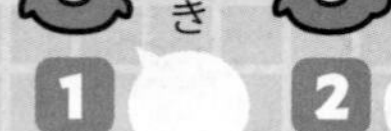

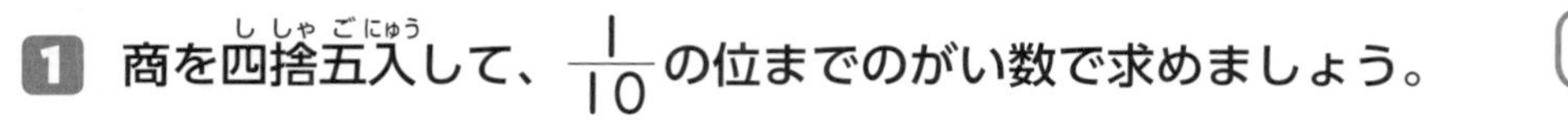

1 商を四捨五入して、$\frac{1}{10}$の位までのがい数で求めましょう。

① 9.9÷49　② 4.9÷5.7　③ 5.06÷7.9　④ 1.92÷0.28

2 商を四捨五入して、上から２けたのがい数で求めましょう。

① 26÷9　② 12.9÷8.3　③ 8÷0.97　④ 5.91÷4.2

28 分数のたし算とひき算

★できた問題には、「た」をかこう！

1 できた　2 できた

1 次の計算をしましょう。

月　日

① $\frac{4}{7}+\frac{1}{7}$

② $\frac{2}{3}+\frac{3}{8}$

③ $\frac{1}{5}+\frac{7}{15}$

④ $1\frac{3}{10}+\frac{7}{8}$

⑤ $\frac{5}{6}+3\frac{1}{2}$

⑥ $1\frac{5}{7}+1\frac{11}{14}$

2 次の計算をしましょう。

月　日

① $\frac{3}{5}-\frac{2}{5}$

② $\frac{4}{5}-\frac{3}{10}$

③ $\frac{5}{6}-\frac{3}{10}$

④ $\frac{34}{21}-\frac{11}{14}$

⑤ $1\frac{1}{12}-\frac{3}{8}$

⑥ $2\frac{3}{5}-1\frac{2}{3}$

6年間の計算のまとめ

29 分数のかけ算

★できた問題には、「た」をかこう！

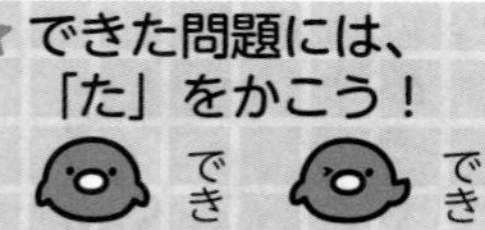

1 次の計算をしましょう。

月　　日

① $\frac{3}{7}\times4$

② $9\times\frac{5}{6}$

③ $\frac{2}{5}\times\frac{4}{3}$

④ $\frac{3}{4}\times\frac{5}{9}$

⑤ $\frac{2}{3}\times\frac{9}{8}$

⑥ $\frac{7}{5}\times\frac{10}{7}$

2 次の計算をしましょう。

月　　日

① $\frac{4}{5}\times1\frac{2}{3}$

② $1\frac{1}{8}\times\frac{2}{3}$

③ $1\frac{1}{2}\times1\frac{5}{9}$

④ $1\frac{1}{9}\times1\frac{7}{8}$

⑤ $1\frac{2}{5}\times1\frac{3}{7}$

⑥ $2\frac{1}{4}\times1\frac{1}{3}$

6年間の計算のまとめ

30 分数のわり算

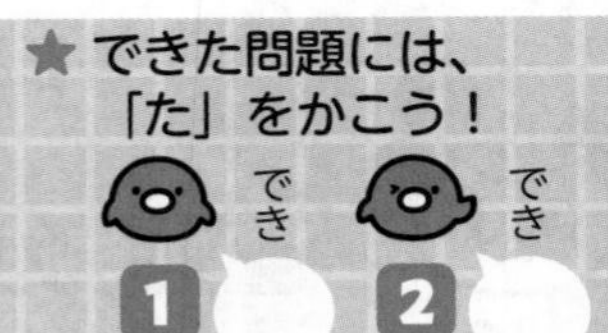

1 次の計算をしましょう。

月　日

① $\frac{3}{4} \div 5$

② $7 \div \frac{5}{8}$

③ $\frac{2}{5} \div \frac{6}{7}$

④ $\frac{5}{6} \div \frac{10}{9}$

⑤ $\frac{10}{7} \div \frac{5}{14}$

⑥ $\frac{8}{3} \div \frac{4}{9}$

2 次の計算をしましょう。

月　日

① $\frac{4}{9} \div 3\frac{1}{3}$

② $1\frac{3}{5} \div \frac{4}{5}$

③ $2\frac{2}{3} \div 1\frac{2}{3}$

④ $2\frac{1}{2} \div 1\frac{7}{8}$

⑤ $1\frac{1}{3} \div 1\frac{7}{9}$

⑥ $1\frac{3}{5} \div 2$

31 6年間の計算のまとめ 分数のかけ算とわり算のまじった式

★できた問題には、「た」をかこう！

でき 1

1 次の計算をしましょう。

月　日

① $\frac{3}{2}\times\frac{5}{9}\times\frac{4}{5}$

② $5\times\frac{2}{15}\times4\frac{1}{2}$

③ $\frac{8}{7}\times\frac{5}{16}\div\frac{5}{6}$

④ $\frac{5}{6}\times4\frac{1}{2}\div\frac{5}{7}$

⑤ $\frac{5}{8}\div\frac{3}{4}\times\frac{3}{5}$

⑥ $2\frac{1}{4}\div6\times\frac{14}{15}$

⑦ $\frac{2}{3}\div\frac{14}{15}\div\frac{8}{7}$

⑧ $1\frac{2}{5}\div\frac{9}{10}\div7$

32 いろいろな計算

★できた問題には、「た」をかこう！

1 でき　2 でき

1 次の計算をしましょう。

月　日

① $4\times5+3\times6$

② $6\times7-14\div2$

③ $48\div6-16\div8$

④ $10-(52-7)\div9$

⑤ $(9+7)\div2+8$

⑥ $12+2\times(3+5)$

2 次の計算をしましょう。

月　日

① $\left(\frac{2}{7}+\frac{3}{5}\right)\times35$

② $30\times\left(\frac{5}{6}-\frac{7}{10}\right)$

③ $0.4\times6\times\frac{5}{8}$

④ $0.32\times9\div\frac{8}{5}$

⑤ $\frac{2}{9}\div4\times0.6$

⑥ $0.49\div\frac{7}{25}\div3$

答え

1 分数×整数 ①

1
① $\frac{5}{6}$　② $\frac{8}{9}$
③ $\frac{27}{4}\left(6\frac{3}{4}\right)$　④ $\frac{16}{5}\left(3\frac{1}{5}\right)$
⑤ $\frac{4}{3}\left(1\frac{1}{3}\right)$　⑥ $\frac{18}{7}\left(2\frac{4}{7}\right)$

2
① $\frac{3}{4}$　② $\frac{7}{2}\left(3\frac{1}{2}\right)$
③ $\frac{10}{3}\left(3\frac{1}{3}\right)$　④ $\frac{20}{3}\left(6\frac{2}{3}\right)$
⑤ 1　⑥ 8

2 分数×整数 ②

1
① $\frac{6}{7}$　② $\frac{9}{2}\left(4\frac{1}{2}\right)$
③ $\frac{21}{8}\left(2\frac{5}{8}\right)$　④ $\frac{15}{4}\left(3\frac{3}{4}\right)$
⑤ $\frac{12}{5}\left(2\frac{2}{5}\right)$　⑥ $\frac{16}{3}\left(5\frac{1}{3}\right)$

2
① $\frac{1}{2}$　② $\frac{5}{4}\left(1\frac{1}{4}\right)$
③ $\frac{5}{6}$　④ $\frac{15}{4}\left(3\frac{3}{4}\right)$
⑤ 2　⑥ 15

3 分数÷整数 ①

1
① $\frac{8}{63}$　② $\frac{6}{35}$
③ $\frac{4}{15}$　④ $\frac{5}{3}\left(1\frac{2}{3}\right)$
⑤ $\frac{3}{8}$　⑥ $\frac{1}{2}$

2
① $\frac{1}{27}$　② $\frac{1}{20}$
③ $\frac{1}{6}$　④ $\frac{3}{20}$
⑤ $\frac{3}{14}$　⑥ $\frac{3}{16}$

4 分数÷整数 ②

1
① $\frac{5}{48}$　② $\frac{3}{16}$
③ $\frac{2}{27}$　④ $\frac{1}{5}$
⑤ $\frac{3}{10}$　⑥ $\frac{3}{2}\left(1\frac{1}{2}\right)$

2
① $\frac{1}{6}$　② $\frac{1}{35}$
③ $\frac{1}{9}$　④ $\frac{3}{25}$
⑤ $\frac{3}{8}$　⑥ $\frac{4}{15}$

5 分数のかけ算①

1
① $\frac{1}{30}$　② $\frac{4}{15}$
③ $\frac{2}{15}$　④ $\frac{5}{14}$
⑤ $\frac{8}{3}\left(2\frac{2}{3}\right)$　⑥ 3

2
① $\frac{8}{15}$　② $\frac{21}{16}\left(1\frac{5}{16}\right)$
③ $\frac{4}{3}\left(1\frac{1}{3}\right)$　④ $\frac{8}{3}\left(2\frac{2}{3}\right)$
⑤ $\frac{12}{7}\left(1\frac{5}{7}\right)$　⑥ 9

6 分数のかけ算②

1
① $\frac{1}{14}$　② $\frac{36}{35}\left(1\frac{1}{35}\right)$
③ $\frac{3}{10}$　④ $\frac{5}{6}$
⑤ $\frac{1}{4}$　⑥ $\frac{7}{24}$

2
① $\frac{48}{35}\left(1\frac{13}{35}\right)$　② $\frac{21}{8}\left(2\frac{5}{8}\right)$
③ $\frac{6}{5}\left(1\frac{1}{5}\right)$　④ $\frac{5}{2}\left(2\frac{1}{2}\right)$
⑤ 2　⑥ $\frac{10}{3}\left(3\frac{1}{3}\right)$

7 分数のかけ算③

1
① $\frac{1}{12}$　② $\frac{25}{42}$
③ $\frac{3}{28}$　④ $\frac{2}{3}$
⑤ 3　⑥ 6

2 ① $\frac{35}{18}\left(1\frac{17}{18}\right)$ ② $\frac{11}{7}\left(1\frac{4}{7}\right)$

③ $\frac{3}{2}\left(1\frac{1}{2}\right)$ ④ 2

⑤ $\frac{21}{5}\left(4\frac{1}{5}\right)$ ⑥ 20

8 分数のかけ算④

1 ① $\frac{1}{6}$ ② $\frac{6}{49}$

③ $\frac{5}{16}$ ④ $\frac{1}{4}$

⑤ 12 ⑥ 6

2 ① $\frac{27}{35}$ ② $\frac{13}{8}\left(1\frac{5}{8}\right)$

③ $\frac{6}{5}\left(1\frac{1}{5}\right)$ ④ $\frac{5}{3}\left(1\frac{2}{3}\right)$

⑤ 4 ⑥ $\frac{15}{2}\left(7\frac{1}{2}\right)$

9 3つの数の分数のかけ算

1 ① $\frac{10}{21}$ ② $\frac{49}{45}\left(1\frac{4}{45}\right)$

③ $\frac{7}{12}$ ④ $\frac{4}{5}$

⑤ $\frac{5}{4}\left(1\frac{1}{4}\right)$ ⑥ $\frac{4}{7}$

2 ① $\frac{25}{48}$ ② $\frac{3}{14}$

③ $\frac{9}{11}$ ④ $\frac{1}{3}$

⑤ $\frac{7}{6}\left(1\frac{1}{6}\right)$ ⑥ $\frac{5}{2}\left(2\frac{1}{2}\right)$

10 計算のきまり

1 ① $\frac{1}{5}$ (0.2) ② $\frac{11}{4}\left(2\frac{3}{4}、2.75\right)$

③ $\frac{7}{5}\left(1\frac{2}{5}、1.4\right)$ ④ $\frac{1}{5}$ (0.2)

⑤ $\frac{1}{2}$ (0.5) ⑥ $\frac{1}{7}$

11 分数のわり算①

1 ① $\frac{15}{4}\left(3\frac{3}{4}\right)$ ② $\frac{28}{15}\left(1\frac{13}{15}\right)$

③ $\frac{16}{7}\left(2\frac{2}{7}\right)$ ④ $\frac{5}{12}$

⑤ $\frac{3}{2}\left(1\frac{1}{2}\right)$ ⑥ $\frac{1}{9}$

2 ① $\frac{70}{27}\left(2\frac{16}{27}\right)$ ② $\frac{1}{4}$

③ $\frac{15}{8}\left(1\frac{7}{8}\right)$ ④ $\frac{7}{13}$

⑤ 16 ⑥ $\frac{1}{12}$

12 分数のわり算②

1 ① $\frac{35}{12}\left(2\frac{11}{12}\right)$ ② 21

③ $\frac{28}{5}\left(5\frac{3}{5}\right)$ ④ $\frac{9}{10}$

⑤ $\frac{1}{12}$ ⑥ $\frac{2}{3}$

2 ① 6 ② $\frac{16}{27}$

③ $\frac{20}{27}$ ④ $\frac{2}{3}$

⑤ $\frac{14}{9}\left(1\frac{5}{9}\right)$ ⑥ $\frac{9}{16}$

13 分数のわり算③

1 ① $\frac{8}{3}\left(2\frac{2}{3}\right)$ ② $\frac{9}{16}$

③ $\frac{18}{5}\left(3\frac{3}{5}\right)$ ④ $\frac{7}{12}$

⑤ $\frac{2}{3}$ ⑥ $\frac{3}{4}$

2 ① $\frac{28}{15}\left(1\frac{13}{15}\right)$ ② $\frac{1}{4}$

③ $\frac{35}{13}\left(2\frac{9}{13}\right)$ ④ $\frac{3}{4}$

⑤ 30 ⑥ $\frac{3}{20}$

14 分数のわり算④

1 ① $\frac{80}{21}\left(3\frac{17}{21}\right)$ ② 8

③ $\frac{14}{5}\left(2\frac{4}{5}\right)$ ④ $\frac{14}{15}$

⑤ $\frac{1}{12}$ ⑥ $\frac{2}{3}$

2 ① $\frac{34}{5}\left(6\frac{4}{5}\right)$　② $\frac{12}{25}$
③ $\frac{20}{21}$　④ $\frac{6}{7}$
⑤ $\frac{3}{2}\left(1\frac{1}{2}\right)$　⑥ $\frac{16}{9}\left(1\frac{7}{9}\right)$

15 分数と小数のかけ算とわり算

1 ① $\frac{3}{70}$　② 4
③ $\frac{1}{3}$　④ $\frac{7}{5}\left(1\frac{2}{5}、1.4\right)$

2 ① $\frac{27}{25}\left(1\frac{2}{25}、1.08\right)$　② $\frac{12}{5}\left(2\frac{2}{5}、2.4\right)$
③ $\frac{15}{4}\left(3\frac{3}{4}、3.75\right)$　④ 1

16 分数のかけ算とわり算のまじった式①

1 ① $\frac{15}{2}\left(7\frac{1}{2}\right)$　② $\frac{7}{18}$
③ $\frac{1}{6}$　④ $\frac{54}{35}\left(1\frac{19}{35}\right)$
⑤ $\frac{9}{16}$　⑥ 12
⑦ $\frac{14}{9}\left(1\frac{5}{9}\right)$　⑧ $\frac{5}{7}$

17 分数のかけ算とわり算のまじった式②

1 ① $\frac{45}{7}\left(6\frac{3}{7}\right)$　② 1
③ $\frac{1}{10}$　④ $\frac{3}{10}$
⑤ $\frac{21}{8}\left(2\frac{5}{8}\right)$　⑥ $\frac{2}{3}$
⑦ $\frac{3}{4}$　⑧ $\frac{5}{4}\left(1\frac{1}{4}\right)$

18 かけ算とわり算のまじった式①

1 ① 2　② $\frac{24}{35}$
③ $\frac{5}{6}$　④ $\frac{5}{2}\left(2\frac{1}{2}、2.5\right)$
⑤ $\frac{25}{3}\left(8\frac{1}{3}\right)$　⑥ $\frac{72}{25}\left(2\frac{22}{25}、2.88\right)$
⑦ $\frac{6}{5}\left(1\frac{1}{5}、1.2\right)$　⑧ $\frac{18}{5}\left(3\frac{3}{5}、3.6\right)$

19 かけ算とわり算のまじった式②

1 ① $\frac{1}{27}$　② $\frac{1}{5}$ (0.2)
③ $\frac{1}{15}$　④ $\frac{10}{7}\left(1\frac{3}{7}\right)$
⑤ $\frac{15}{2}\left(7\frac{1}{2}、7.5\right)$　⑥ $\frac{63}{50}\left(1\frac{13}{50}、1.26\right)$
⑦ $\frac{16}{3}\left(5\frac{1}{3}\right)$　⑧ $\frac{1}{3}$

20 6年間の計算のまとめ 整数のたし算とひき算

1 ①81　②163　③207　④984
⑤612　⑥1285　⑦2182　⑧3727

2 ①47　②66　③291　④144
⑤89　⑥522　⑦886　⑧505

21 6年間の計算のまとめ 整数のかけ算

1 ①90　②203　③3438　④3540
⑤1599　⑥1512　⑦6396　⑧1440

2 ①13621　②14749　③21995　④92338

22 6年間の計算のまとめ 整数のわり算

1 ①13　②23　③54　④246
⑤4　⑥8　⑦14　⑧341

2 ①16 あまり 4　②17 あまり 5
③32 あまり 28　④25 あまり 43

23 6年間の計算のまとめ 小数のたし算とひき算

1 ①7.8　②3.1　③12.1　④16.5
⑤1.62　⑥3.64　⑦2.48　⑧62.74

2 ①2.5　②2.9　③8.1　④1.6
⑤0.26　⑥0.62　⑦5.02　⑧2.91

24 6年間の計算のまとめ 小数のかけ算

1 ①25.6　②0.54　③620.4　④107.7

2 ①80.4　②5.84　③22.96　④9
⑤43.584　⑥0.136　⑦0.5005　⑧7.504

25 6年間の計算のまとめ 小数のわり算

1 ①1.3 ②60 ③49 ④7 ⑤65 ⑥3.1 ⑦2.8 ⑧7

2 ①2.2 あまり 0.2 ②1.6 あまり 0.14 ③39.3 あまり 0.005 ④7.6 あまり 0.3

26 6年間の計算のまとめ わり進むわり算

1 ①0.85 ②0.78 ③3.25 ④0.875

2 ①5.75 ②4.18 ③1.32 ④1.95 ⑤5.6 ⑥6.25 ⑦3.5 ⑧1.25

27 6年間の計算のまとめ 商をがい数で表すわり算

1 ①0.2 ②0.9 ③0.6 ④6.9

2 ①2.9 ②1.6 ③8.2 ④1.4

28 6年間の計算のまとめ 分数のたし算とひき算

1 ①$\frac{5}{7}$ ②$\frac{25}{24}\left(1\frac{1}{24}\right)$ ③$\frac{2}{3}$ ④$\frac{87}{40}\left(2\frac{7}{40}\right)$ ⑤$\frac{13}{3}\left(4\frac{1}{3}\right)$ ⑥$\frac{7}{2}\left(3\frac{1}{2}\right)$

2 ①$\frac{1}{5}$ ②$\frac{1}{2}$ ③$\frac{8}{15}$ ④$\frac{5}{6}$ ⑤$\frac{17}{24}$ ⑥$\frac{14}{15}$

29 6年間の計算のまとめ 分数のかけ算

1 ①$\frac{12}{7}\left(1\frac{5}{7}\right)$ ②$\frac{15}{2}\left(7\frac{1}{2}\right)$ ③$\frac{8}{15}$ ④$\frac{5}{12}$ ⑤$\frac{3}{4}$ ⑥2

2 ①$\frac{4}{3}\left(1\frac{1}{3}\right)$ ②$\frac{3}{4}$ ③$\frac{7}{3}\left(2\frac{1}{3}\right)$ ④$\frac{25}{12}\left(2\frac{1}{12}\right)$ ⑤2 ⑥3

30 6年間の計算のまとめ 分数のわり算

1 ①$\frac{3}{20}$ ②$\frac{56}{5}\left(11\frac{1}{5}\right)$ ③$\frac{7}{15}$ ④$\frac{3}{4}$ ⑤4 ⑥6

2 ①$\frac{2}{15}$ ②2 ③$\frac{8}{5}\left(1\frac{3}{5}\right)$ ④$\frac{4}{3}\left(1\frac{1}{3}\right)$ ⑤$\frac{3}{4}$ ⑥$\frac{4}{5}$

31 6年間の計算のまとめ 分数のかけ算とわり算のまじった式

1 ①$\frac{2}{3}$ ②3 ③$\frac{3}{7}$ ④$\frac{21}{4}\left(5\frac{1}{4}\right)$ ⑤$\frac{1}{2}$ ⑥$\frac{7}{20}$ ⑦$\frac{5}{8}$ ⑧$\frac{2}{9}$

32 6年間の計算のまとめ いろいろな計算

1 ①38 ②35 ③6 ④5 ⑤16 ⑥28

2 ①31 ②4 ③$\frac{3}{2}\left(1\frac{1}{2}、1.5\right)$ ④$\frac{9}{5}\left(1\frac{4}{5}、1.8\right)$ ⑤$\frac{1}{30}$ ⑥$\frac{7}{12}$

教科書ぴったりトレーニング

はなまるシール

- ふろくの「がんばり表」に使おう！
- はじめに、キミのおとも犬を選んで、がんばり表にはろう！
- 学習が終わったら、がんばり表に「はなまるシール」をはろう！
- 余ったシールは自由に使ってね。

キミのおとも犬

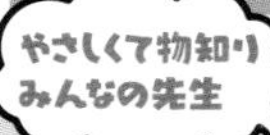

はなまるシール

ごほうびシール

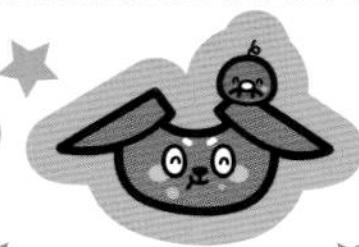

教科書ぴったりトレーニング 算数6年 がんばり表

いつも見えるところに、この「がんばり表」をはっておこう。
この「ぴたトレ」を学習したら、シールをはろう！
どこまでがんばったかわかるよ。

シールの中から好きなぴた犬を選ぼう。

おうちのかたへ

がんばり表のデジタル版「デジタルがんばり表」では、デジタル端末でも学習の進捗記録をつけることができます。1冊やり終えると、抽選でプレゼントが当たります。「ぴたサポシステム」にご登録いただき、「デジタルがんばり表」をお使いください。LINEまたはPC・ブラウザを利用する方法があります。

★ ぴたサポシステムご利用ガイドはこちら ★
https://www.shinko-keirin.co.jp/shinko/news/pittari-support-system

スタート

単元	ページ	ぴったり
1. 文字を使った式	2〜3ページ	ぴったり1 2
	4〜5ページ	ぴったり1 2
	6〜7ページ	ぴったり3
2. 分数と整数のかけ算、わり算	8〜9ページ	ぴったり1 2
	10〜11ページ	ぴったり1 2
	12〜13ページ	ぴったり3
3. 対称な図形	14〜15ページ	ぴったり1 2
	16〜17ページ	ぴったり1 2
	18〜19ページ	ぴったり1 2
	20〜21ページ	ぴったり1 2
	22〜23ページ	ぴったり3
4. 分数のかけ算	24〜25ページ	ぴったり1 2
	26〜27ページ	ぴったり1 2
	28〜29ページ	ぴったり1 2
	30〜31ページ	ぴったり1 2
	32〜33ページ	ぴったり3
5. 分数のわり算	34〜35ページ	ぴったり1 2
	36〜37ページ	ぴったり1 2
	38〜39ページ	ぴったり1 2
	40〜41ページ	ぴったり1 2
	42〜43ページ	ぴったり3
6. データの見方	44〜45ページ	ぴったり1 2
	46〜47ページ	ぴったり1 2
	48〜49ページ	ぴったり1 2
	50〜51ページ	ぴったり1 2
	52〜53ページ	ぴったり3
7. 円の面積	54〜55ページ	ぴったり1 2
	56〜57ページ	ぴったり3
★ピザの面積を比べよう	58〜59ページ	
8. 比例と反比例	60〜61ページ	ぴったり1 2
	62〜63ページ	ぴったり1 2
	64〜65ページ	ぴったり1 2
	66〜67ページ	ぴったり1 2
	68〜69ページ	ぴったり3
9. 角柱と円柱の体積	70〜71ページ	ぴったり1 2
	72〜73ページ	ぴったり3
10. 比	74〜75ページ	ぴったり1 2
	76〜77ページ	ぴったり1 2
	78〜79ページ	ぴったり1 2
	80〜81ページ	ぴったり3
11. 拡大図と縮図	82〜83ページ	ぴったり1 2
	84〜85ページ	ぴったり1 2
	86〜87ページ	ぴったり1 2
	88〜89ページ	ぴったり3
★およその面積と体積	90〜91ページ	
12. 並べ方と組み合わせ	92〜93ページ	ぴったり1 2
	94〜95ページ	ぴったり1 2
	96〜97ページ	ぴったり3
活用 算数を使って考えよう	98〜101ページ	
算数のまとめ	102〜111ページ	
★方眼にかいた正方形	112ページ	

（各欄：できたらシールをはろう）

ゴール

最後までがんばったキミは「ごほうびシール」をはろう！

ごほうびシールをはろう

教科書ぴったりトレーニング 算数 6年 教育出版版 折込①（オモテ）
（キリトリ線）

『ぴたトレ』は教科書にぴったり合わせて使うことができるよ。教科書も見ながら、勉強していこうね。ぴた犬たちが勉強をサポートするよ。

教科書ぴったりトレーニングの使い方

ふだんの学習

ぴったり1 準備

教科書のだいじなところをまとめていくよ。
めあて でどんなことを勉強するかわかるよ。
問題に答えながら、わかっているかかくにんしよう。
QRコードから「3分でまとめ動画」が見られるよ。

※QRコードは株式会社デンソーウェーブの登録商標です。

ぴったり2 練習

「ぴったり1」で勉強したことが身についているかな？かくにんしながら、練習問題に取り組もう。

★できた問題には、「た」をかこう！★

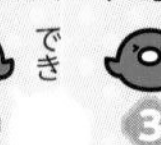

ぴったり3 確かめのテスト

「ぴったり1」「ぴったり2」が終わったら取り組んでみよう。
学校のテストの前にやってもいいね。
わからない問題は、ふりかえり を見て前にもどってかくにんしよう。

実力チェック

- 夏のチャレンジテスト
- 冬のチャレンジテスト
- 春のチャレンジテスト
- 6年 算数のまとめ 学力診断テスト

夏休み、冬休み、春休み前に使いましょう。
学期の終わりや学年の終わりのテストの前にやってもいいね。

別冊

答えとてびき

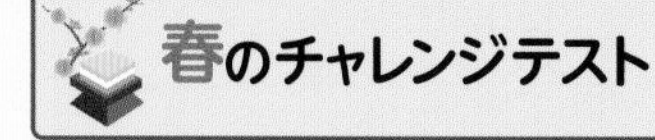

うすいピンク色のところには「答え」が書いてあるよ。取り組んだ問題の答え合わせをしてみよう。わからなかった問題やまちがえた問題は、右の「てびき」を読んだり、教科書を読み返したりして、もう一度見直そう。

おうちのかたへ

本書『教科書ぴったりトレーニング』は、教科書の要点や重要事項をつかむ「ぴったり1 準備」、おさらいをしながら問題に慣れる「ぴったり2 練習」、テスト形式で学習事項が定着したか確認する「ぴったり3 確かめのテスト」の3段階構成になっています。教科書の学習順序やねらいに完全対応していますので、日々の学習（トレーニング）にぴったりです。

「観点別学習状況の評価」について

学校の通知表は、「知識・技能」「思考・判断・表現」「主体的に学習に取り組む態度」の3つの観点による評価がもとになっています。

問題集やドリルでは、一般に知識・技能を問う問題が中心になりますが、本書『教科書ぴったりトレーニング』では、次のように、観点別学習状況の評価に基づく問題を取り入れて、成績アップに結びつくことをねらいました。

ぴったり3 確かめのテスト　チャレンジテスト

- 「知識・技能」を問う問題か、「思考・判断・表現」を問う問題かで、それぞれに分類して出題しています。
- 「知識・技能」では、主に基礎・基本の問題を、「思考・判断・表現」では、主に活用問題を取り扱っています。

発展について

はってん … 学習指導要領では示されていない「発展的な学習内容」を扱っています。

別冊『答えとてびき』について

おうちのかたへ では、次のようなものを示しています。

- 学習のねらいやポイント
- 他の学年や他の単元の学習内容とのつながり
- まちがいやすいことやつまずきやすいところ

お子様への説明や、学習内容の把握などにご活用ください。

しあげの5分レッスン では、学習の最後に取り組む内容を示しています。

しあげの5分レッスン
まちがえた問題をもう1回やってみよう。

学習をふりかえることで学力の定着を図ります。

（キリトリ線）
教科書ぴったりトレーニング 算数 6年 教育出版版 折込①（ウラ）

教科書ぴったりトレーニング

▶ 3分でまとめ動画

		教科書ページ	ぴったり1 準備 ／ ぴったり2 練習	ぴったり3 確かめのテスト
1 文字を使った式	まだわかっていない数を表す文字 数量の関係を表す文字 いろいろな数があてはまる文字	11～21	▶ 2～5	6～7
2 分数と整数のかけ算、わり算	分数に整数をかける計算 分数を整数でわる計算	24～36	▶ 8～11	12～13
3 対称な図形	線対称な図形の性質 線対称な図形のかき方 点対称な図形の性質 点対称な図形のかき方 四角形や三角形と対称 正多角形と対称	38～53	▶ 14～21	22～23
4 分数のかけ算	面積や体積の公式 計算のきまり 逆数	56～69	▶ 24～31	32～33
5 分数のわり算	積の大きさ、商の大きさ 倍の計算	70～84	▶ 34～41	42～43
6 データの見方	代表値と散らばり 度数分布表と柱状グラフ いろいろなグラフ	88～105	▶ 44～51	52～53
7 円の面積	円の面積の公式を使って	107～119	▶ 54～55	56～57
★ピザの面積を比べよう		120～121	58～59	
8 比例と反比例	比例 比例の式 比例のグラフ 反比例 反比例の式とグラフ	122～144	▶ 60～67	68～69
9 角柱と円柱の体積		146～154	▶ 70～71	72～73
10 比	比と比の値 比の性質 比を使って	156～168	▶ 74～79	80～81
11 拡大図と縮図	拡大図と縮図のかき方 縮図の利用	170～186	▶ 82～87	88～89
★およその面積と体積		187～189	90～91	
12 並べ方と組み合わせ	並べ方 組み合わせ	194～205	▶ 92～95	96～97
活用 算数を使って考えよう	算数を使って考えよう	206～209	98～101	
算数のまとめ		216～231	102～111	
★数学へのとびら		233	112	

巻末	夏のチャレンジテスト／冬のチャレンジテスト／春のチャレンジテスト／学力診断(しんだん)テスト	とりはずしてお使いください
別冊	答えとてびき	

ぴったり1 準備

3分でまとめ

学習日　　月　　日

1 文字を使った式

まだわかっていない数を表す文字

教科書 11～16ページ　答え 1ページ

次の□にあてはまる式や数を書きましょう。

めあて 文字を使った式に表し、答えを求めることができるようにしよう。 練習 1 2 3 4 →

数を表す文字

場面や数量の関係を式に表すときに、□や○、△などの記号のかわりに x（エックス）や a（エー）、b（ビー）などの文字を使うことがあります。

文字を使った式

まだわかっていない数を x などの文字を使って式に表して、答えを求めることがあります。

文字を使うと、数の関係や考えをわかりやすく式に表すことができるね。

1 ゆうきさんの小学校は、１年生から５年生までの児童数が485人で、全校の児童数は572人です。
６年生は何人でしょうか。

解き方 ５年生までの児童数＋６年生の児童数＝全校の児童数

まず、６年生の児童数を□人として、式に表します。

485＋□＝572

□人のかわりに x 人として、x にあてはまる数を求めます。

485＋x＝572

x＝□

＝□

答え □人

2 120円のノートを４冊（さつ）と下じきを１枚（まい）買ったら、代金は650円でした。
下じき１枚の値段（ねだん）は何円でしょうか。
下じき１枚の値段を x 円として式に表し、答えを求めましょう。

解き方 ノート代＋下じき代＝代金の合計

まず、下じき１枚の値段を□円として、式に表します。

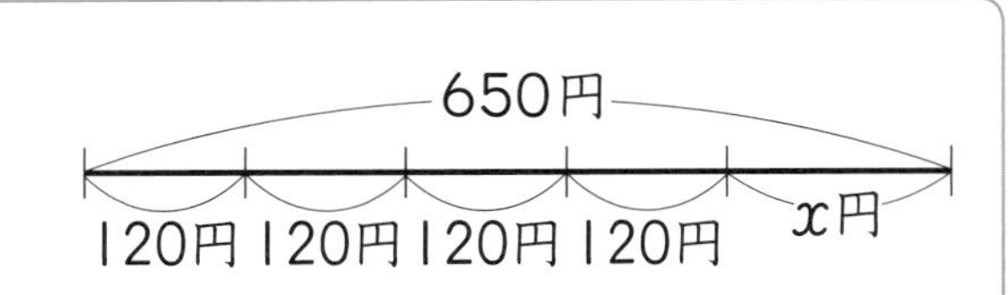

120×4＋□＝650

□円のかわりに x 円として、x にあてはまる数を求めます。

120×4＋x＝650

480＋x＝650

x＝□

＝□　答え □円

ノート４冊で
120×4＝480(円)
だね。

ぴったり2

練習

★できた問題には、「た」をかこう！★

1 できた 2 できた 3 できた 4 できた

学習日 月 日

教科書 11～16ページ 答え 1ページ

1 6年生のむし歯の検査をしました。むし歯のある人は63人でした。6年生の児童数は117人です。

むし歯のない人は何人でしょうか。

むし歯のない人をx人として式に表し、答えを求めましょう。 教科書 16ページ 2

式

答え（　　　）

2 250枚のコピー用紙があります。何枚か使ったら、残りが65枚になりました。

使ったコピー用紙は何枚でしょうか。

使ったコピー用紙の枚数をx枚として式に表し、答えを求めましょう。 教科書 16ページ 2

式

答え（　　　）

3 りんごを6個買ったら、代金は960円でした。

りんご1個の値段は何円でしょうか。

りんご1個の値段をx円として式に表し、答えを求めましょう。 教科書 16ページ 2

式

答え（　　　）

！まちがい注意

4 1本95円のカーネーションを8本買って有料のかごに入れてもらったら、代金は940円でした。

かごの値段は何円でしょうか。

かごの値段をx円として式に表し、答えを求めましょう。 教科書 16ページ ①

式

答え（　　　）

ヒント

3 1個の値段×個数＝代金

4 カーネーション代＋かご代＝代金の合計

数量の関係を表す文字
いろいろな数があてはまる文字

教科書 17～19ページ　答え 1ページ

次の□にあてはまる文字や数を書きましょう。

めあて 2つの数量の関係を、文字を使って表すことができるようにしよう。 練習 1→

数量の関係を表す式

右の式のように、2つの数量の関係を、a（エー）やb（ビー）などの文字を使って表すことがあります。

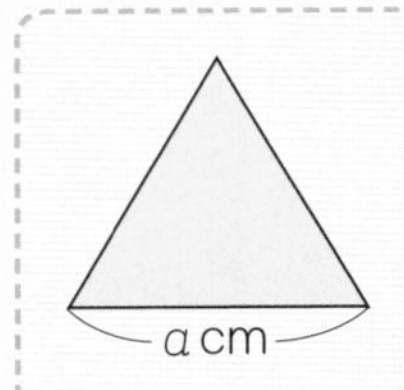

正三角形の１辺の長さを a cm、周りの長さを b cm として、a と b の関係を式に表すと、

$a\times3=b$

1 高さが3cmの平行四辺形があります。底辺の長さを x（エックス）cm、面積を y（ワイ）cm^2 とします。

(1) 底辺の長さと面積の関係を、文字 x、y を使って式に表しましょう。

(2) 底辺の長さが4cmのときの面積を求めましょう。

解き方 (1) 底辺×高さ＝平行四辺形の面積

底辺の長さを○ cm、面積を△ cm^2 とすると

○×3＝△

この関係を、文字 x、y を使って表します。

底辺の長さ○ cm を x cm、面積△ cm^2 を y cm^2 とします。

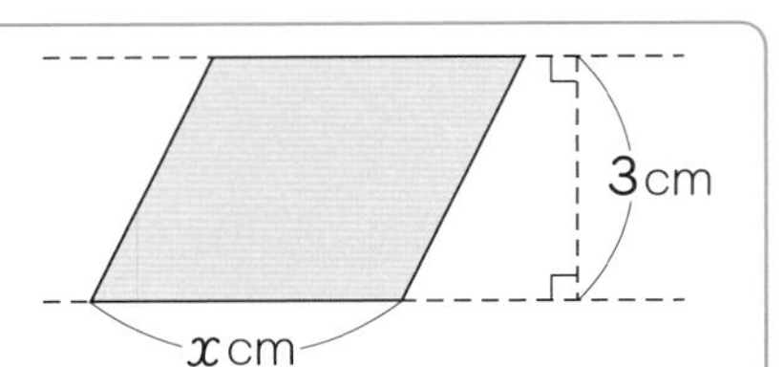

□×3＝□

(2) (1)の式で、文字 x に4をあてはめます。

□×3＝□　　答え □ cm^2

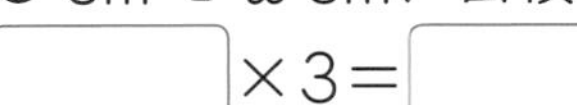

めあて いろいろな数があてはまる文字について理解しよう。 練習 2→

いろいろな数があてはまる文字

下の計算のきまりのように、いろいろな数があてはまるときに、a、b、c（シー）などの文字を使って表すことがあります。

交かんのきまり
$a+b=b+a$
$a\times b=b\times a$

結合のきまり
$(a+b)+c=a+(b+c)$
$(a\times b)\times c=a\times(b\times c)$

分配のきまり
$(a+b)\times c=a\times c+b\times c$
$(a-b)\times c=a\times c-b\times c$

2 下の式の文字 a に4、b に2、c に5をあてはめて、式が成り立つことを確かめましょう。

分配のきまり　$(a+b)\times c=a\times c+b\times c$

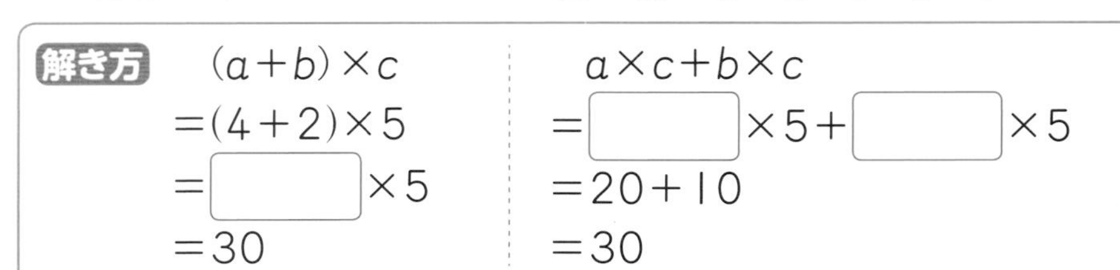

解き方

$(a+b)\times c$
＝(4＋2)×5
＝□×5
＝30

$a\times c+b\times c$
＝□×5＋□×5
＝20＋10
＝30

ぴったり2

練習

★できた問題には、「た」をかこう！★

できた ① できた ② できた ③

学習日　月　日

教科書 17～19ページ　答え 1ページ

1 周りの長さが18cmの長方形を作ります。　教科書 17ページ 3

① 縦（たて）の長さを$a$cm、横の長さを$b$cmとして、aとbの関係を式に表しましょう。

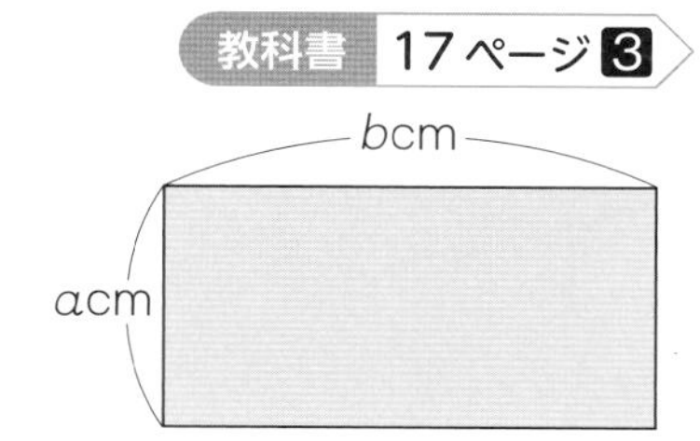

（　　　　）

② 横の長さが4cmのときの縦の長さを求めましょう。

（　　　　）

2 下の式の文字aに、次の数をあてはめて、いつでも式が成り立つことを確かめましょう。　教科書 18ページ ③

$$18\div3=(18\times a)\div(3\times a)$$

① $a=2$　　② $a=10$

3 活用 ひろきさんは、420円のスケッチブック1冊（さつ）と、130円の色えんぴつを買えるだけ買おうと考えています。

ひろきさんは何本の色えんぴつを買うことができるでしょうか。　教科書 19ページ

① ひろきさんは、右のような式を書きました。
この式の文字xは何を表しているでしょうか。

$420\times1+130\times x$

（　　　　）

② ①の　の式を使って、スケッチブック1冊と色えんぴつを3本買うときの代金を求めましょう。

（　　　　）

③ ひろきさんの持っている金額は1000円です。
スケッチブック1冊と色えんぴつを何本買うことができるでしょうか。
①の　の式の文字xに順に数をあてはめて求めましょう。

$x=1$のとき	$420\times1+130\times1=$	550	買える
$x=2$のとき	$420\times1+130\times2=$	680	買える
$x=3$のとき	$420\times1+130\times3=$	□	買える
$x=4$のとき	$420\times1+130\times4=$	□	

あと□円だから、これより多くは買えない。

答え（　　　　）

ヒント ❶ ① 長方形の縦の長さと横の長さの和は、周りの長さの半分です。

ぴったり3
確かめのテスト

1 文字を使った式

教科書 11〜21 ページ　答え 2 ページ

知識・技能　／75点

1 よく出る 次の①から⑥を文字を使った式に表し、答えを求めましょう。 式・答え 各5点(60点)

① 男子が 42 人、女子が x（エックス）人の合計は 90 人です。
女子の人数は何人でしょうか。

式

答え（　　　　）

② 8m のテープから、a（エー）m だけ切り取ったときの残りの長さは 2m です。
切り取ったテープの長さは何 m でしょうか。

式

答え（　　　　）

③ a 個のあめを 8 人で等分したら、1 人分は 3 個でした。
あめは全部で何個でしょうか。

式

答え（　　　　）

④ 1 辺の長さが 9cm、周りの長さが a cm の正方形があります。
この正方形の周りの長さは何 cm でしょうか。

式

答え（　　　　）

⑤ 直径の長さが x cm、円周の長さが 94.2 cm の円があります。
この円の直径は何 cm でしょうか。

式

答え（　　　　）

⑥ x 円のジュース 1 本と、240 円のサンドイッチを 2 個買ったら、代金は 630 円でした。
ジュース 1 本の値段（ねだん）は何円でしょうか。

式

答え（　　　　）

2 縦(たて)の長さが6cm、横の長さが10cmの直方体があります。

各5点(15点)

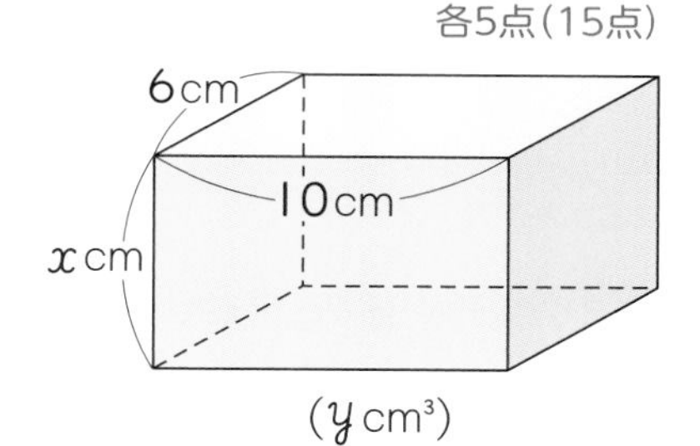

① 高さを$x$cm、体積をy(ワイ)cm³として、xとyの関係を式に表しましょう。

(　　　　　)

② 高さが3.5cmのときの、体積は何cm³でしょうか。

(　　　　　)

③ 体積が300cm³のときの、高さは何cmでしょうか。

(　　　　　)

思考・判断・表現　／25点

3 よく出る 正方形の1辺の長さが1cm、2cm、……と増えるときの、周りの長さを調べましょう。

各5点(15点)

① 1辺の長さを$a$cm、周りの長さをb(ビー)cmとして、aとbの関係を式に表しましょう。

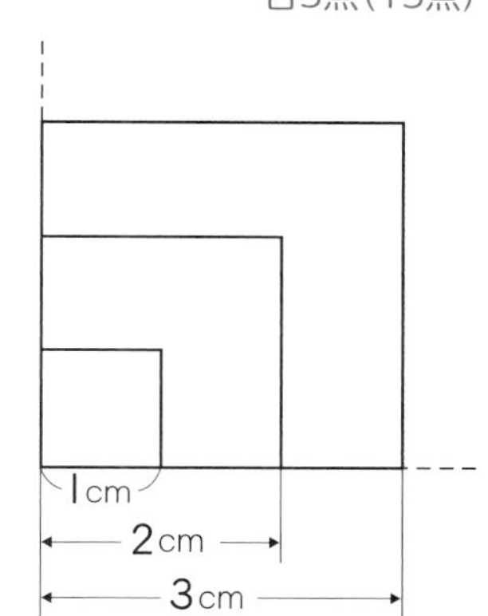

(　　　　　)

② 1辺の長さが5cmのとき、周りの長さは何cmでしょうか。

(　　　　　)

③ 周りの長さが28cmのとき、1辺の長さは何cmでしょうか。

(　　　　　)

できたらスゴイ!

4 下のあからくの式の文字aは、0でない同じ数を表しています。

各5点(10点)

あ $a \times 0.9$	い $a \times 2.6$	う $a \times 3.02$	え $a \times 0.08$
お $a \div 1.4$	か $a \div 0.7$	き $a \div 0.85$	く $a \div 10.3$

① 積がaより小さくなる式はどれでしょうか。

(　　　　　)

② 商がaより大きくなる式はどれでしょうか。

(　　　　　)

ふりかえり 1①がわからないときは、2ページの1にもどって確認(かくにん)してみよう。

学習日 月 日

分数に整数をかける計算

教科書 24～30ページ 答え 2ページ

次の□にあてはまる数を書きましょう。

めあて 分数に整数をかける計算ができるようにしよう。 練習 1 2 3 →

分数×整数の計算のしかた

分数に整数をかける計算では、分母はそのままにして、分子に整数をかけます。

計算の途中(とちゅう)で約分できるときは、約分してから計算すると簡単(かんたん)です。

$$\frac{b}{a}\times c=\frac{b\times c}{a}$$

1 計算をしましょう。 (1) $\frac{2}{5}\times 2$ (2) $\frac{5}{7}\times 3$

解き方 (1) $\frac{1}{5}$ をもとにして考えます。

$\frac{2}{5}\to\frac{1}{5}$ が2個分

$\frac{2}{5}\times 2\to\frac{1}{5}$ が(□×2)個分 (4個)

上のことから、$\frac{2}{5}\times 2=\frac{2\times 2}{5}=\frac{□}{5}$

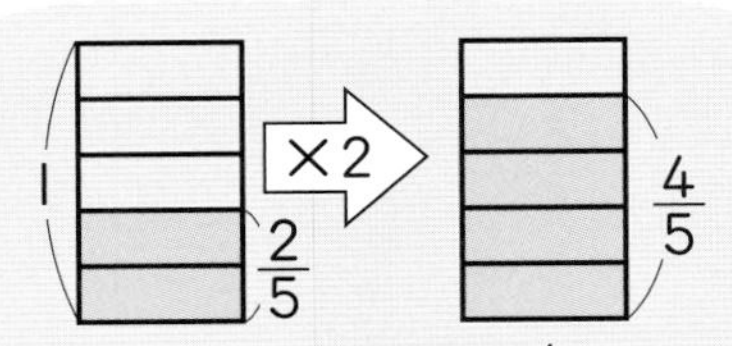

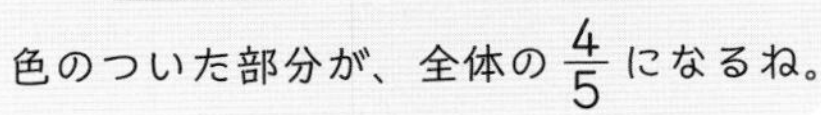

(2) $\frac{5}{7}\times 3=\frac{①□\times②□}{7}=③□$

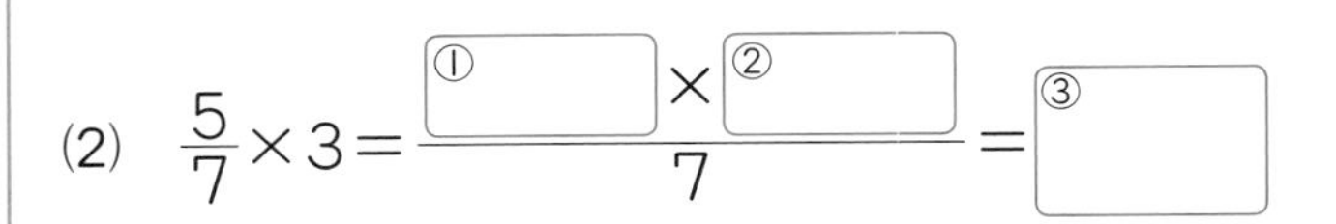

2 計算をしましょう。 (1) $\frac{3}{16}\times 4$ (2) $1\frac{2}{3}\times 5$ (3) $2\frac{1}{6}\times 3$

解き方 (1) $\frac{3}{16}\times 4=\frac{3\times \overset{1}{\cancel{4}}}{\underset{4}{\cancel{16}}}=\frac{□}{4}$

(2) $1\frac{2}{3}\times 5=\frac{□}{3}\times 5=\frac{□\times 5}{3}=□$

(3) $2\frac{1}{6}\times 3=\frac{□}{6}\times 3=\frac{□\times \overset{1}{\cancel{3}}}{\underset{2}{\cancel{6}}}=□$

帯分数の計算で
約分できるときは、
先に帯分数を仮分数に
なおしてから、
約分するよ。

ぴったり2

練習

学習日　　月　　日

★できた問題には、「た」をかこう！★

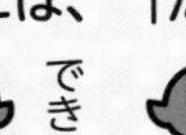

できた ❶　できた ❷　できた ❸

教科書 24〜30ページ　答え 3ページ

❶ 計算をしましょう。

教科書 30ページ❷・❸

① $\frac{2}{9}\times2$　② $\frac{4}{7}\times3$　③ $\frac{2}{5}\times4$

④ $\frac{5}{8}\times7$　⑤ $\frac{5}{18}\times9$　⑥ $\frac{7}{12}\times8$

⑦ $\frac{5}{6}\times15$　⑧ $\frac{3}{4}\times36$　⑨ $1\frac{3}{7}\times2$

⑩ $3\frac{1}{6}\times5$　⑪ $1\frac{3}{5}\times10$　⑫ $2\frac{4}{9}\times6$

❷ x にあてはまる数を求めましょう。

教科書 25ページ❶

① $x\div2=\frac{4}{5}$　② $x\div3=\frac{2}{9}$

❸ ジュースが $\frac{5}{8}$ L入ったコップが3個あります。

ジュースは全部で何Lあるでしょうか。

教科書 25ページ❶

(　　　　)

ヒント

❶ 途中で約分できるときは、約分してから計算すると簡単です。
また帯分数は仮分数になおして計算します。

学習日 月 日

分数を整数でわる計算

教科書 31～34ページ　答え 3ページ

 次の□にあてはまる数を書きましょう。

めあて 分数を整数でわる計算ができるようにしよう。　練習 1 2 3→

分数÷整数の計算のしかた

分数を整数でわる計算では、分子はそのままにして、分母に整数をかけます。

$$\frac{b}{a}\div c=\frac{b}{a\times c}$$

1 計算をしましょう。　(1) $\frac{3}{7}\div 2$　(2) $\frac{2}{3}\div 5$

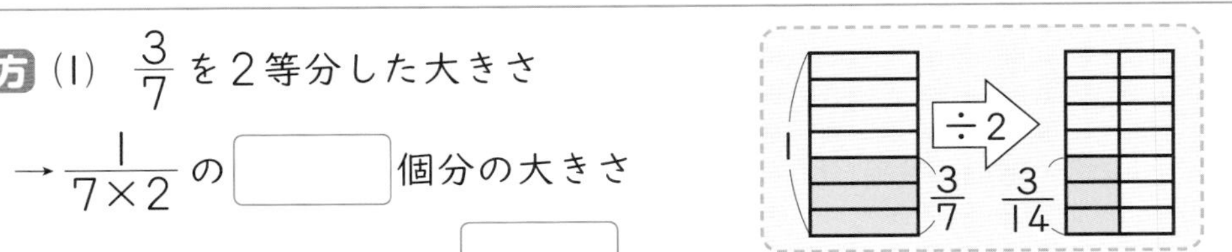
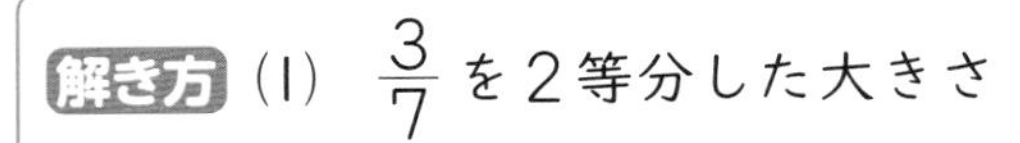

解き方 (1) $\frac{3}{7}$を2等分した大きさ

→$\frac{1}{7\times 2}$の□個分の大きさ

上のことから、$\frac{3}{7}\div 2=\frac{\square}{7\times 2}=\frac{3}{14}$

色のついた部分が、全体の$\frac{3}{14}$になるね。

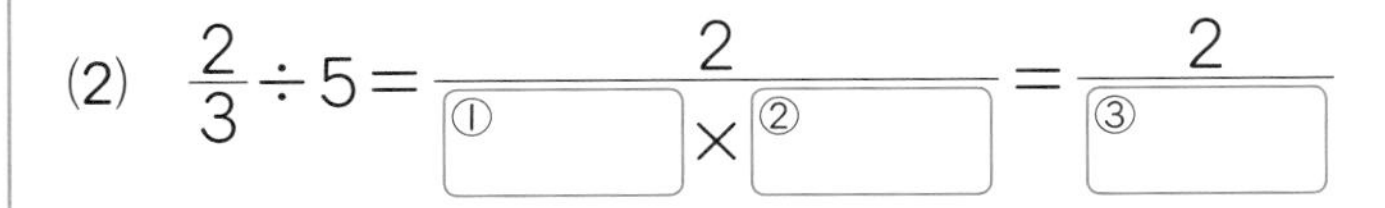

(2) $\frac{2}{3}\div 5=\frac{2}{①\square\times ②\square}=\frac{2}{③\square}$

2 計算をしましょう。　(1) $\frac{9}{10}\div 3$　(2) $1\frac{5}{8}\div 4$　(3) $2\frac{4}{5}\div 7$

解き方 (1) 計算の途中(とちゅう)で約分できるときは、約分してから計算します。

$$\frac{9}{10}\div 3=\frac{\overset{3}{\cancel{9}}}{10\times \underset{1}{\cancel{3}}}=\frac{\square}{10}$$

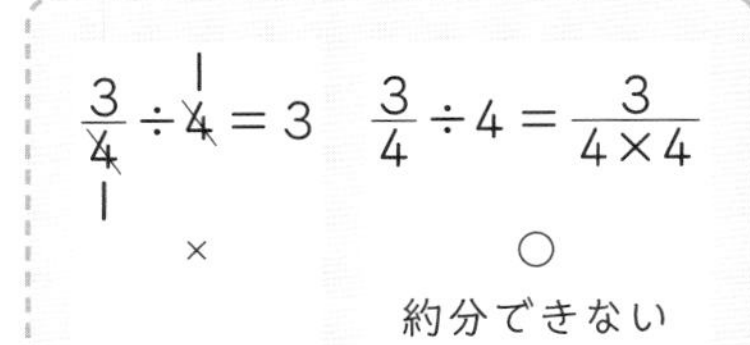

(2) 帯分数を仮分数になおしてから、計算します。

$$1\frac{5}{8}\div 4=\frac{\square}{8}\div 4=\frac{\square}{8\times 4}=\frac{\square}{32}$$

(3) 先に帯分数を仮分数になおしてから、約分します。

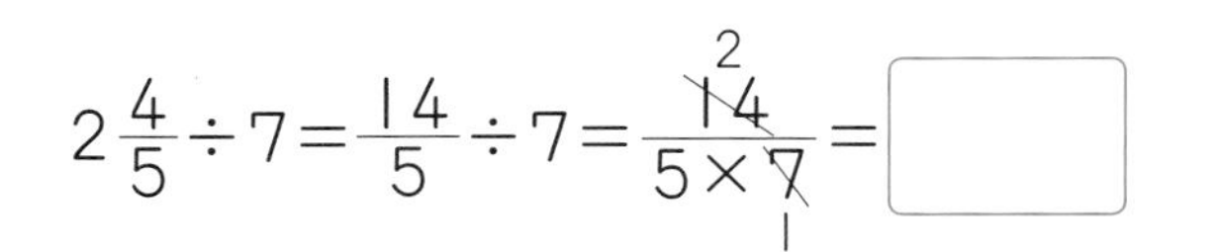

$$2\frac{4}{5}\div 7=\frac{14}{5}\div 7=\frac{\overset{2}{\cancel{14}}}{5\times \underset{1}{\cancel{7}}}=\square$$

わられる数の分母とわる数を見て、約分できるとまちがえないように気をつけよう。

★できた問題には、「た」をかこう！★

学習日　月　日

教科書 31～34ページ　答え 3ページ

1 計算をしましょう。

教科書 31ページ4、32ページ5、34ページ6

① $\frac{5}{7}\div3$　② $\frac{7}{9}\div4$　③ $\frac{1}{4}\div2$

④ $\frac{3}{10}\div8$　⑤ $\frac{3}{8}\div9$　⑥ $\frac{4}{5}\div6$

⑦ $\frac{14}{13}\div12$　⑧ $\frac{25}{24}\div15$　⑨ $1\frac{5}{6}\div5$

⑩ $2\frac{2}{3}\div9$　⑪ $1\frac{5}{9}\div7$　⑫ $2\frac{3}{5}\div13$

2 xにあてはまる数を求めましょう。

教科書 32ページ5

① $x\times5=\frac{3}{4}$　② $x\times3=\frac{6}{7}$

3 $\frac{4}{9}$ m のテープを5人で等分します。

1人分は何 m になるでしょうか。

教科書 31ページ4、32ページ5

（　　　　）

ヒント

1 途中で約分できるときは、約分してから計算すると簡単(かんたん)です。
また帯分数は仮分数になおして計算します。

2 分数と整数のかけ算、わり算

教科書 24～36 ページ　答え 3 ページ

知識・技能　／54点

1 □にあてはまる数を書きましょう。　各3点(18点)

① $\frac{4}{15}\times 2=\frac{㋐\times ㋑}{15}=\frac{㋒}{15}$

② $\frac{3}{8}\div 2=\frac{3}{㋐\times ㋑}=\frac{3}{㋒}$

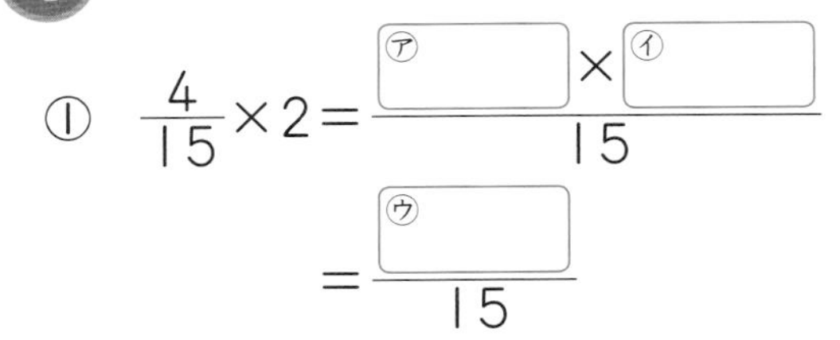

2 よく出る 計算をしましょう。　各3点(18点)

① $\frac{1}{5}\times 3$　② $\frac{4}{9}\times 5$　③ $\frac{7}{8}\times 6$

④ $\frac{17}{12}\times 4$　⑤ $2\frac{3}{4}\times 20$　⑥ $1\frac{1}{14}\times 7$

3 よく出る 計算をしましょう。　各3点(18点)

① $\frac{5}{9}\div 7$　② $\frac{23}{5}\div 2$　③ $\frac{48}{7}\div 8$

④ $\frac{27}{17}\div 6$　⑤ $2\frac{4}{9}\div 4$　⑥ $3\frac{1}{8}\div 15$

学習日　月　日

思考・判断・表現　／46点

4 よく出る 次の問題に答えましょう。　式・答え 各3点(12点)

① 1mの重さが$\frac{2}{7}$kgの針金(はりがね)があります。
この針金の5mの重さは何kgでしょうか。

式

答え（　　　）

② 長さが$\frac{7}{12}$mのテープを5等分します。
1つ分は何mになるでしょうか。

式

答え（　　　）

5 $6\frac{2}{5}$m²の小屋にうさぎ4ひきをかっています。
うさぎ1ぴきあたりの面積は何m²になるでしょうか。　式・答え 各5点(10点)

式

答え（　　　）

6 牛乳(ぎゅうにゅう)が$\frac{5}{6}$L入ったびんが9本あります。　式・答え 各3点(12点)

① 牛乳は全部で何Lあるでしょうか。

式

答え（　　　）

② この牛乳を10人に等しく分けたいと思います。
1人分の牛乳は何Lになるでしょうか。

式

答え（　　　）

よくよんで

7 ロープを8等分したら、1つ分の長さが$\frac{3}{4}$mになりました。
もとの長さは何mだったでしょうか。　式・答え 各6点(12点)

式

答え（　　　）

←付録の「計算せんもんドリル」1～4もやってみよう！

ふりかえり　1①がわからないときは、8ページの1にもどって確認(かくにん)してみよう。

(対称な図形)

3分でまとめ

学習日　　月　　日

教科書 38～45ページ　答え 4ページ

次の□にあてはまる記号を書きましょう。

めあて 線対称(せんたいしょう)の意味がわかるようにしよう。

練習 1 2 →

線対称な図形

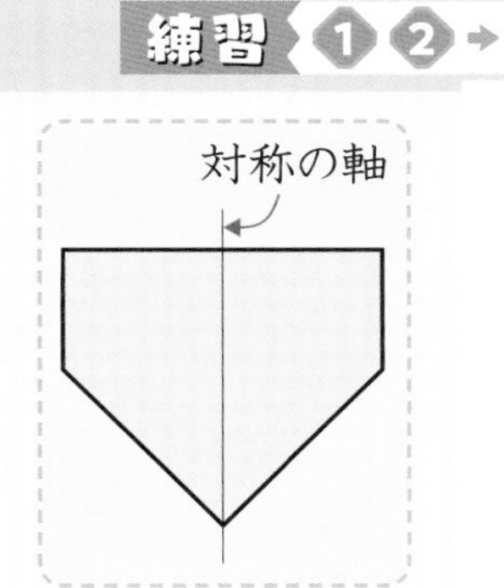

　1本の直線を折りめとして2つに折ったとき、折りめの両側の部分がぴったりと重なる図形を**線対称**な図形といいます。

　このときの折りめの直線を**対称の軸(じく)**といいます。

　線対称な図形を対称の軸で2つに折ったとき、ぴったり重なる頂点(ちょうてん)、辺、角を、それぞれ対応する頂点、対応する辺、対応する角といいます。

1 右の図は、直線アイを対称の軸とした線対称な図形です。頂点Dに対応する頂点、辺BCに対応する辺、角Hに対応する角をそれぞれ答えましょう。

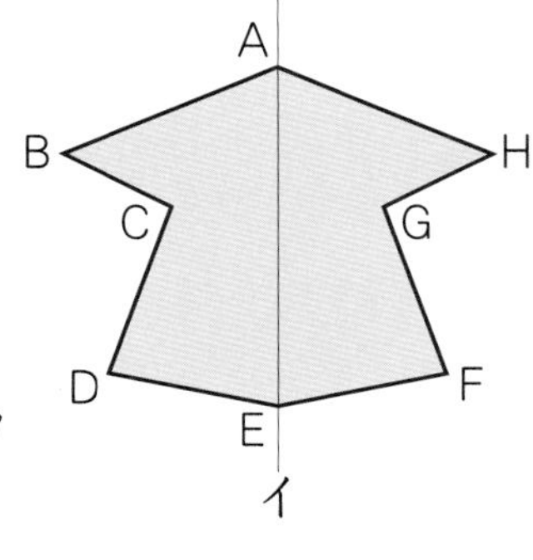

解き方 頂点Dに対応する頂点は、頂点□

辺BCに対応する辺は、辺□

角Hに対応する角は、角□

めあて 点対称(てんたいしょう)の意味がわかるようにしよう。

練習 1 3 →

点対称な図形

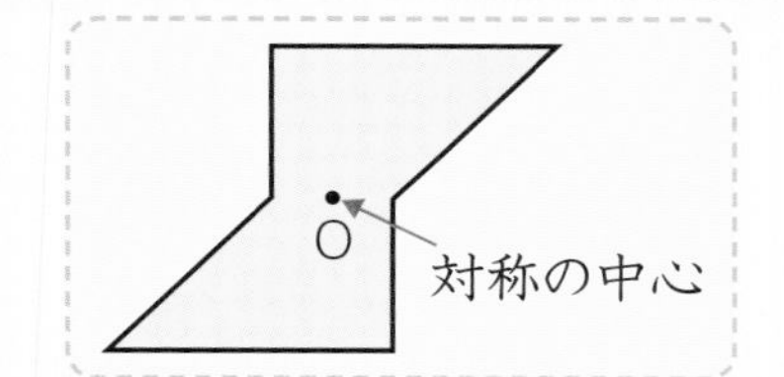

　1つの点を中心にして180°回転させたとき、もとの形とぴったり重なる図形を**点対称**な図形といいます。

　このときの中心にした点を**対称の中心(ちゅうしん)**といいます。

　点対称な図形を対称の中心Oで180°回転させたとき、もとの図形とぴったり重なる頂点、辺、角を、それぞれ対応する頂点、対応する辺、対応する角といいます。

2 右の図は、点Oを対称の中心とした点対称な図形です。

　頂点Aに対応する頂点、辺BCに対応する辺、角Fに対応する角をそれぞれ答えましょう。

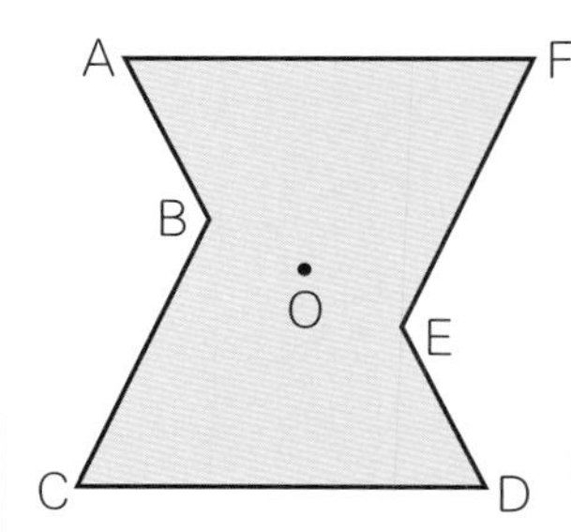

解き方 頂点Aに対応する頂点は、頂点□

辺BCに対応する辺は、辺□

角Fに対応する角は、角□

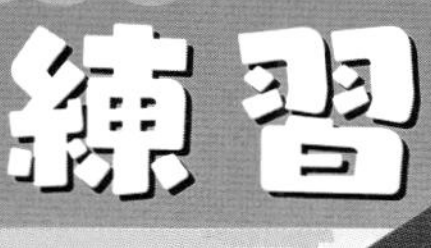

学習日　　月　　日

★できた問題には、「た」をかこう！★

できる 1　できる 2　できる 3

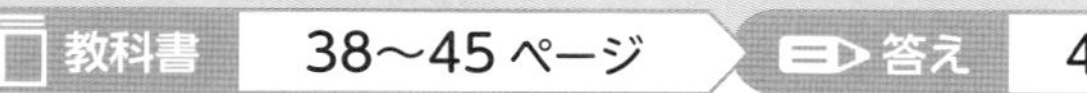

教科書 38〜45ページ　答え 4ページ

1 下の図で、線対称な図形はどれでしょうか。また、点対称な図形はどれでしょうか。

教科書 39ページ 1

㋐ 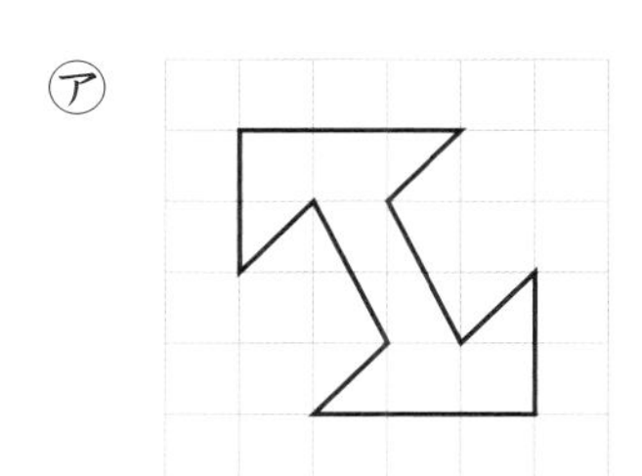

㋑ 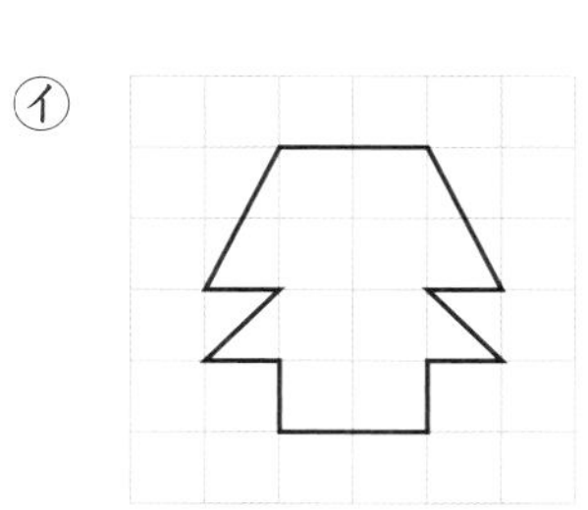

㋒ 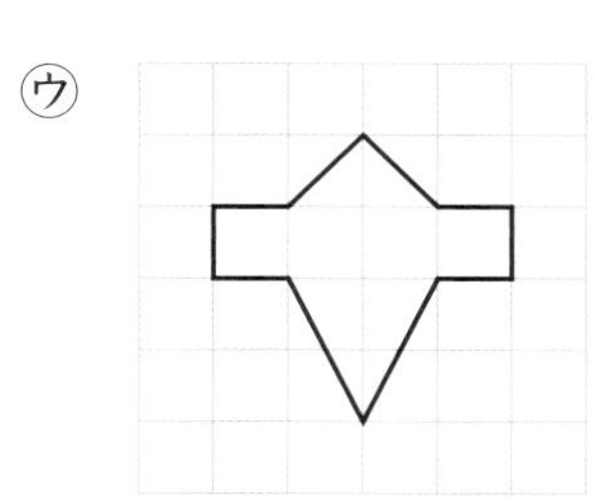

㋓ 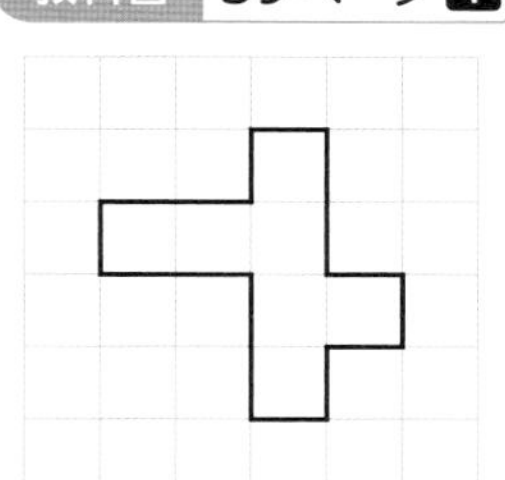

線対称な図形（　　　　）　点対称な図形（　　　　）

2 右の図は、直線アイを対称の軸とした線対称な図形です。次の①から③にあてはまるものを答えましょう。

教科書 45ページ ②

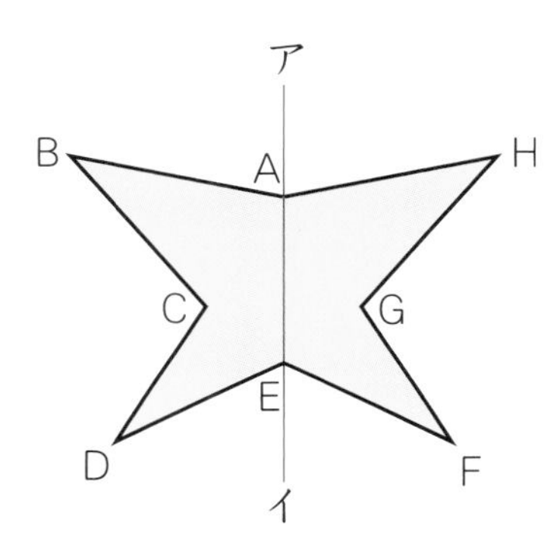

① 頂点Bと対応する頂点　（　　　　）

② 辺CDと対応する辺　（　　　　）

③ 角Dと対応する角　（　　　　）

3 右の図は、点Oを対称の中心とした点対称な図形です。次の①から③にあてはまるものを答えましょう。

教科書 45ページ ③

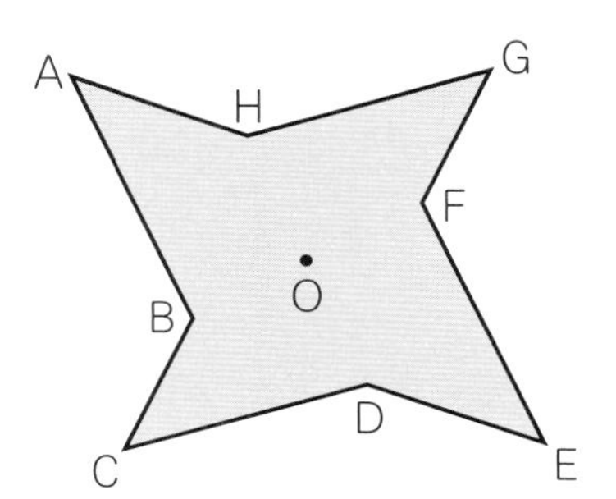

① 頂点Bと対応する頂点　（　　　　）

② 辺AHと対応する辺　（　　　　）

③ 角Cと対応する角　（　　　　）

学習日 月 日

線対称な図形の性質
線対称な図形のかき方

教科書 46〜47ページ　答え 5ページ

次の□にあてはまる数や記号、言葉を書きましょう。

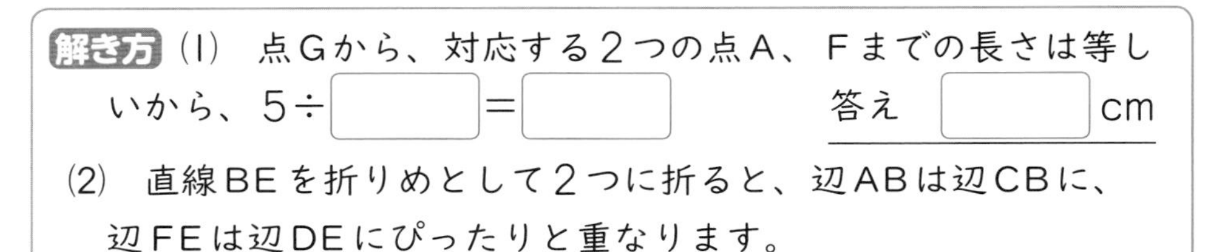

めあて 線対称（せんたいしょう）な図形の性質を理解して、線対称な図形をかけるようにしよう。 練習 1 2 3 →

線対称な図形の性質

① 対応する2つの点を結ぶ直線は、対称の軸（じく）と垂直（すいちょく）に交わります。

② 対称の軸と交わる点から、対応する2つの点までの長さは等しくなっています。

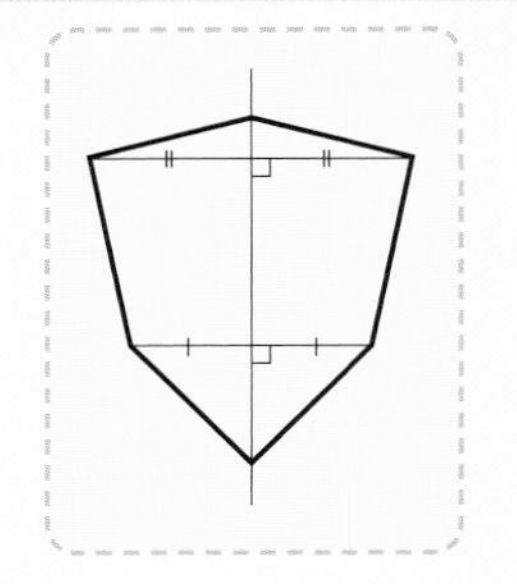

1 右の図は、直線アイを対称の軸とした線対称な図形です。

(1) 直線AGの長さは何cmでしょうか。

(2) 直線アイのほかに、対称の軸はあるでしょうか。

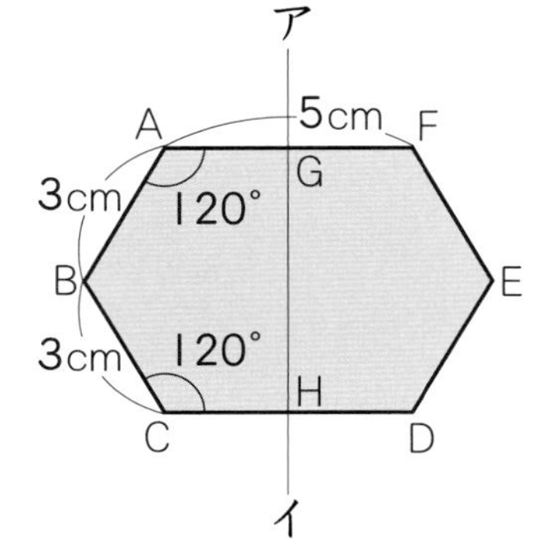

解き方 (1) 点Gから、対応する2つの点A、Fまでの長さは等しいから、5÷□＝□　　答え □cm

(2) 直線BEを折りめとして2つに折ると、辺ABは辺CBに、辺FEは辺DEにぴったりと重なります。

直線□は、この図形の対称の軸です。

2 右の図は、直線アイを対称の軸とした線対称な図形の半分です。残りの半分をかきましょう。

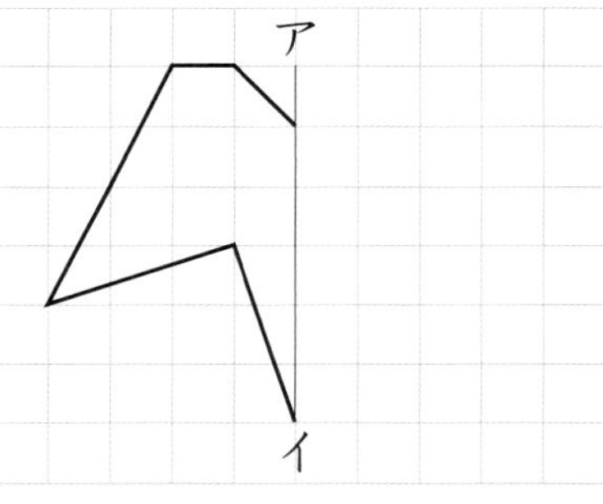

解き方 点A、B、C、Dにそれぞれ対応する点を、線対称な図形の性質を使って求め、図形の残りの半分をかきます。

❶ 点A、B、C、Dから、対称の軸に向かってそれぞれ□な直線をひきます。

❷ それぞれの直線上で、点A、B、C、Dと対応する、対称の軸までの長さが□点を求めます。

❸ 求めた点F、G、H、Iを結んで、図形を完成させます。

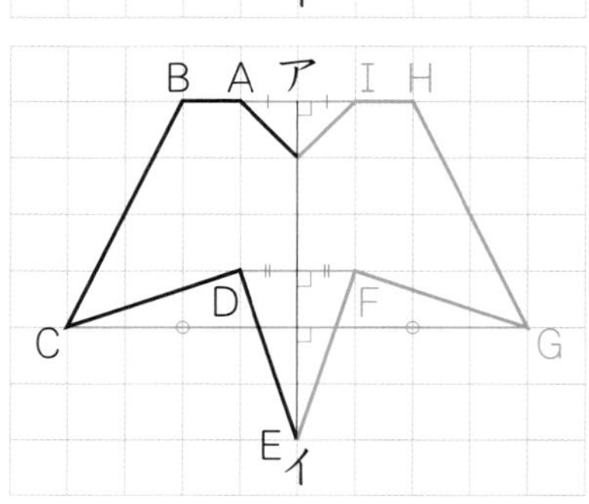

どんな図形になりそうか、はじめに見当をつけておくといいね。

ぴったり2

練習

★できた問題には、「た」をかこう！★

1 でき　2 でき　3 でき

学習日　月　日

教科書 46～47ページ　答え 5ページ

1 右の図は、直線アイを対称の軸とした線対称な図形です。

教科書 46ページ 3

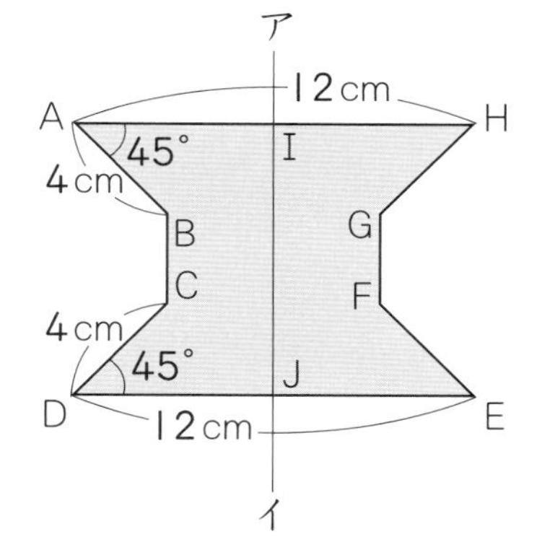

① 直線CFは、直線アイとどのように交わるでしょうか。

(　　　　　　　)

② 直線AIの長さは何cmでしょうか。

(　　　　　　　)

③ 直線アイのほかに、対称の軸があればかき入れましょう。

2 下の図は、直線アイを対称の軸とした線対称な図形の半分です。残りの半分をかきましょう。また、点Aに対応する点Bをかき入れましょう。

教科書 47ページ 4

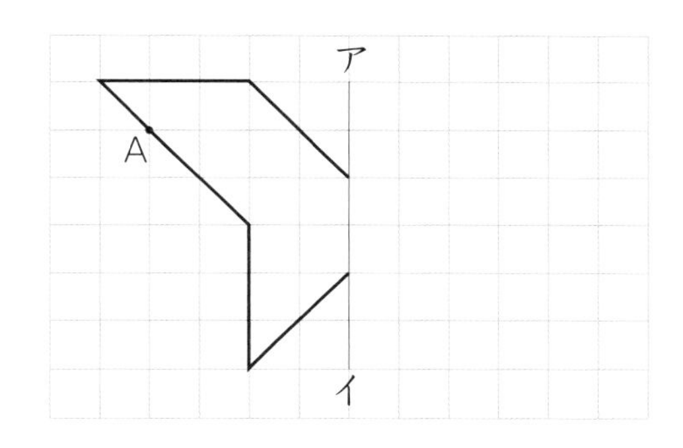

まず、対応する
頂点を決めよう。

3 下の図は、直線アイを対称の軸とした線対称な図形の半分です。残りの半分をかきましょう。

教科書 47ページ 4

①

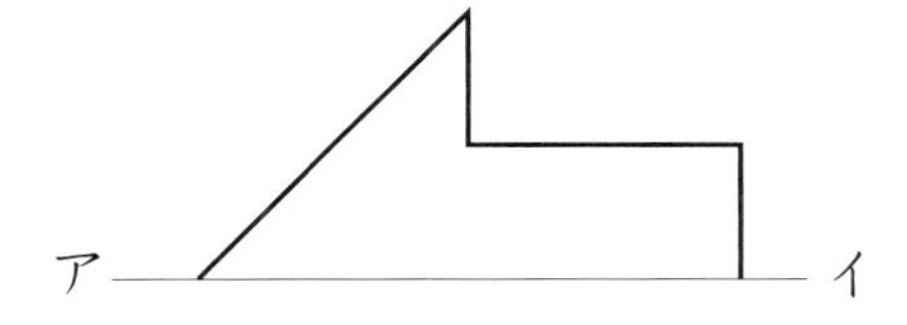

②

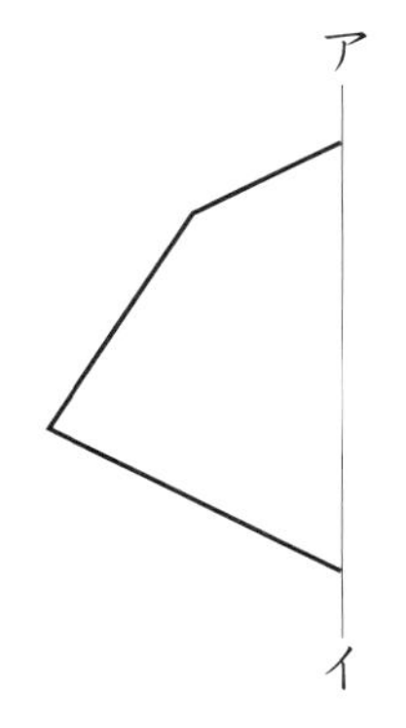

ヒント

3 対称の軸に垂直な直線をひくには、１組の三角定規を使います。
等しい長さは、コンパスを使うといいでしょう。

点対称な図形の性質
点対称な図形のかき方

教科書 48～49ページ　答え 5ページ

 次の□にあてはまる記号や言葉を書きましょう。

めあて　点対称（てんたいしょう）な図形の性質を理解して、点対称な図形をかけるようにしよう。　練習 ❶❷❸→

点対称な図形の性質

① 対応する２つの点を結ぶ直線は、対称の中心を通ります。

② 対称の中心から、対応する２つの点までの長さは等しくなっています。

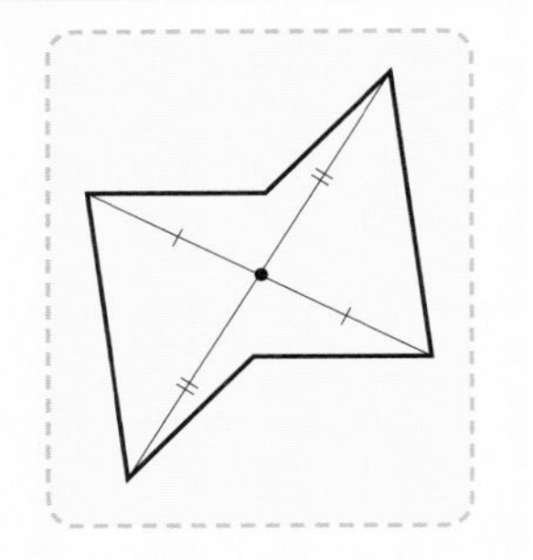

1 右の図は、点対称な図形です。

(1) 対称の中心となるように、点Oをかき入れましょう。

(2) 直線OAと等しい長さの直線を答えましょう。

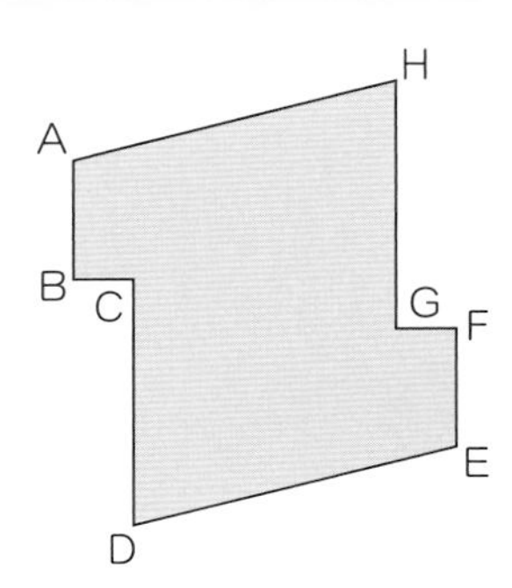

解き方 (1) 対応する２つの点を結ぶ直線は対称の中心を通るから、
（点Aと点E、点Bと点F、点Cと点G、点Dと点H）

そのような直線を２本ひいて、交わる点が対称の中心Oです。
（直線AE、直線BF、直線CG、直線DHのうちどれか２本）

(2) 対称の中心から、対応する２つの点までの長さは等しくなっているから、直線OAと等しい長さの直線は、直線□です。

2 右の図は、点Oを対称の中心とした点対称な図形の半分です。残りの半分をかきましょう。

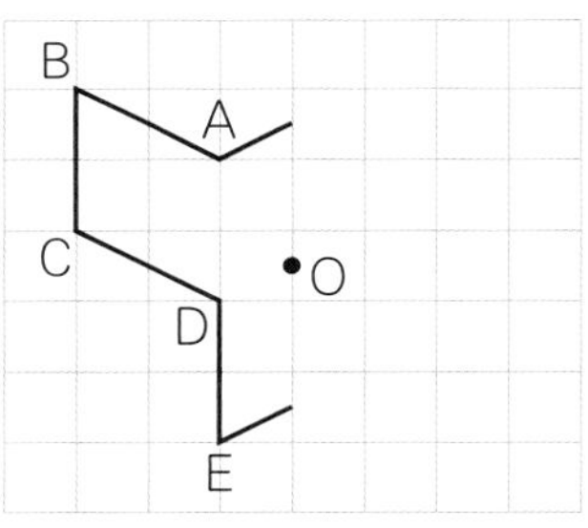

解き方 点A、B、C、D、Eにそれぞれ対応する点を、点対称な図形の性質を使って求め、図形の残りの半分をかきます。

❶ 点A、B、C、D、Eから、対称の中心Oに向かってそれぞれ直線をひきます。

❷ それぞれの直線上で、点A、B、C、D、Eに対応する、対称の中心Oまでの長さが□点を求めます。

❸ 求めた点F、G、H、I、Jを結んで、図形を完成させます。

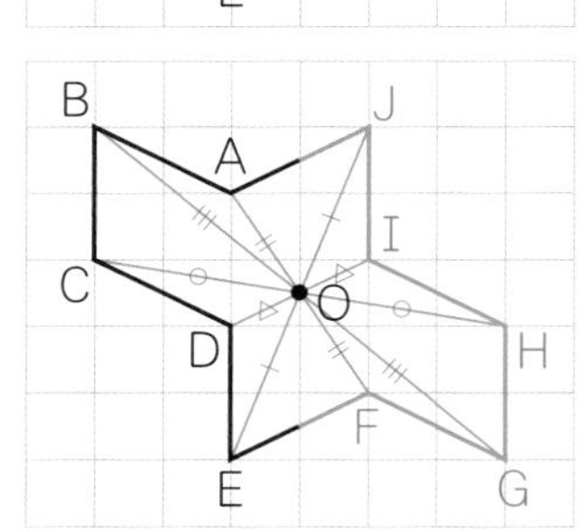

1 右の図は、点対称な図形です。　教科書 48ページ5

① 対称の中心となるように、点Oをかき入れましょう。

② 直線ODと等しい長さの直線を答えましょう。

（　　　　　）

③ 直線OLと等しい長さの直線を答えましょう。

（　　　　　）

よくみて

2 下の図は、点Oを対称の中心とした点対称な図形の半分です。
残りの半分をかきましょう。
また、点Aに対応する点Bをかき入れましょう。　教科書 49ページ6

頂点（ちょうてん）から、対称の中心Oを通る直線をひいて、対応する点を見つければいいね。

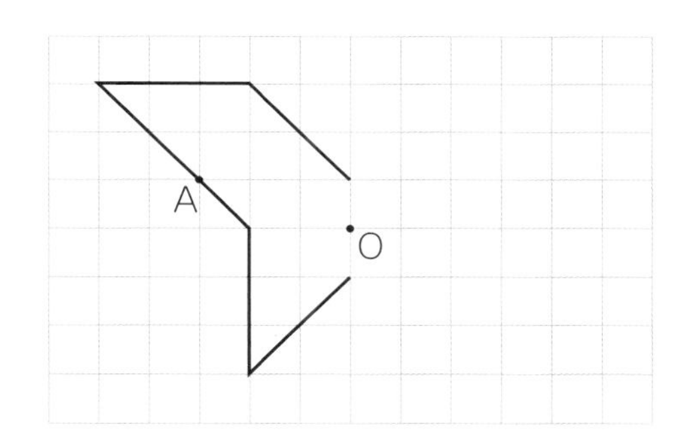

3 下の図は、点Oを対称の中心とした点対称な図形の半分です。
残りの半分をかきましょう。　教科書 49ページ6

①

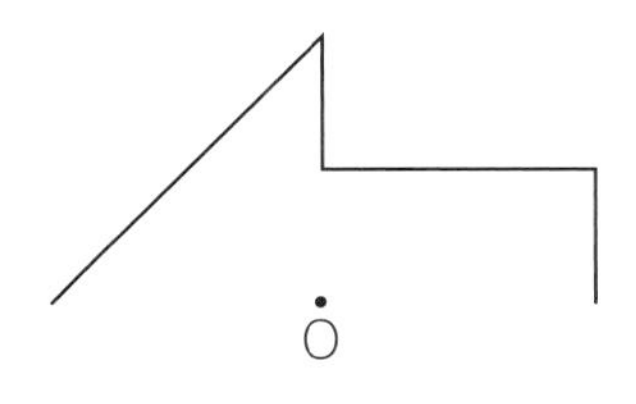

②

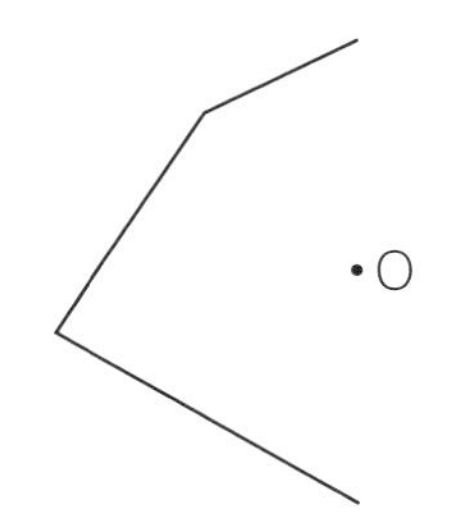

ヒント　3 等しい長さを見つけるには、コンパスが便利です。

四角形や三角形と対称
正多角形と対称

教科書 50〜51ページ 答え 6ページ

次の□にあてはまる記号や数、言葉を書きましょう。

めあて 四角形や三角形について、対称(たいしょう)な図形かどうかがわかるようにしよう。 練習 1→

四角形と対称 四角形には、次のようなものがあります。

① 線対称な図形　② 点対称な図形
③ 線対称でもあり、点対称でもある図形　④ 線対称でもなく、点対称でもない図形

1 下の(1)〜(5)の四角形は、上の①から④の図形のうち、どの図形でしょうか。

(1) 平行四辺形　(2) 正方形　(3) 長方形　(4) ひし形　(5) 台形

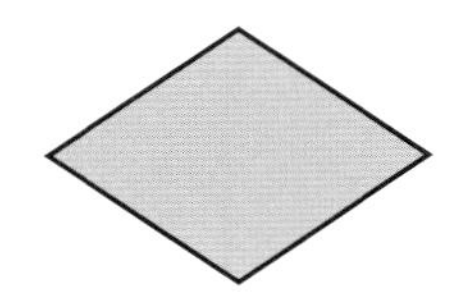
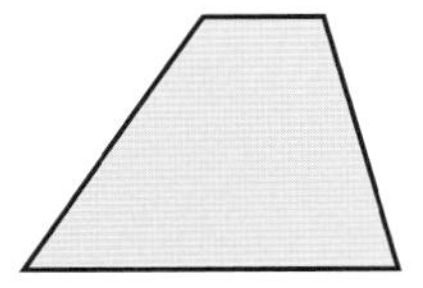

解き方 右の図のように、対称の軸(じく)となる直線や、対称の中心となる点Oをかき入れることができます。５つの四角形を①から④の図形に分けると、次のようになります。

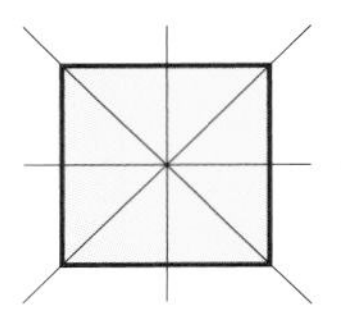
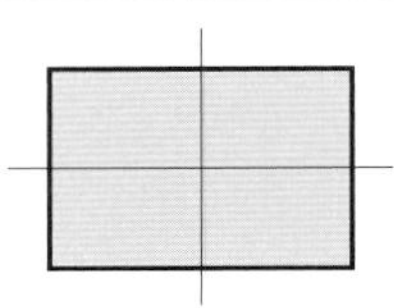
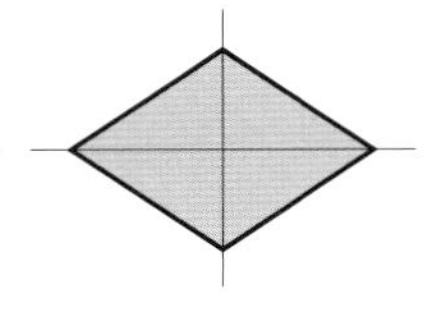
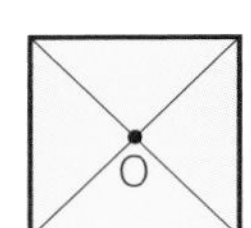

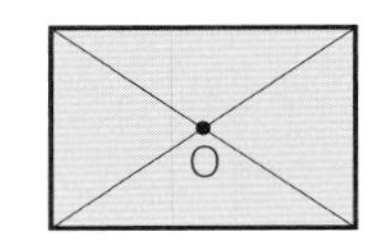

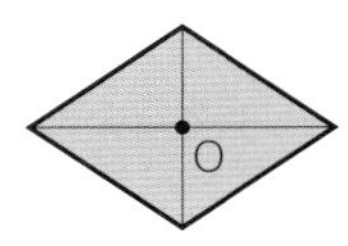

(1) □　(2) □
(3) □　(4) □
(5) □

めあて 正多角形の対称について理解しよう。 練習 2→

正多角形と対称

正多角形は、すべて線対称な図形です。
そのうち、辺の数が偶数(ぐうすう)の正多角形は、点対称な図形でもあります。

2 正五角形と正六角形について答えましょう。

(1) どちらも線対称な図形です。
　対称の軸は、それぞれ何本あるでしょうか。
(2) 点対称な図形はどちらの正多角形でしょうか。

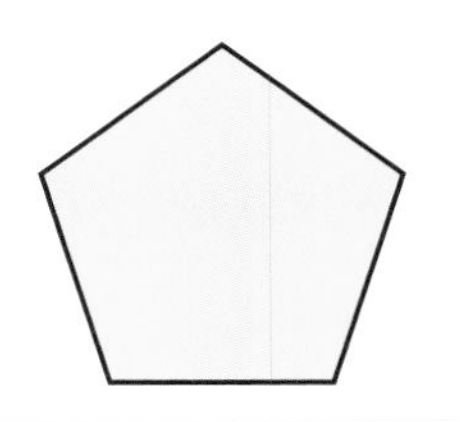
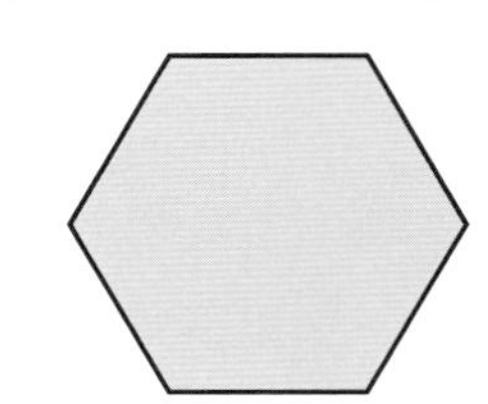

解き方 (1) 対称の軸をかき入れると、下のようになります。
　正五角形 □本　正六角形 □本
(2) 180°回転させると、もとの図形にぴったり重なるのは □です。←辺の数が偶数

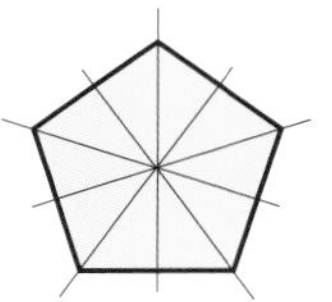
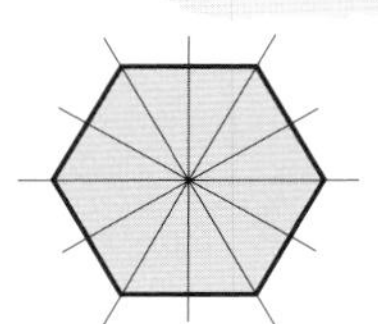

★できた問題には、「た」をかこう！★

できた 1 できた 2 できた 3

学習日 月 日

教科書 50〜51ページ　答え 6ページ

1 下の四角形や三角形について答えましょう。

教科書 50ページ7、51ページ8

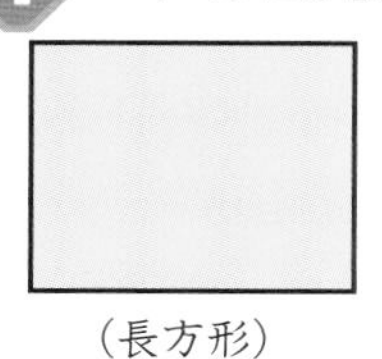
（長方形）

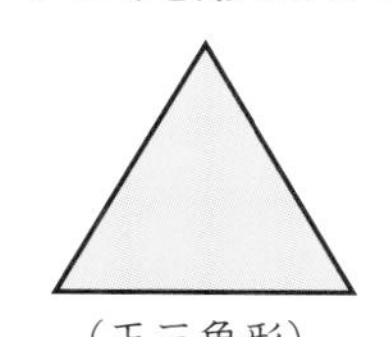
（正三角形）

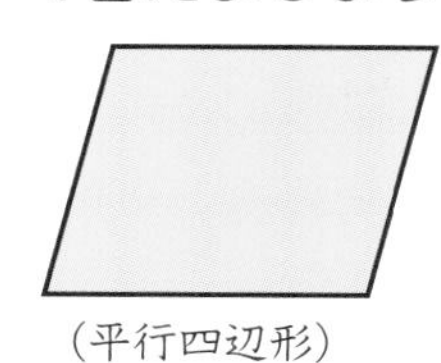
（平行四辺形）

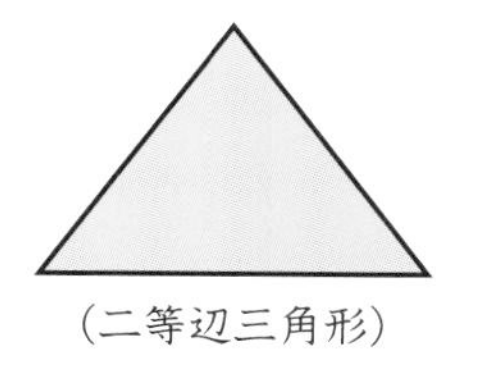
（二等辺三角形）

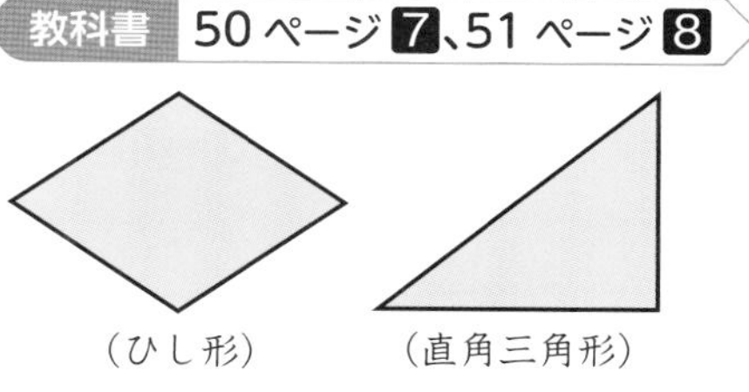
（ひし形）（直角三角形）

① 線対称な図形はどれでしょうか。
また、その図形には、対称の軸は何本あるでしょうか。

（　　　　　　　　　　）

② 点対称な図形はどれでしょうか。

（　　　　　　　　　　）

③ 線対称でもあり、点対称でもある図形はどれでしょうか。

（　　　　　　　　　　）

2 下の正多角形について、線対称な図形か点対称な図形かを調べましょう。

線対称な図形は、対称の軸の数も調べましょう。

教科書 51ページ9

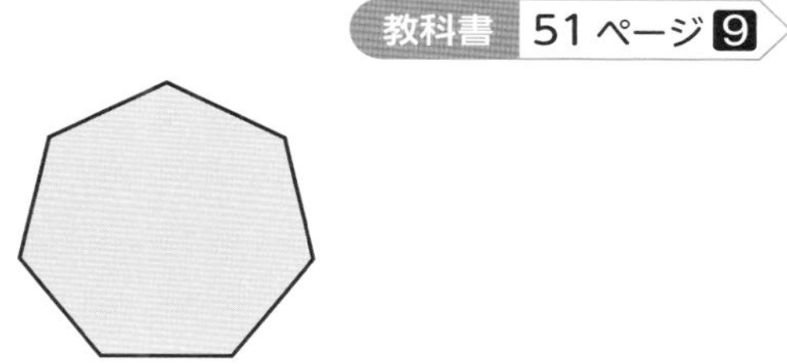
（正方形）（正五角形）（正六角形）（正七角形）

	線対称	対称の軸の数	点対称
正方形			
正五角形			
正六角形			
正七角形			

対称の軸には、
多角形の頂点（ちょうてん）を通らない
ものもあるね。

まちがい注意

3 次の□にあてはまる言葉を書きましょう。

教科書 51ページ

円は、①□を対称の軸とする②□対称な図形です。

また、③□を対称の中心とする④□対称な図形です。

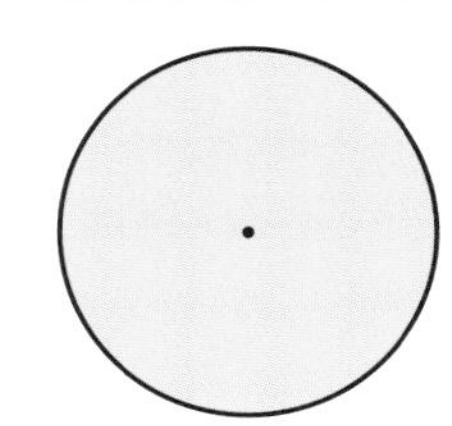

ヒント　1 ② 点対称な図形は、上下さかさまにしても同じ形に見えます。

3 対称な図形

教科書 38～53 ページ　答え 7 ページ

知識・技能　／65点

1 よく出る 下の図について答えましょう。　全部できて 各5点(10点)

Ⓐ A　Ⓘ H　Ⓤ K　Ⓔ N　Ⓞ O

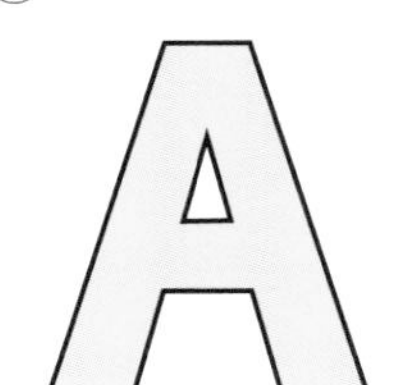
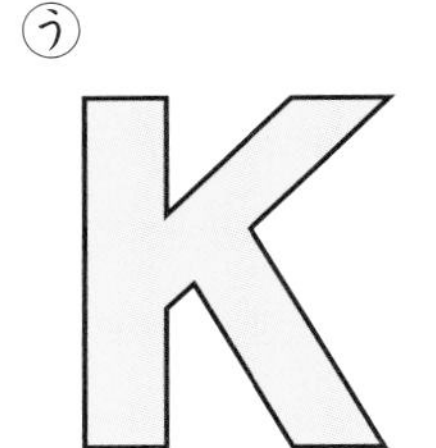

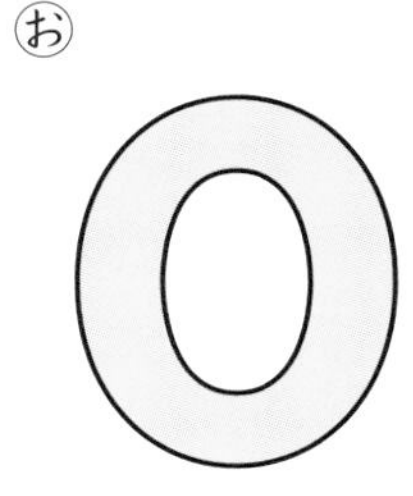

① 線対称(せんたいしょう)な図形はどれでしょうか。

(　　　　)

② 点対称な図形はどれでしょうか。

(　　　　)

2 右の図は、線対称でもあり、点対称でもある図形です。　全部できて 各5点(15点)

① 対称の軸(じく)をすべてかき入れましょう。

② 対称の中心となるように、点Oをかき入れましょう。

③ 辺CDの長さは 1.3 cm です。
ほかに長さが 1.3 cm の辺をすべて答えましょう。

(　　　　)

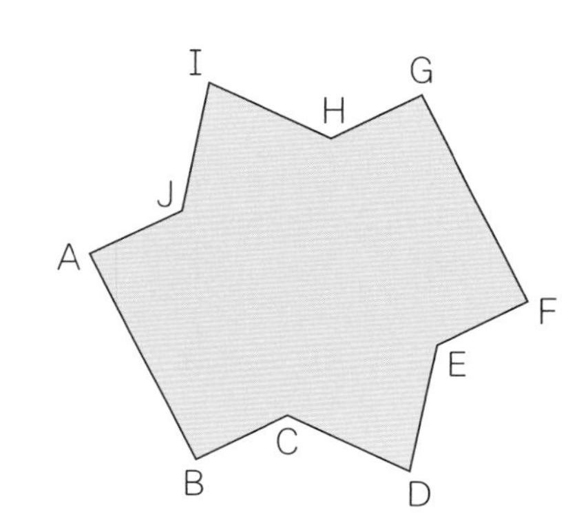

3 よく出る 直線アイを対称の軸とした線対称な図形と、点Oを対称の中心とした点対称な図形をかきましょう。　各10点(20点)

① 線対称

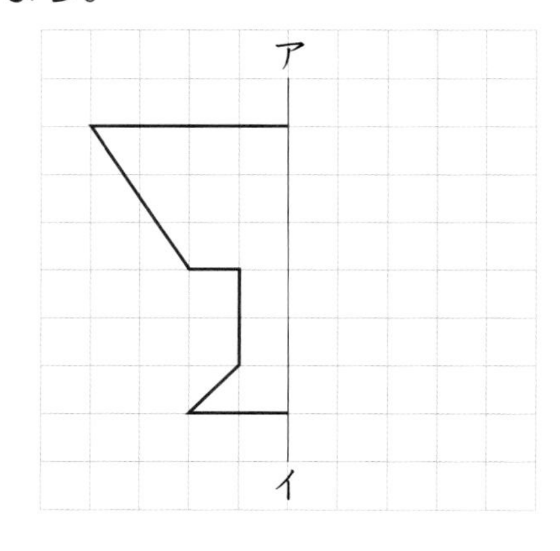

② 点対称

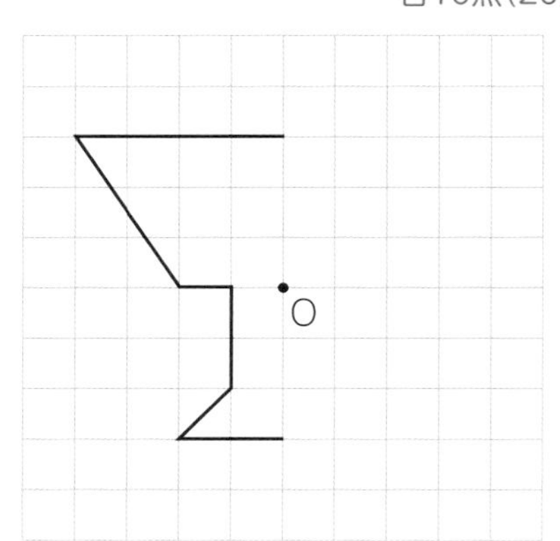

学習日　　月　　日

4 直線アイを対称の軸とした線対称な図形と、点Oを対称の中心とした点対称な図形をかきましょう。
各10点(20点)

① 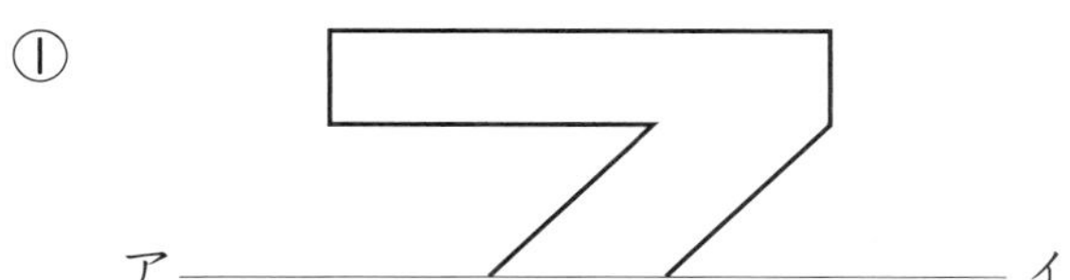

② 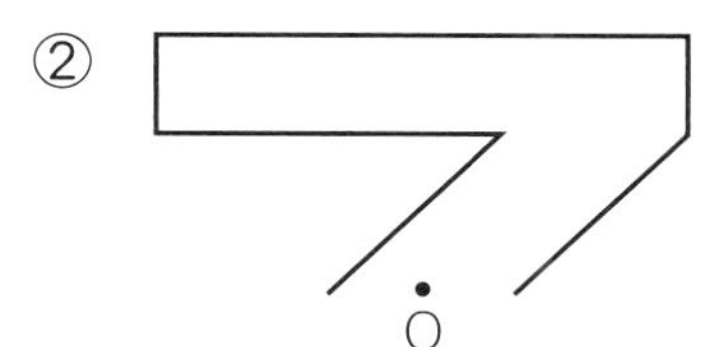

思考・判断・表現　／35点

5 よく出る 下の図形について、線対称な図形か点対称な図形かを調べましょう。
線対称な図形の場合は、対称の軸の数も調べましょう。
全部できて 各5点(20点)

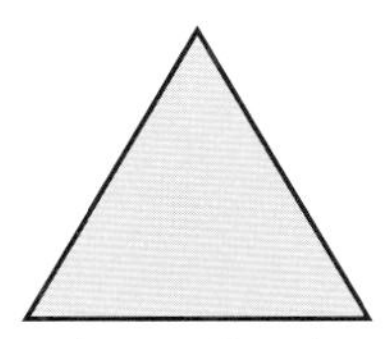
(正三角形)

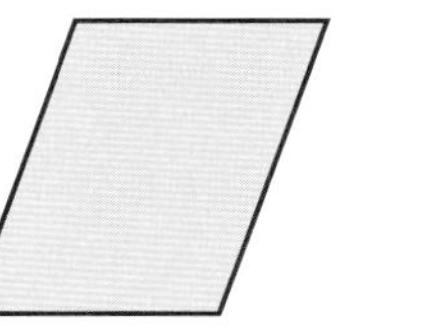
(平行四辺形)
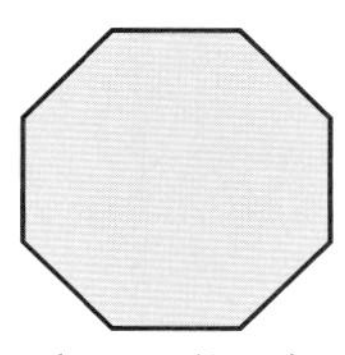
(正八角形)
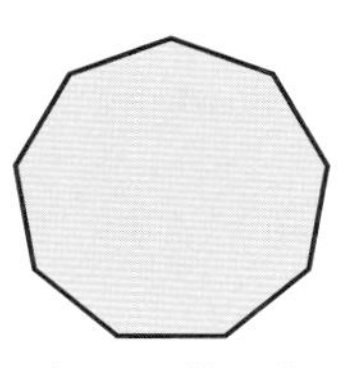
(正九角形)

	線対称	対称の軸の数	点対称
正三角形			
平行四辺形			
正八角形			
正九角形			

できたらスゴイ!

6 下の図のⓐからⓞは、地図記号です。
全部できて 各5点(15点)

ⓐ 警察署(けいさつしょ)　ⓘ 消防署　ⓤ 神社　ⓔ 寺院　ⓞ 病院

① 線対称な図形はどれでしょうか。
(　　　　)

② 点対称な図形はどれでしょうか。
(　　　　)

③ 線対称でもあり、点対称でもある図形はどれでしょうか。
(　　　　)

ふりかえり **1**①がわからないときは、14ページの**1**にもどって確認(かくにん)してみよう。

ぴったり1 準備

3分でまとめ

学習日　月　日

4 分数のかけ算

(分数のかけ算ー(1))

教科書 56~62ページ　答え 8ページ

次の□にあてはまる数を書きましょう。

めあて 分数×単位分数の計算のしかたを考えよう。　練習 1→

分数×単位分数の計算

$\frac{3}{5}\times\frac{1}{2}=\frac{3}{5}\div2=\frac{3}{5\times2}=\frac{3}{10}$

縦の線で $\frac{1}{2}$ ずつに区切ると…。

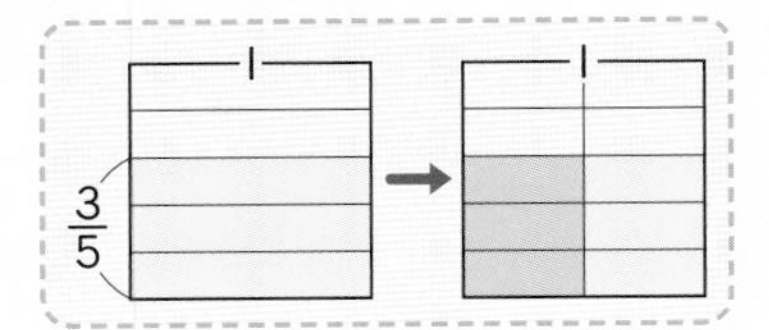

1 $\frac{2}{3}\times\frac{1}{5}$ の計算をしましょう。

解き方 $\frac{2}{3}\times\frac{1}{5}=\frac{2}{3}\div$ □ $=\frac{2}{3\times5}=$ □

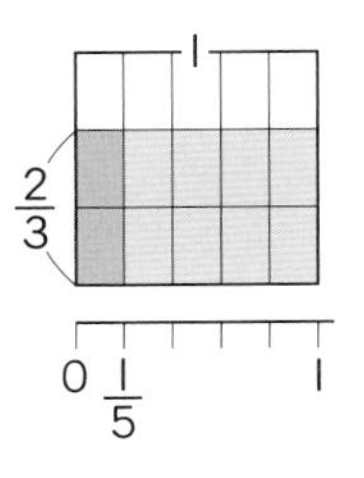

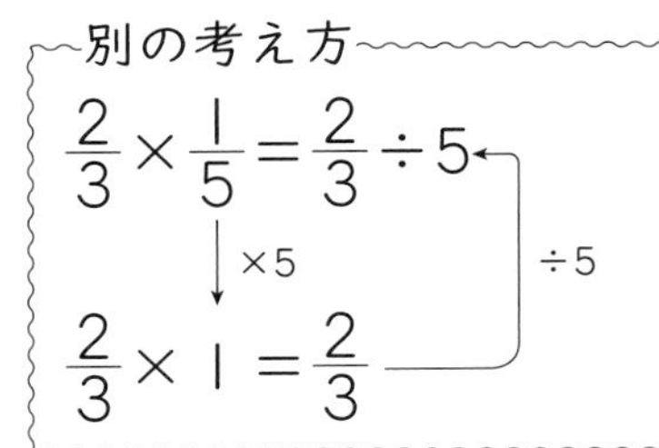

めあて 分数×分数の計算のしかたを理解しよう。　練習 2 3→

分数のかけ算の計算のしかた

分数に分数をかける計算では、分母どうし、分子どうしをかけます。

$\frac{b}{a}\times\frac{d}{c}=\frac{b\times d}{a\times c}$

2 $\frac{4}{7}\times\frac{2}{3}$ の計算をしましょう。

解き方 $\frac{4}{7}\times\frac{2}{3}=\frac{4\times2}{7\times\square}=$ □

分子どうし　分母どうし

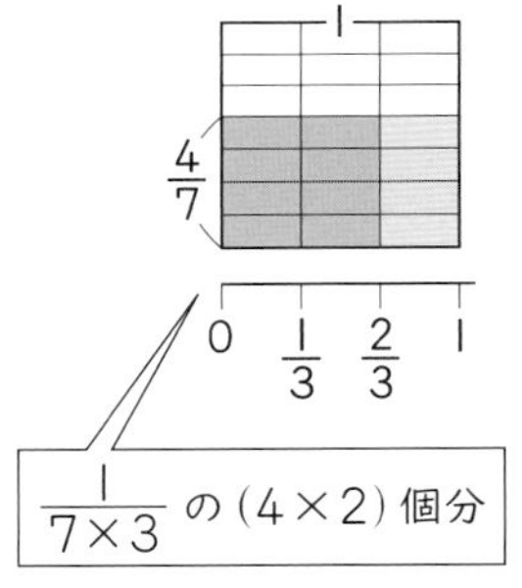

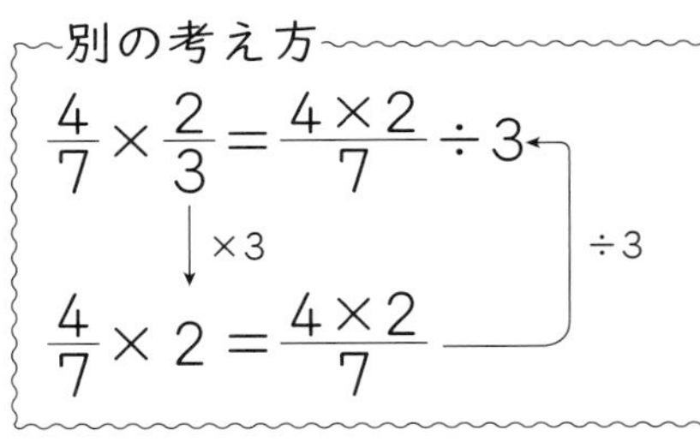

めあて 約分できる分数のかけ算のしかたを理解しよう。　練習 4→

約分できるかけ算

途中で約分できるときは、約分してから計算します。

$\frac{3}{8}\times\frac{4}{5}=\frac{3\times\overset{1}{\cancel{4}}}{\underset{2}{\cancel{8}}\times5}=\frac{3}{10}$

3 $\frac{5}{6}\times\frac{9}{10}$ の計算をしましょう。

解き方 $\frac{5}{6}\times\frac{9}{10}=\frac{\overset{1}{\cancel{5}}\times\overset{3}{\cancel{9}}}{\underset{2}{\cancel{6}}\times\underset{2}{\cancel{10}}}=$ □

かけ算をしてから約分するよりも、このように、途中で約分したほうが簡単だよ。

★できた問題には、「た」をかこう！★

① でき　② でき　③ でき　④ でき

学習日　月　日

教科書 56〜62ページ　答え 8ページ

1 1mの重さが $\frac{5}{6}$ kgのロープがあります。

このロープ $\frac{1}{4}$ mの重さは何kgでしょうか。

教科書 56ページ 1

（　　　　）

2 1mの重さが $\frac{2}{7}$ kgの棒（ぼう）があります。

この棒 $\frac{2}{3}$ mの重さは何kgでしょうか。

教科書 59ページ 2

（　　　　）

3 計算をしましょう。

教科書 59ページ 2

① $\frac{1}{4}\times\frac{3}{5}$　② $\frac{4}{5}\times\frac{2}{3}$

③ $\frac{5}{8}\times\frac{9}{4}$　④ $\frac{7}{6}\times\frac{7}{2}$

！まちがい注意

4 計算をしましょう。

教科書 62ページ 3

① $\frac{2}{3}\times\frac{5}{6}$　② $\frac{3}{8}\times\frac{6}{7}$

③ $\frac{2}{9}\times\frac{15}{8}$　④ $\frac{4}{5}\times\frac{25}{18}$

⑤ $\frac{15}{4}\times\frac{14}{5}$　⑥ $\frac{16}{3}\times\frac{9}{4}$

ヒント

1 2 かける数が分数になるときも、整数や小数のときと同じように、かけ算の式に表します。

4 途中で約分できるときは約分します。

ぴったり1 準備

4 分数のかけ算

(分数のかけ算ー(2))

学習日 月 日

教科書 62〜63ページ　答え 8ページ

次の□にあてはまる数を書きましょう。

めあて 整数×分数の計算ができるようにしよう。 練習 1→

整数×分数の計算

整数を分数で表し、分数×分数と同じように計算します。

1 計算をしましょう。

(1) $2\times\frac{3}{4}$　　(2) $15\times\frac{2}{5}$

解き方 (1) $2\times\frac{3}{4}=\frac{2}{1}\times\frac{3}{4}=\frac{\overset{1}{\cancel{2}}\times3}{1\times\underset{2}{\cancel{4}}}=\square$

(2) $15\times\frac{2}{5}=\frac{15}{1}\times\frac{2}{5}=\frac{\overset{3}{\cancel{15}}\times2}{1\times\underset{1}{\cancel{5}}}=\square$

めあて 帯分数のかけ算ができるようにしよう。 練習 2→

帯分数のかけ算

帯分数を仮分数になおしてから、かけ算をします。

2 $1\frac{2}{3}\times3\frac{1}{2}$ の計算をしましょう。

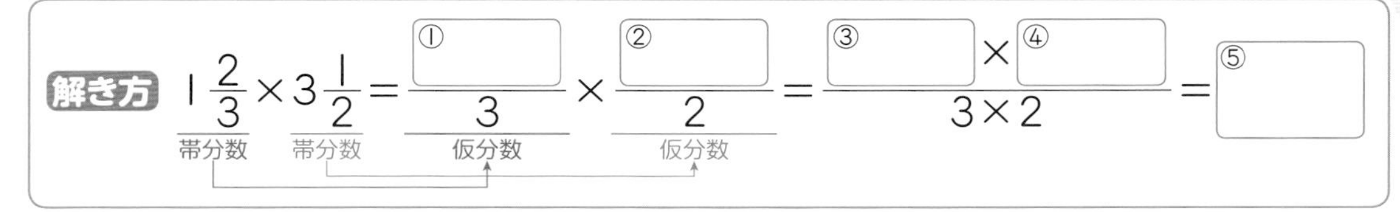
解き方 $1\frac{2}{3}\times3\frac{1}{2}=\frac{①\square}{3}\times\frac{②\square}{2}=\frac{③\square\times④\square}{3\times2}=⑤\square$

帯分数のまま約分しないように気をつけよう。

めあて 小数×分数の計算ができるようにしよう。 練習 3→

小数×分数の計算

小数を分数で表し、分数×分数と同じように計算します。

3 計算をしましょう。

(1) $0.7\times\frac{2}{9}$　　(2) $1.2\times\frac{5}{8}$

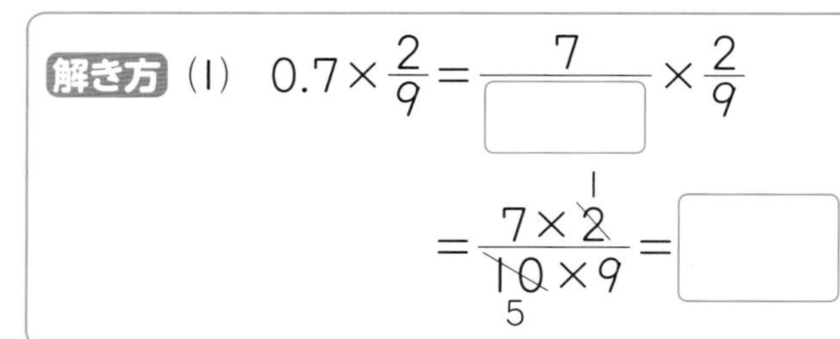
解き方 (1) $0.7\times\frac{2}{9}=\frac{7}{\square}\times\frac{2}{9}=\frac{7\times\overset{1}{\cancel{2}}}{\underset{5}{\cancel{10}}\times9}=\square$

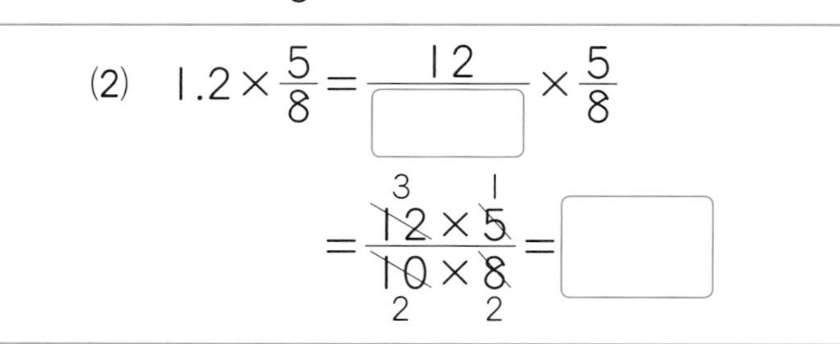
(2) $1.2\times\frac{5}{8}=\frac{12}{\square}\times\frac{5}{8}=\frac{\overset{3}{\cancel{12}}\times\overset{1}{\cancel{5}}}{\underset{2}{\cancel{10}}\times\underset{2}{\cancel{8}}}=\square$

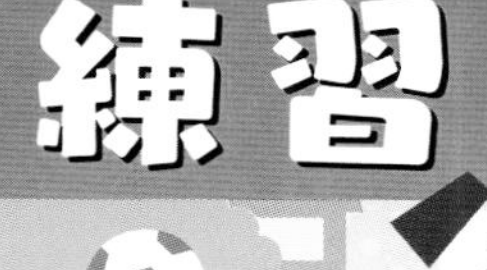

学習日　月　日

教科書 62～63ページ　答え 9ページ

1 計算をしましょう。

教科書 62ページ 4

① $3\times\frac{1}{5}$　② $4\times\frac{3}{8}$

③ $6\times\frac{5}{8}$　④ $14\times\frac{2}{7}$

⑤ $9\times\frac{5}{6}$　⑥ $8\times\frac{11}{14}$

2 計算をしましょう。

教科書 62ページ ⑧

① $1\frac{1}{4}\times2\frac{1}{3}$　② $2\frac{2}{5}\times1\frac{5}{8}$

3 計算をしましょう。

教科書 63ページ 5

① $0.7\times\frac{1}{3}$　② $0.4\times\frac{2}{7}$

③ $0.3\times\frac{5}{2}$　④ $0.8\times\frac{3}{4}$

⑤ $1.5\times\frac{1}{6}$　⑥ $3.6\times\frac{10}{9}$

ヒント
1 3 整数、小数は分数になおし、分数×分数と同じように計算します。
2 帯分数は仮分数になおして、計算します。

(分数のかけ算ー(3))
面積や体積の公式

学習日 月 日

教科書 63〜64ページ　答え 9ページ

次の□にあてはまる数を書きましょう。

めあて 3つの分数のかけ算ができるようにしよう。 練習 1→

3つの分数のかけ算

2つの分数のかけ算と同じように、分母どうし、分子どうしをかけます。

1 $\frac{3}{4}\times\frac{5}{6}\times\frac{1}{5}$ の計算をしましょう。

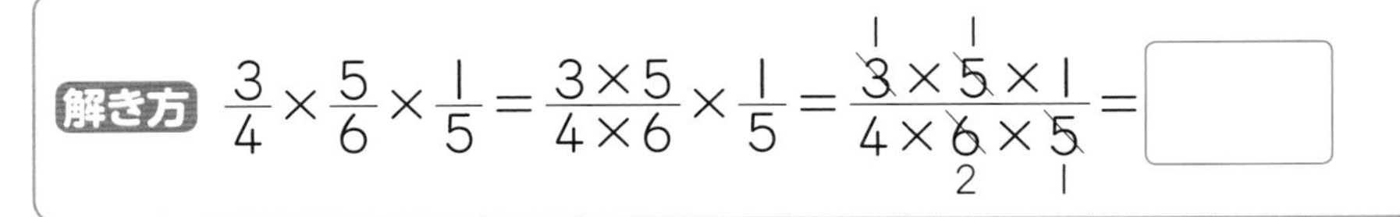

途中で約分できるね。

めあて 分数でも、面積や体積が求められることを理解しよう。 練習 2 3 4→

分数を使って面積や体積を求める

面積や体積は、辺の長さが分数で表されていても、整数や小数のときと同じように公式を使って求めることができます。

2 縦 $\frac{2}{5}$ m、横 $\frac{4}{7}$ m の長方形の面積を求めましょう。

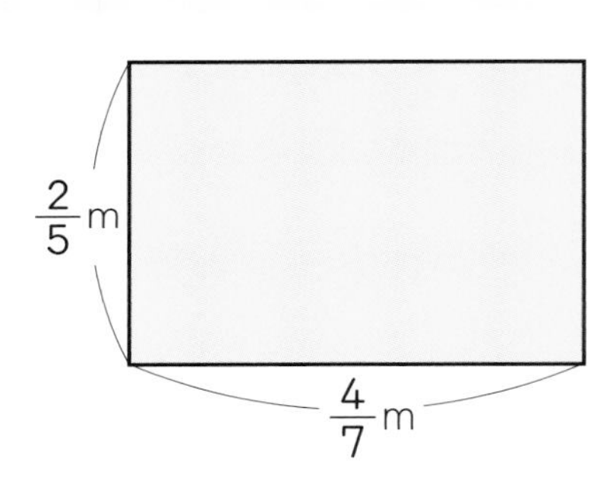

解き方 長方形の面積は、縦×横で求められるので、

$\underset{縦}{\frac{2}{5}}\times\underset{横}{□}=\frac{2\times4}{5\times7}=$ □

答え □ m^2

3 縦 $\frac{3}{4}$ m、横 $\frac{1}{3}$ m、高さ $\frac{5}{6}$ m の直方体の体積を求めましょう。

$\frac{3}{4}$m　$\frac{5}{6}$m　$\frac{1}{3}$m

解き方 直方体の体積は、縦×横×高さで求められるので、

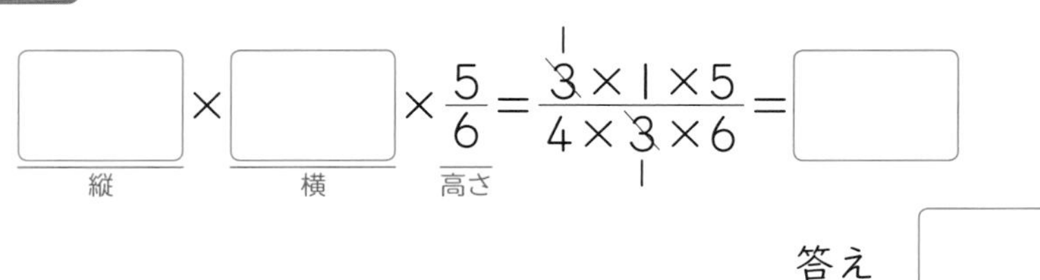

答え □ m^3

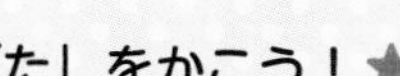

★できた問題には、「た」をかこう！★

1 でき　2 でき　3 でき　4 でき

学習日　月　日

教科書 63〜64ページ　答え 9ページ

！まちがい注意

1 計算をしましょう。 教科書 63ページ 6

① $\frac{2}{3}\times\frac{1}{5}\times\frac{7}{4}$　② $\frac{5}{8}\times\frac{3}{10}\times\frac{1}{6}$

③ $\frac{3}{4}\times\frac{8}{9}\times\frac{5}{6}$　④ $\frac{4}{9}\times\frac{3}{8}\times10$

2 右のような長方形の面積を求めましょう。 教科書 64ページ 7

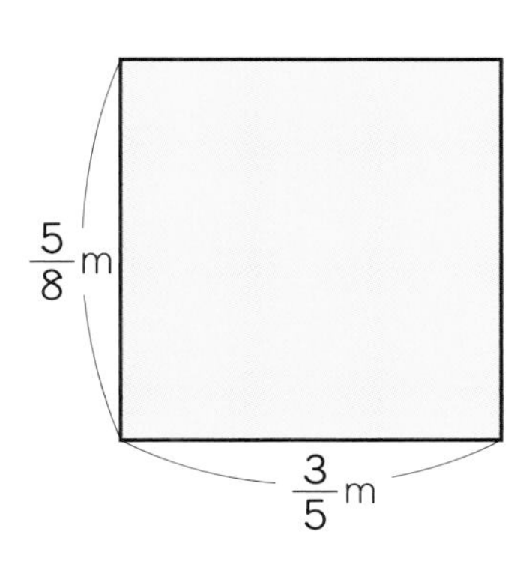

式

答え（　　　）

3 右のような直方体の体積を求めましょう。 教科書 64ページ 8

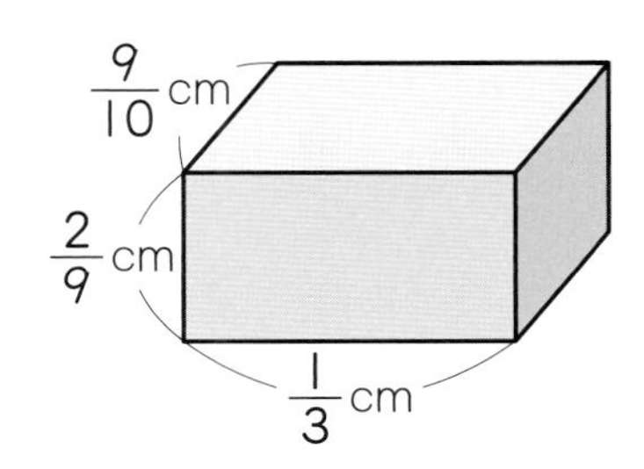

式

答え（　　　）

4 1辺が $\frac{5}{6}$ cm の立方体の体積を求めましょう。 教科書 64ページ 8

式

答え（　　　）

ヒント
2 長方形の面積＝縦×横　3 直方体の体積＝縦×横×高さ
4 立方体の体積＝1辺×1辺×1辺

学習日 月 日

計算のきまり／逆数

教科書 65～66ページ　答え 10ページ

次の□にあてはまる数を書きましょう。

めあて 分数でも、計算のきまりが成り立つことを理解しよう。　練習 1→

計算のきまり

① $a \times b = b \times a$

② $(a \times b) \times c = a \times (b \times c)$

③ $(a + b) \times c = a \times c + b \times c$

④ $(a - b) \times c = a \times c - b \times c$

a、b、c に分数をあてはめても、計算のきまりは成り立つよ。

1 □にあてはまる数を書いて、計算しましょう。

(1) $\left(\frac{6}{7} \times \frac{3}{5}\right) \times \frac{10}{3} = \frac{6}{7} \times \left(\square \times \frac{10}{3}\right)$

(2) $\frac{5}{9} \times \left(\frac{3}{5} + \frac{9}{4}\right) = \frac{5}{9} \times \frac{3}{5} + \frac{5}{9} \times \square$

解き方

(1) $\left(\frac{6}{7} \times \frac{3}{5}\right) \times \frac{10}{3}$ ←$(a \times b) \times c = a \times (b \times c)$

$= \frac{6}{7} \times \left(\square \times \frac{10}{3}\right)$

$= \frac{6}{7} \times \square$

$= \square$

(2) $\frac{5}{9} \times \left(\frac{3}{5} + \frac{9}{4}\right)$ ←$c \times (a + b) = c \times a + c \times b$

$= \frac{5}{9} \times \frac{3}{5} + \frac{5}{9} \times \square$

$= \frac{1}{3} + \square$

$= \square$

めあて 逆数（ぎゃくすう）がわかるようにしよう。　練習 2 3→

逆数

$\frac{2}{7}$ と $\frac{7}{2}$、3 と $\frac{1}{3}$ のように、2つの数の積が1になるとき、一方の数を他方の数の**逆数**といいます。

真分数や仮分数の逆数は、分母と分子を入れかえた分数になります。

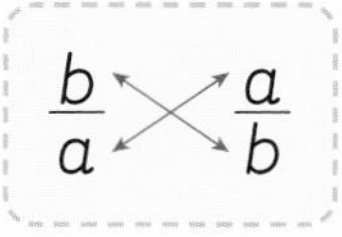

$\frac{b}{a}$ ⇄ $\frac{a}{b}$

2 次の数の逆数を求めましょう。

(1) $\frac{2}{5}$　(2) 4　(3) 0.7

解き方 整数や小数は、分数で表してから、分母と分子を入れかえます。

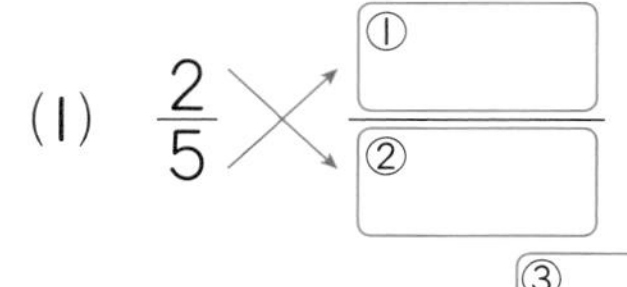

(1) $\frac{2}{5}$ → $\frac{①}{②}$　答え ③

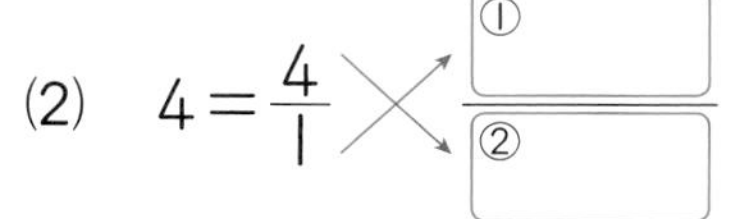

(2) $4 = \frac{4}{1}$ → $\frac{①}{②}$　答え ③

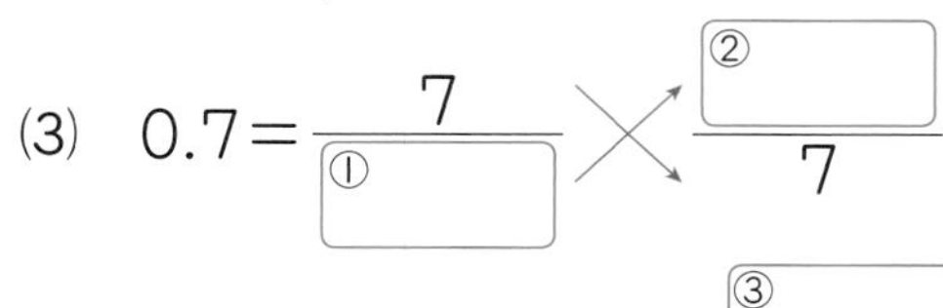

(3) $0.7 = \frac{7}{①}$ → $\frac{②}{7}$　答え ③

練習

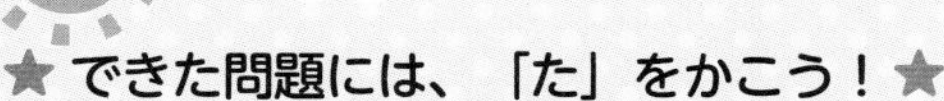

★できた問題には、「た」をかこう！★

学習日　月　日

教科書 65〜66ページ　答え 10ページ

1 □にあてはまる分数を書いて、計算しましょう。 教科書 65ページ 10

① $\left(\frac{1}{7}\times\frac{4}{5}\right)\times\frac{3}{4}=\square\times\left(\frac{4}{5}\times\frac{3}{4}\right)$

② $\frac{5}{6}\times\left(\frac{8}{9}+\frac{4}{5}\right)=\frac{5}{6}\times\square+\frac{5}{6}\times\frac{4}{5}$

③ $\frac{4}{5}\times\frac{2}{9}+\frac{7}{10}\times\frac{2}{9}=\left(\square+\square\right)\times\frac{2}{9}$

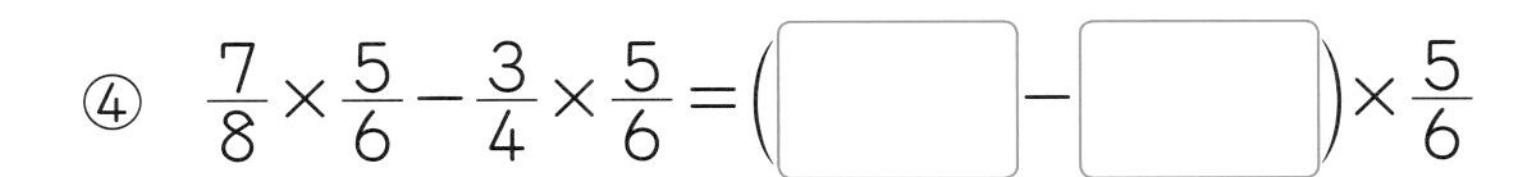

④ $\frac{7}{8}\times\frac{5}{6}-\frac{3}{4}\times\frac{5}{6}=\left(\square-\square\right)\times\frac{5}{6}$

2 次の式が成り立つように、□にあてはまる数を書きましょう。 教科書 66ページ 11・12

① $\frac{3}{4}\times\frac{㋐}{㋑}=1$　　② $7\times\frac{㋐}{㋑}=1$　　③ $1.9\times\frac{㋐}{㋑}=1$

!まちがい注意

3 次の数の逆数を求めましょう。 教科書 66ページ 15

① $\frac{5}{8}$　（　　）　② $\frac{28}{13}$　（　　）　③ $1\frac{2}{7}$　（　　）

④ $\frac{1}{6}$　（　　）　⑤ 2.1　（　　）　⑥ 9　（　　）

ヒント

1 ③④　左ページの計算のきまりの③と④を、右から左へ使います。
3 ③　帯分数は、仮分数になおしてから、分母と分子を入れかえます。

④ 分数のかけ算

教科書 56〜69 ページ　答え 10 ページ

知識・技能 ／76点

1 $\frac{3}{7}\times\frac{4}{5}$ の計算のしかたを、次のように説明しました。
□にあてはまる数を答えましょう。同じ記号の□には、同じ数が入ります。 各2点(6点)

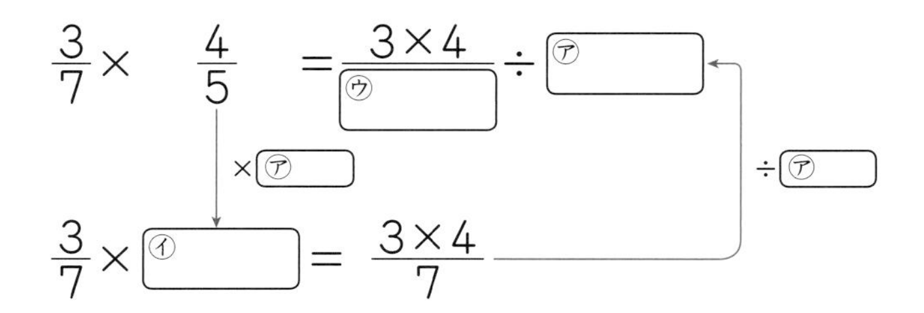

かける数が整数になるように㋐□倍すると、積も㋐□倍になります。
だから、$\frac{3}{7}\times4$ の積を㋐でわると、答えが求められます。

㋐（　　　）　㋑（　　　）　㋒（　　　）

2 次の数の逆数を求めましょう。 各2点(6点)

① $\frac{8}{7}$　② 10　③ 0.9

（　　　）（　　　）（　　　）

3 よく出る 計算をしましょう。 各4点(32点)

① $\frac{1}{6}\times\frac{1}{5}$

② $\frac{9}{7}\times\frac{1}{4}$

③ $\frac{2}{3}\times\frac{5}{9}$

④ $\frac{7}{2}\times\frac{5}{3}$

⑤ $\frac{4}{5}\times\frac{3}{8}$

⑥ $\frac{9}{10}\times\frac{7}{6}$

⑦ $\frac{3}{4}\times\frac{8}{9}$

⑧ $\frac{12}{5}\times\frac{10}{9}$

学習日　　月　　日

4 よく出る 計算をしましょう。

各4点(32点)

① $10\times\frac{5}{4}$　　② $15\times\frac{7}{6}$

③ $2\frac{2}{3}\times1\frac{4}{5}$　　④ $5\frac{1}{4}\times3\frac{3}{7}$

⑤ $0.4\times\frac{3}{4}$　　⑥ $2.8\times\frac{4}{7}$

⑦ $\frac{3}{5}\times\frac{1}{8}\times\frac{4}{3}$　　⑧ $\frac{5}{8}\times\frac{9}{10}\times\frac{16}{3}$

思考・判断・表現　／24点

5 くふうして計算しましょう。

各4点(8点)

① $\left(\frac{5}{6}-\frac{4}{9}\right)\times\frac{18}{7}$　　② $\frac{3}{8}\times\frac{15}{13}+\frac{3}{8}\times\frac{17}{13}$

6 よく出る 右のような直方体の体積を求めましょう。

式・答え 各4点(8点)

式

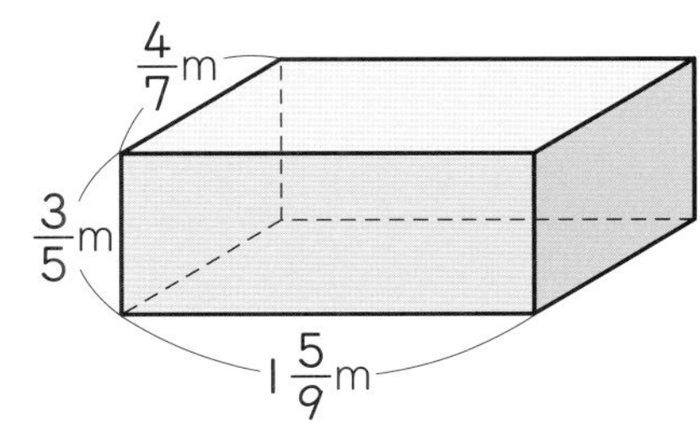

答え（　　　　）

できたらスゴイ！

7 1分間に $\frac{6}{5}$ Lの水が出る蛇口(じゃぐち)と、1分間に $\frac{4}{3}$ Lの水が出る蛇口があります。

この2つの蛇口を同時に使って水を入れると、15分間で何Lの水が入るでしょうか。

式・答え 各4点(8点)

式

答え（　　　　）

付録の「計算せんもんドリル」5～10もやってみよう！

ふりかえり 1がわからないときは、24ページの2にもどって確認(かくにん)してみよう。

3分でまとめ

(分数のわり算ー(1))

学習日 月 日

教科書 70〜76ページ ／ 答え 11ページ

次の□にあてはまる数を書きましょう。

めあて 分数÷単位分数の計算のしかたを考えよう。

練習 1→

分数÷単位分数の計算

$$\frac{3}{5}\div\frac{1}{4}=\frac{3}{5}\times4=\frac{3\times4}{5}=\frac{12}{5}$$

$$\frac{3}{5}\div\frac{1}{4}=\frac{3\times4}{5}$$

↓×4　↓×4　等しい

$$\left(\frac{3}{5}\times4\right)\div\left(\frac{1}{4}\times4\right)=\frac{3}{5}\times4$$

1 $\frac{2}{3}\div\frac{1}{2}$ の計算をしましょう。

解き方 $\frac{2}{3}\div\frac{1}{2}=\frac{2}{3}\times$ □ $=\frac{2\times2}{3}=$ □

$\left(\frac{2}{3}\times2\right)\div\left(\frac{1}{2}\times2\right)$

めあて 分数÷分数の計算のしかたを理解しよう。

練習 2 3→

分数のわり算の計算のしかた

分数を分数でわる計算では、わる数の逆数をかけます。

$$\frac{b}{a}\div\frac{d}{c}=\frac{b}{a}\times\frac{c}{d}$$

2 $\frac{4}{5}\div\frac{3}{7}$ の計算をしましょう。

解き方 $\frac{4}{5}\div\frac{3}{7}=\frac{4}{5}\times$ ①□ $=\frac{4\times②□}{5\times③□}=$ ④□

$\frac{3}{7}$ の逆数を
かけるんだね。

めあて 約分できる分数のわり算のしかたを理解しよう。

練習 4→

約分できる分数のわり算

途中(とちゅう)で約分できるときは、
約分してから計算します。

$$\frac{5}{8}\div\frac{3}{4}=\frac{5}{8}\times\frac{4}{3}=\frac{5\times\overset{1}{\cancel{4}}}{\underset{2}{\cancel{8}}\times3}=\frac{5}{6}$$

3 $\frac{5}{6}\div\frac{3}{2}$ の計算をしましょう。

解き方 $\frac{5}{6}\div\frac{3}{2}=\frac{5}{6}\times\frac{①□}{②□}=\frac{5\times\overset{1}{\cancel{2}}}{\underset{3}{\cancel{6}}\times3}=$ ③□

約分は
かけ算に
なおしてから
だよ。

ぴったり2

練習

★できた問題には、「た」をかこう！★

学習日　　月　　日

教科書 70〜76ページ　答え 11ページ

1 $\frac{1}{3}$ m の重さが $\frac{2}{7}$ kg の棒（ぼう）があります。
この棒 1 m の重さは何 kg でしょうか。

教科書 70ページ 1

（　　　　）

2 $\frac{4}{7}$ dL で $\frac{3}{5}$ m^2 の板をぬれるペンキがあります。
このペンキ 1 dL では、何 m^2 の板をぬれるでしょうか。

教科書 73ページ 2

（　　　　）

3 計算をしましょう。

教科書 75ページ ③

① $\frac{1}{4}\div\frac{2}{3}$　　② $\frac{2}{9}\div\frac{3}{5}$

③ $\frac{7}{8}\div\frac{6}{5}$　　④ $\frac{10}{7}\div\frac{9}{4}$

! まちがい注意

4 計算をしましょう。

教科書 76ページ 3

① $\frac{3}{4}\div\frac{5}{8}$　　② $\frac{4}{5}\div\frac{6}{7}$

③ $\frac{5}{12}\div\frac{10}{3}$　　④ $\frac{27}{16}\div\frac{15}{8}$

(分数のわり算ー(2))

教科書 76〜78ページ　答え 12ページ

次の□にあてはまる数を書きましょう。

めあて 整数÷分数、小数÷分数の計算ができるようにしよう。 練習 1 3 →

整数÷分数、小数÷分数の計算

整数、小数を分数で表し、分数÷分数と同じように計算します。

1 計算をしましょう。

(1) $5\div\frac{2}{3}$　(2) $0.7\div\frac{4}{7}$

解き方 (1) $5\div\frac{2}{3}=\frac{5}{①}\div\frac{2}{3}=\frac{5}{②}\times\frac{③}{④}=⑤$

(2) $0.7\div\frac{4}{7}=\frac{7}{①}\div\frac{4}{7}=\frac{7}{②}\times\frac{③}{④}=⑤$

めあて 帯分数のわり算ができるようにしよう。 練習 2 →

帯分数のわり算

帯分数を仮分数になおしてから、わり算をします。

2 $1\frac{1}{6}\div\frac{3}{4}$ の計算をしましょう。

解き方 $1\frac{1}{6}\div\frac{3}{4}=\frac{①}{6}\div\frac{3}{4}=\frac{②}{6}\times\frac{③}{④}=\frac{7\times\overset{2}{\cancel{4}}}{\underset{3}{\cancel{6}}\times3}=⑤$

めあて 分数のかけ算とわり算がまじった式の計算ができるようにしよう。 練習 4 5 →

分数のかけ算とわり算がまじった式の計算

逆数を使って、かけ算だけの式で表して計算します。

また、整数や小数がまじった式は、分数のかけ算になおして計算できます。

3 $\frac{3}{5}\times\frac{2}{9}\div\frac{4}{7}$ の計算をしましょう。

解き方 $\frac{3}{5}\times\frac{2}{9}\div\frac{4}{7}=\frac{3}{5}\times\frac{2}{9}\times\frac{①}{②}=\frac{\overset{1}{\cancel{3}}\times\overset{1}{\cancel{2}}\times7}{5\times\underset{3}{\cancel{9}}\times\underset{2}{\cancel{4}}}=③$

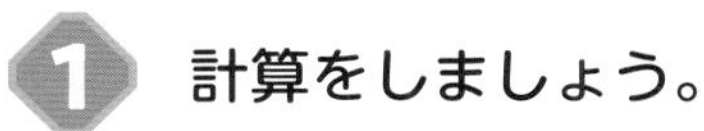

ぴったり2

練習

学習日　　月　　日

★できた問題には、「た」をかこう！★

1 でき　2 でき　3 でき　4 でき　5 でき

教科書 76〜78ページ　答え 12ページ

1 計算をしましょう。 教科書 76ページ 4

① $7 \div \frac{3}{2}$　② $6 \div \frac{9}{5}$　③ $14 \div \frac{7}{9}$

2 計算をしましょう。 教科書 76ページ ⑧

① $1\frac{1}{2} \div \frac{8}{3}$　② $1\frac{5}{9} \div \frac{21}{5}$　③ $5\frac{5}{8} \div \frac{15}{4}$

3 計算をしましょう。 教科書 77ページ 5

① $0.3 \div \frac{2}{7}$　② $0.4 \div \frac{3}{5}$　③ $2.4 \div \frac{3}{8}$

! まちがい注意

4 計算をしましょう。 教科書 77ページ 6

① $\frac{2}{5} \times \frac{5}{6} \div \frac{8}{9}$　② $\frac{12}{7} \div \frac{3}{10} \times \frac{14}{5}$　③ $\frac{5}{8} \div \frac{3}{4} \div \frac{10}{13}$

5 分数のかけ算になおして計算しましょう。 教科書 78ページ 7・8

① $8 \times \frac{3}{5} \div 2.7$　② $\frac{4}{5} \div 0.46 \times \frac{23}{32}$　③ $56 \div 4.2 \div 3.2$

ヒント　4 ③　わり算だけの式も、わる数を逆数にしてかけて、かけ算だけの式にします。

学習日 月 日

積の大きさ、商の大きさ

教科書 79ページ　答え 13ページ

次の□にあてはまる記号や言葉を書きましょう。

めあて かけられる数と積の関係がわかるようにしよう。 練習 1 2 3

積の大きさ

　1より小さい分数をかけると、積はかけられる数よりも小さくなります。

$6\times\frac{2}{3}=4$ → 6より小さい。（1より小さい）

$6\times\frac{3}{2}=9$ → 6より大きい。（1より大きい）

1 積がかけられる数よりも小さくなる式を、すべて選びましょう。

あ $5\times\frac{9}{10}$　い $\frac{3}{4}\times\frac{7}{3}$　う $\frac{11}{8}\times\frac{4}{9}$　え $0.3\times\frac{7}{6}$

解き方 かける数が1より小さいものを選びます。

あ $\frac{9}{10}<1$ →積は5より小さい。
い $\frac{7}{3}>1$ →積は$\frac{3}{4}$より大きい。
う $\frac{4}{9}$ ①□ 1 →積は$\frac{11}{8}$より②□。
え $\frac{7}{6}$ ③□ 1 →積は0.3より④□。

答え あ、⑤□

めあて わられる数と商の関係がわかるようにしよう。 練習 1 2 4

商の大きさ

　1より小さい分数でわると、商はわられる数よりも大きくなります。

$6\div\frac{2}{3}=9$ → 6より大きい。（1より小さい）

$6\div\frac{3}{2}=4$ → 6より小さい。（1より大きい）

2 商がわられる数よりも大きくなる式を、すべて選びましょう。

あ $8\div\frac{3}{4}$　い $\frac{3}{5}\div\frac{6}{5}$　う $\frac{7}{2}\div\frac{1}{9}$　え $1.1\div\frac{8}{3}$

解き方 わる数が1より小さいものを選びます。

あ $\frac{3}{4}<1$ →商は8より大きい。
い $\frac{6}{5}>1$ →商は$\frac{3}{5}$より小さい。
う $\frac{1}{9}$ ①□ 1 →商は$\frac{7}{2}$より②□。
え $\frac{8}{3}$ ③□ 1 →商は1.1より④□。

答え あ、⑤□

練習

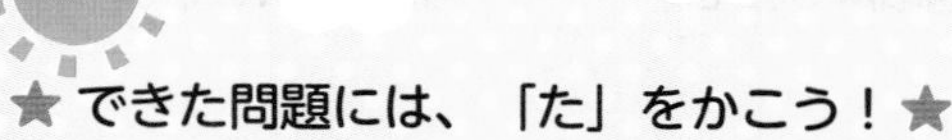

★できた問題には、「た」をかこう！★

できた 1　できた 2　できた 3　できた 4

学習日　月　日

教科書 79ページ　答え 13ページ

1 次の式の□には $\frac{2}{5}$ と $\frac{5}{2}$ のどちらのカードがあてはまるでしょうか。

教科書 79ページ 9

① $10 \times \square > 10$　　② $10 \times \square < 10$

③ $10 \div \square > 10$　　④ $10 \div \square < 10$

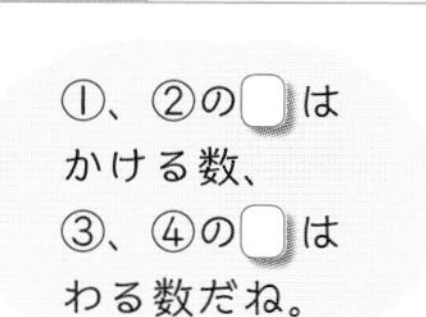

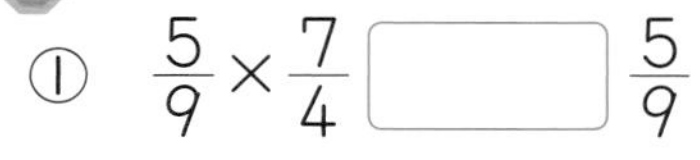

2 □にあてはまる不等号を書きましょう。

教科書 79ページ 9

① $\frac{5}{9} \times \frac{7}{4} \ \square \ \frac{5}{9}$　　② $\frac{9}{7} \times \frac{2}{3} \ \square \ \frac{9}{7}$

③ $\frac{7}{8} \div \frac{9}{5} \ \square \ \frac{7}{8}$　　④ $\frac{13}{6} \div \frac{1}{5} \ \square \ \frac{13}{6}$

3 積がかけられる数よりも小さくなる式を、すべて選びましょう。

教科書 79ページ 14

あ $0.1 \times \frac{4}{3}$　い $19 \times \frac{7}{8}$　う $\frac{5}{12} \times \frac{5}{4}$　え $\frac{17}{5} \times \frac{9}{11}$

(　　　　)

4 商がわられる数よりも大きくなる式を、すべて選びましょう。

教科書 79ページ 14

あ $0.2 \div \frac{2}{5}$　い $16 \div \frac{9}{7}$　う $\frac{13}{8} \div \frac{7}{4}$　え $\frac{11}{6} \div \frac{4}{9}$

(　　　　)

ヒント

1 ① 式は、積がかけられる数 10 より大きいことを表しています。
③ 式は、商がわられる数 10 より大きいことを表しています。

学習日　　月　　日

倍の計算

教科書 80～82ページ　答え 13ページ

次の□にあてはまる数を書きましょう。

めあて 倍を求めることができるようにしよう。 練習 1→

倍を求める　もとにする量や何倍かした量が分数のときでも、整数のときと同じように、倍を求めることができます。

1 $\frac{5}{4}$ mのリボンⓐと、$\frac{2}{3}$ mのリボンⓘがあります。ⓘの長さは、ⓐの長さの何倍でしょうか。

解き方 $\frac{5}{4}$ mを1とみたとき、$\frac{2}{3}$ mがどれだけにあたるかを求める問題です。

求める数を x として、問題の場面を数直線に表すと、右のようになります。

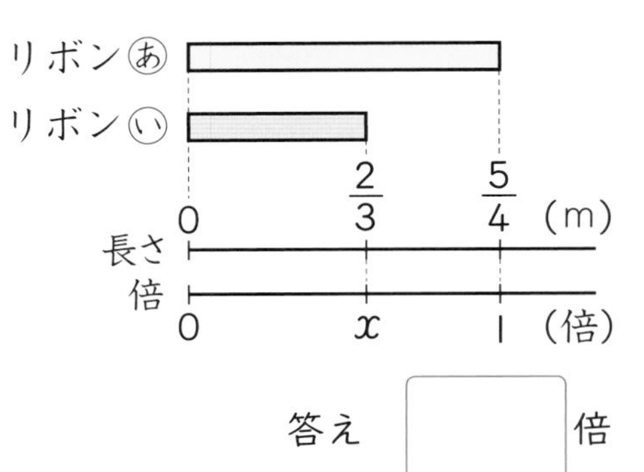

$\frac{5}{4}\times x=\frac{2}{3}$

$x=\frac{2}{3}\div$ □

$=$ □

答え □ 倍

めあて 何倍かした量やもとにする量を求めることができるようにしよう。 練習 2 3 4 5→

何倍かした量やもとにする量を求める　倍を表す数が分数のときでも、整数のときと同じように、何倍かした量やもとにする量を求めることができます。

2 $2\frac{1}{3}$ m² の畑の $\frac{3}{4}$ に肥料をまきました。肥料をまいた部分の面積を求めましょう。

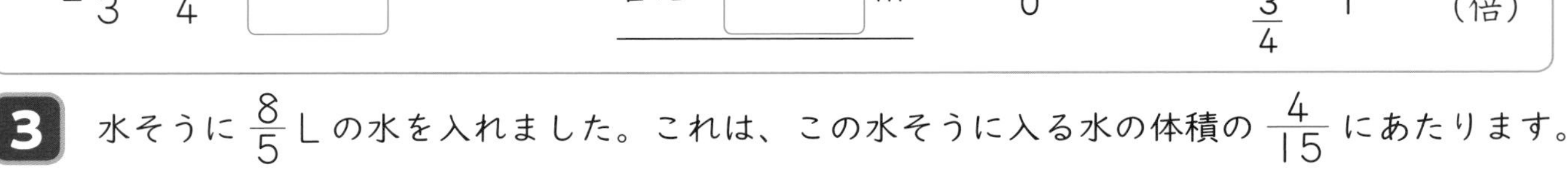

解き方 肥料をまいた部分の面積は、畑の面積の $\frac{3}{4}$ 倍なので、

$2\frac{1}{3}\times\frac{3}{4}=$ □

答え □ m²

3 水そうに $\frac{8}{5}$ Lの水を入れました。これは、この水そうに入る水の体積の $\frac{4}{15}$ にあたります。この水そうには、全部で何Lの水が入るでしょうか。

解き方 水そうに入る水の体積を x Lとすると、

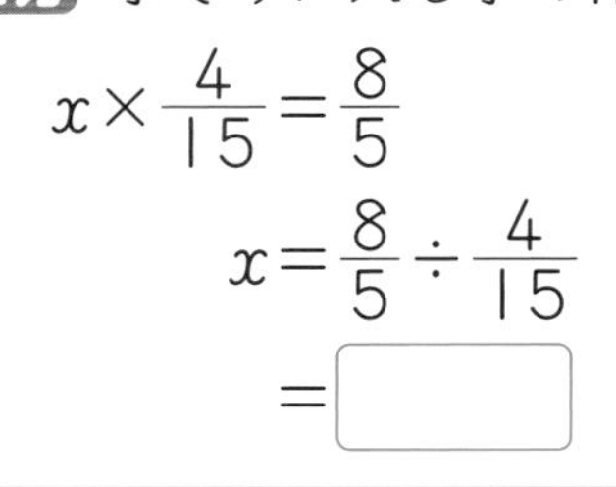

$x\times\frac{4}{15}=\frac{8}{5}$

$x=\frac{8}{5}\div\frac{4}{15}$

$=$ □

答え □ L

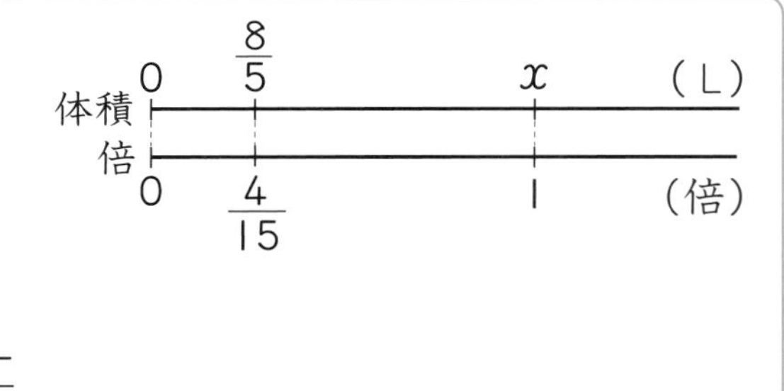

★できた問題には、「た」をかこう！★

1 できた 2 できた 3 できた 4 できた 5 できた

学習日 月 日

教科書 80～82ページ　答え 13ページ

1 縦(たて)が $\frac{3}{4}$ m、横が $\frac{5}{6}$ m の長方形の紙があります。 教科書 80ページ 10

① 横の長さは縦の長さの何倍でしょうか。

（　　　）

② 縦の長さは横の長さの何倍でしょうか。

（　　　）

2 さくらの木の高さは、家の高さの $\frac{5}{4}$ にあたります。家の高さは8mです。
さくらの木の高さは何mでしょうか。 教科書 81ページ 11

（　　　）

3 畑を $\frac{3}{8}$ ha 耕しました。これは、畑全体の $\frac{3}{10}$ の面積です。
畑全体の面積は何haでしょうか。 教科書 82ページ 12

（　　　）

4 ペンキで板を $\frac{8}{15}$ m^2 ぬりました。これは板全体の面積の $\frac{4}{5}$ にあたります。
板全体の面積は何 m^2 でしょうか。 教科書 82ページ 12

（　　　）

よくよんで

5 ゆかりさんは、全部で135ページの本の $\frac{5}{9}$ を読み終わりました。
読んでいないページ数は何ページでしょうか。 教科書 81ページ 11

（　　　）

ヒント

5 まず、全部のページ数を1とすると、読んでいないページ数はそのいくつにあたるかを求めましょう。全部のページ数－読んだページ数＝読んでいないページ数

5 分数のわり算

教科書 70～84 ページ　答え 14 ページ

知識・技能　／70点

1 a は、0でない同じ数を表しています。　全部できて 各5点(10点)

① 積がかけられる数よりも小さくなる式を、すべて選びましょう。

㋐ $a\times\frac{7}{4}$　㋑ $a\times\frac{8}{9}$　㋒ $a\times\frac{1}{5}$　㋓ $a\times1\frac{1}{3}$

(　　　　)

② 商がわられる数よりも大きくなる式を、すべて選びましょう。

㋐ $a\div\frac{1}{13}$　㋑ $a\div\frac{7}{5}$　㋒ $a\div2\frac{3}{8}$　㋓ $a\div\frac{5}{6}$

(　　　　)

2 よく出る 計算をしましょう。　各3点(12点)

① $\frac{3}{4}\div\frac{1}{9}$

② $\frac{5}{8}\div\frac{2}{3}$

③ $\frac{2}{9}\div\frac{5}{6}$

④ $\frac{3}{14}\div\frac{12}{35}$

3 よく出る 計算をしましょう。　各3点(18点)

① $2\div\frac{8}{3}$

② $16\div\frac{8}{5}$

③ $1\frac{2}{5}\div\frac{21}{8}$

④ $4\frac{1}{6}\div\frac{5}{4}$

⑤ $0.9\div\frac{12}{7}$

⑥ $0.35\div\frac{14}{25}$

学習日　月　日

4 計算をしましょう。④から⑥は分数のかけ算になおして計算しましょう。

各5点(30点)

① $\frac{2}{3}\times\frac{4}{5}\div\frac{4}{3}$

② $\frac{5}{12}\div\frac{7}{4}\times\frac{9}{10}$

③ $\frac{3}{8}\div\frac{9}{10}\div\frac{6}{5}$

④ $7\times\frac{2}{5}\div2.8$

⑤ $4.5\div12\times\frac{4}{15}$

⑥ $0.3\div1.04\div\frac{5}{8}$

この本の終わりにある「夏のチャレンジテスト」をやってみよう！

思考・判断・表現　／30点

5 よく出る $2\frac{2}{5}$ mのリボンの $\frac{2}{3}$ にあたる長さを使いました。

使ったリボンの長さは何mでしょうか。

式・答え 各5点(10点)

式

答え（　　　）

6 水そうに $\frac{9}{4}$ Lの水を入れました。これは、この水そうに入る水の体積の $\frac{3}{8}$ にあたります。

この水そうには、全部で何Lの水が入るでしょうか。

式・答え 各5点(10点)

式

答え（　　　）

できたらスゴイ！

7 18 m^2 のかべのうち、$10\frac{4}{5}$ m^2 の部分に色をぬりました。

色をぬったかべの面積はかべ全体の何％でしょうか。

式・答え 各5点(10点)

式

答え（　　　）

ふりかえり　1①がわからないときは、38ページの1にもどって確認してみよう。

代表値と散らばりー(1)

教科書 88～91ページ　答え 15ページ

 次の□にあてはまる数を書きましょう。

めあて 平均値を求めて、全体を比べることができるようにしよう。 練習 1→

平均を比べる

すべてのデータの合計を求めて、データの個数でわった平均の値を、**平均値**といいます。

いくつかの組の記録について、データの個数がちがっても、それぞれの平均値を求めれば比べることができます。

1 右の表は、ひろきさんの学校の6年1組と6年2組の男子の体重の記録です。

体重が重いといえるのはどちらの組でしょうか。

体重の記録 (1組)

番号	体重(kg)	番号	体重(kg)
1	37	9	38
2	41	10	39
3	35	11	45
4	38	12	38
5	43	13	37
6	37	14	43
7	40	15	41
8	42		

体重の記録 (2組)

番号	体重(kg)	番号	体重(kg)
1	40	9	41
2	34	10	36
3	39	11	40
4	42	12	49
5	37	13	41
6	45	14	35
7	38	15	47
8	35	16	33

解き方 人数が異なるから、体重の平均値で比べます。

（合計）（個数）（平均値）

1組　594÷　15　＝①□(kg)

2組　632÷②□＝③□(kg)

答え ④□組

めあて 散らばりの様子がわかるようにしよう。 練習 2→

散らばりを比べる

1つ1つのデータを点で表して、数直線のめもりに合わせて並べた図を**ドットプロット**といいます。

2 **1**の記録を右のようなドットプロットに表しました。

広いはん囲に散らばっているのは、どちらの組でしょうか。

1組

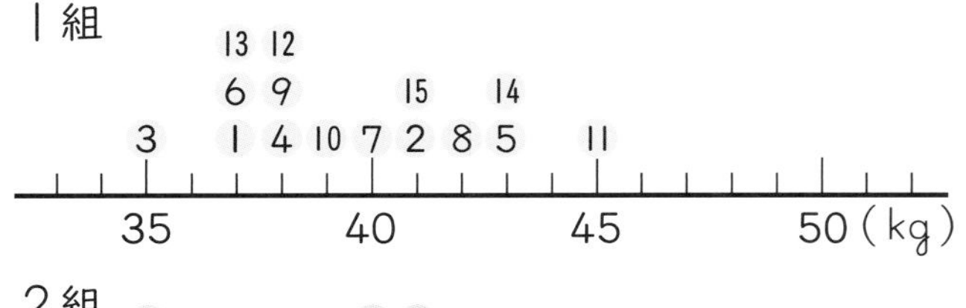

2組

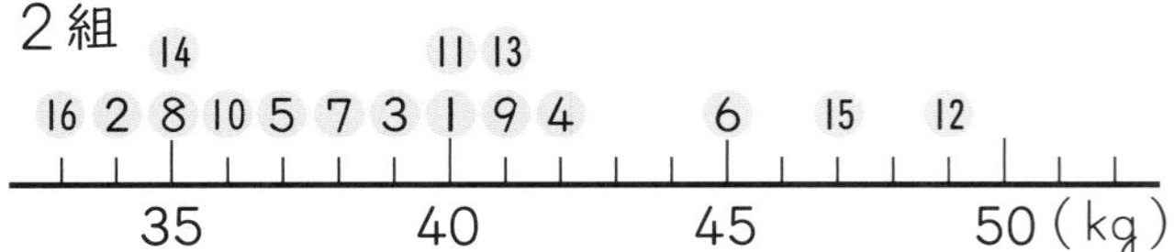

解き方 1組は35 kgから45 kgのはん囲に、2組は33 kgから49 kgのはん囲に散らばっています。

□組のほうが、広いはん囲に散らばっています。

答え □組

ぴったり2

練習

学習日　　月　　日

★できた問題には、「た」をかこう！★

教科書 88〜91ページ　答え 15ページ

1 下の表は、さくらさんの学校の６年１組と６年２組の女子の漢字テストの記録です。

教科書 89ページ 1

漢字テストの記録　（１組）

番号	得点(点)	番号	得点(点)
1	15	10	12
2	20	11	18
3	17	12	10
4	19	13	20
5	11	14	9
6	14	15	13
7	13	16	14
8	8		
9	19		

漢字テストの記録　（２組）

番号	得点(点)	番号	得点(点)
1	15	10	14
2	13	11	20
3	11	12	17
4	18	13	12
5	15	14	16
6	19	15	13
7	14	16	15
8	13	17	14
9	16	18	13

① １組のデータの平均値を求めましょう。

（　　　　）

② ２組のデータの平均値を求めましょう。
$\frac{1}{10}$の位までの概数（がいすう）で求めましょう。

（　　　　）

③ 得点が高いといえるのはどちらの組でしょうか。

（　　　　）

2 **1**の１組のデータを、下のようなドットプロットに表しました。

教科書 91ページ 2

① 同じようにして、**1**の２組のデータをドットプロットに表しましょう。

１組

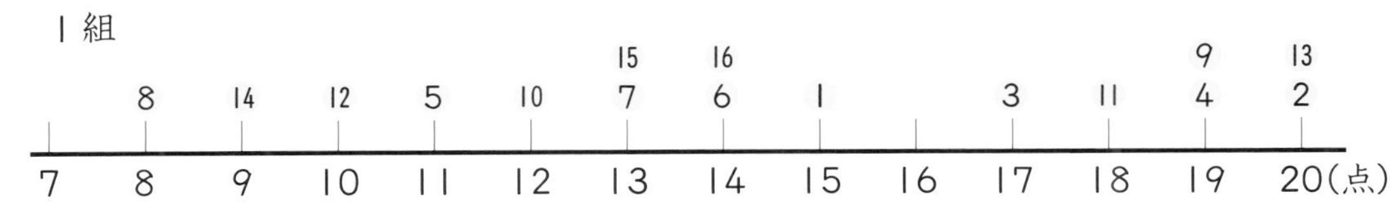

２組

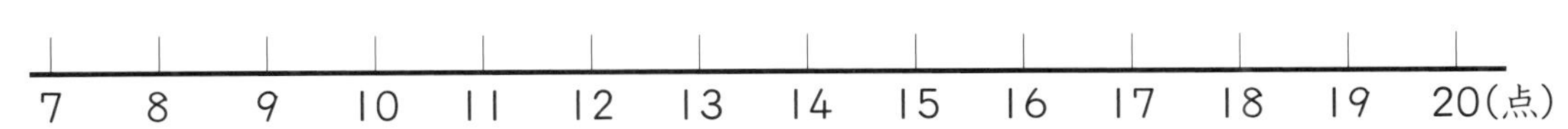

よくみて

② データが広いはん囲に散らばっているのは、どちらの組でしょうか。

（　　　　）

2 ② １組は８点から20点までのはん囲に散らばっています。
２組の散らばりのはん囲と比べましょう。

学習日　　月　　日

代表値と散らばりー(2)

教科書 92ページ　答え 15ページ

次の□にあてはまる数や言葉を書きましょう。

めあて 代表値を求めて、データの特ちょうをとらえることができるようにしよう。 練習 ①②③→

最ひん値

データの中で最も多く出てくる値を**最ひん値**といいます。

中央値

データを大きさの順に並べたとき、中央にある値を**中央値**といいます。

平均値、最ひん値、中央値のように、データ全体の特ちょうを代表する値を、**代表値**といいます。

代表値から、そのデータのさまざまな特ちょうがわかるよ。

1 たくみさんの学校の6年1組と6年2組の男子の通学時間を調べ、右のようなドットプロットに表しました。

それぞれの組のデータの最ひん値を求めましょう。

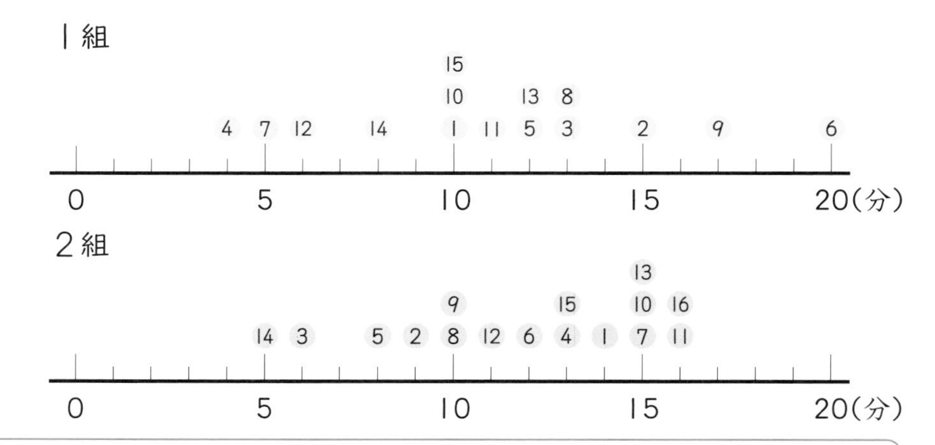

解き方 それぞれの組で、データがいちばん多く集まっている値を答えます。

答え　1組…□
2組…□

2 ①のドットプロットから、それぞれの組のデータの中央値を求めましょう。

解き方 それぞれの組のデータを大きさの順に並べたとき、中央にある値を答えます。

2組のようにデータの個数が偶数の場合は、中央の2つの値の平均値を求めます。

1組	4	5	6	8	10	10	10	11	12	12	13	13	15	17	20	
2組	5	6	8	9	10	10	11	12	13	13	14	15	15	15	16	16

答え　1組…□
2組…□

★できた問題には、「た」をかこう！★

教科書 92ページ　答え 15ページ

1 下のドットプロットは、さくらさんの学校の６年１組と６年２組の女子の反復横とびの記録を表したものです。 教科書 92ページ③・④

１組

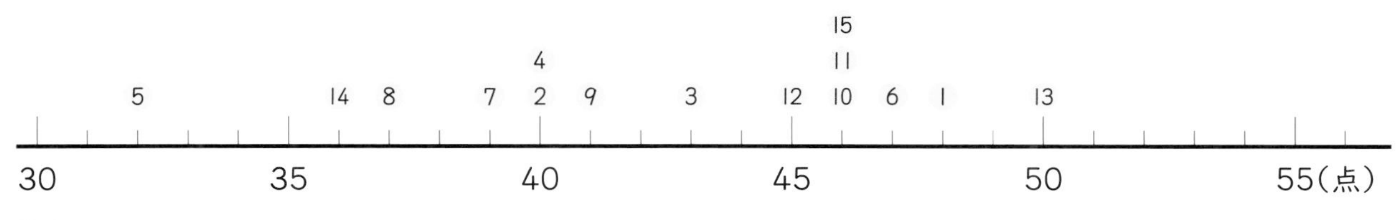

２組

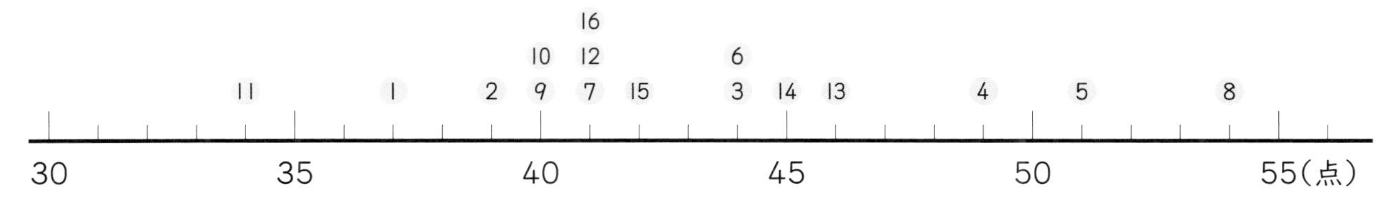

① １組のデータの最ひん値を求めましょう。

（　　　　）

② ２組のデータの最ひん値を求めましょう。

（　　　　）

③ １組のデータの中央値を求めましょう。

（　　　　）

④ ２組のデータの中央値を求めましょう。

（　　　　）

2 **1**のデータを下の表に整理しましょう。 教科書 92ページ⑤

	１組	２組
平均値　（点）		
最ひん値（点）		
中央値　（点）		

3 **2**の表を見て、次の□にあてはまる言葉を書きましょう。 教科書 92ページ⑤

１組は２組に比べて、□が低く、□と□は高いです。

ヒント

1 ④　データの個数が偶数のときは、中央の２つの値の平均値を求めましょう。

2 平均値は、データの合計÷個数で求められます。

学習日　月　日

度数分布表と柱状グラフ

教科書 93～94ページ　答え 16ページ

次の□にあてはまる数や言葉を書きましょう。

めあて 度数分布表について理解しよう。

練習 1→

度数分布表

データをいくつかの区間に区切って整理した表を**度数分布表**といいます。
また、その区間のことを**階級**といい、それぞれの階級に入るデータの個数を**度数**といいます。
度数分布表に整理すると、散らばりの様子がわかりやすくなります。

1 右の度数分布表を見て答えましょう。

(1) 最も度数が多い階級は、何kg以上何kg未満でしょうか。

(2) それぞれの組で、体重の重いほうから数えて8番めの人は、どの階級に入っているでしょうか。

体重の記録　(1組)

体重(kg)	人数(人)
30以上～35未満	0
35　～40	8
40　～45	6
45　～50	1
合　計	15

体重の記録　(2組)

体重(kg)	人数(人)
30以上～35未満	2
35　～40	5
40　～45	6
45　～50	3
合　計	16

解き方 (1) 表の度数にあたる人数のところを見て、いちばん数字が大きい階級を答えます。

答え　1組…□kg以上□kg未満

2組…□kg以上□kg未満

(2) 体重の重いほうから、階級ごとの人数をたしていって調べます。

答え　1組…□、2組…40kg以上45kg未満

めあて 柱状グラフについて理解しよう。

練習 2→

柱状グラフ

右のようなグラフを**柱状グラフ**といいます。
柱状グラフに表すと、散らばりの特ちょうがとらえやすくなります。

2 1の1組の記録を柱状グラフに表しました。
同じようにして、2組の記録を柱状グラフに表しましょう。

解き方 柱と柱をつけてかきます。

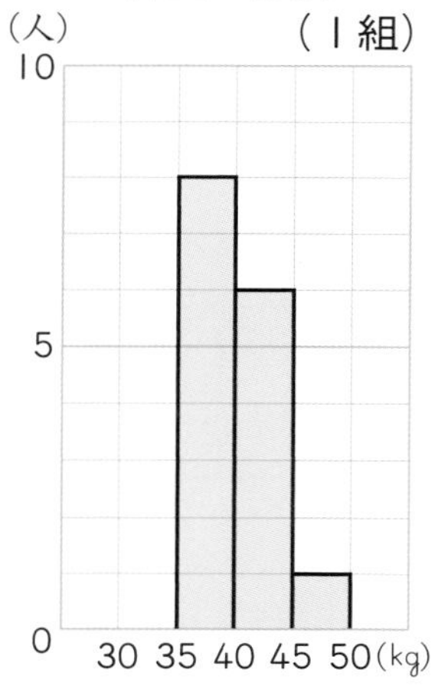

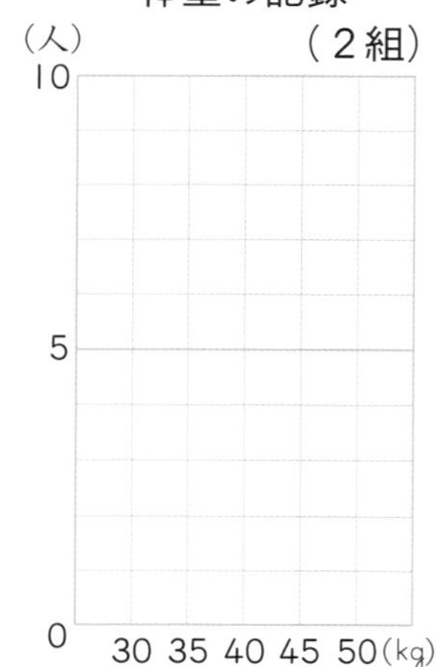

ぴったり2
練習

★できた問題には、「た」をかこう！★

できた 1　できた 2

学習日　月　日

教科書 93～94ページ　答え 16ページ

1 下の表は、さくらさんの組の女子の握力(あくりょく)測定の記録です。 教科書 93ページ 3

握力測定の記録

番号	握力（kg）	番号	握力（kg）
1	16	9	14
2	20	10	19
3	23	11	9
4	17	12	24
5	13	13	14
6	21	14	27
7	22	15	19
8	18	16	24

握力測定の記録

握力（kg）	人数（人）
5 以上～10 未満	
10 ～15	
15 ～20	
20 ～25	
25 ～30	
合　計	

① 記録を上の度数分布表に整理しましょう。

② 10 kg 以上 15 kg 未満の人は何人いるでしょうか。

（　　　）

③ 記録が小さいほうから数えて5番めの人は、どの階級に入っているでしょうか。

（　　　）

よくみて

④ 15 kg 以上 25 kg 未満の人は何人いるでしょうか。
また、それは、組の女子全体の人数の約何 % でしょうか。

（　　　）（　　　）

2 1の握力測定の記録について答えましょう。 教科書 94ページ 4

① 柱状グラフに表しましょう。

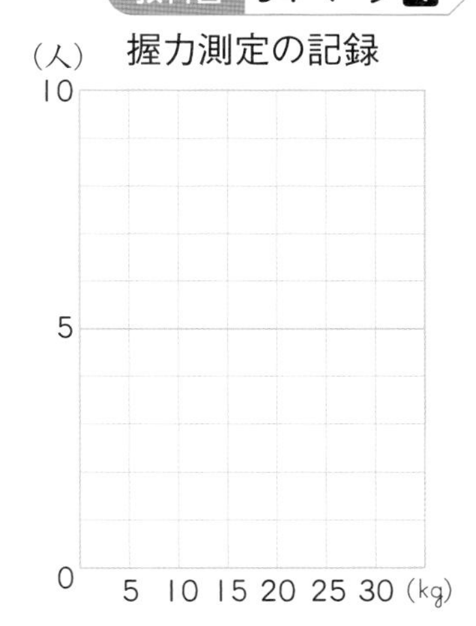

② 最も度数が多い階級は、何 kg 以上何 kg 未満でしょうか。

（　　　）

③ 組の女子の握力の平均値(ち)は、どの階級に入るでしょうか。

（　　　）

ヒント
1 ① 「正」の字を使って、正確に数えましょう。
2 ① 柱と柱をつけてかきます。

(データの見方)
いろいろなグラフ

教科書 95～99ページ　答え 16ページ

次の□にあてはまる数や言葉を書きましょう。

めあて いろいろなデータの見方ができるようになろう。 練習 1→

いろいろな見方をする

同じデータでも、見方によって結論(けつろん)が変わることもあります。

1 右の表は、6年1組と6年2組の女子の通学時間をいろいろな見方で比べて、その結果を整理したものです。

通学時間が長いといえるのはどちらの組でしょうか。自分の考えを書きましょう。

	1組	2組
いちばん長い時間(最大の値)	20分	17分
いちばん短い時間(最小の値)	6分	5分
時間の平均値	約12分	約12分
いちばん多い値(最ひん値)	12分	15分
組のまん中の値(中央値)	12分	12.5分
15分以上の人数の割合	20%	25%

解き方 どの値(あたい)に着目したのかがわかるように書きましょう。

答え　(例)15分以上の人数の割合(わりあい)が大きいのは□組なので、□組のほうが通学時間が長いといえる。

めあて いろいろなグラフをよみ取れるようになろう。 練習 2→

人口ピラミッド

右のようなグラフを人口ピラミッドといいます。

2 右のグラフは、ある市の1970年の年令別人口を表しています。

男女を合わせた人口について、何才以上何才未満の階級の人口が多いでしょうか。

30才以上40才未満の男の人口は、20万人であることを表しているよ。

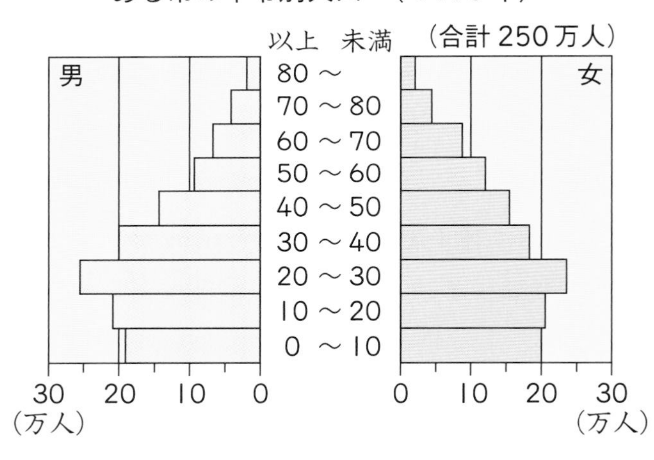

解き方 男の年令別人口でも、女の年令別人口でも、いちばん人口が多い階級は、□才以上□才未満の階級だから、男女を合わせた人口も、この階級がいちばん多くなります。

答え □

1 下の表は、はやとさんの組の男子の 50 m 走の記録です。 教科書 95ページ 5

50 m 走の記録

番号	時間(秒)	番号	時間(秒)
1	8.5	9	8.6
2	9.4	10	8.2
3	8.1	11	7.3
4	8.4	12	8.9
5	8.6	13	10.1
6	7.9	14	8.8
7	9.0	15	8.2
8	8.4		

① 15 人の記録を小さいほうから順に書きましょう。

(　　　　　　　　)

② はやとさんの記録は 8.4 秒でした。
この組の男子の中で、はやとさんの記録は速いほうでしょうか。おそいほうでしょうか。
理由も説明しましょう。

(　　　　　　　　)

2 右のグラフは、A市の年令別人口を表しています。 教科書 98ページ 6

① 50 才の女は、右のグラフのどの棒にふくまれますか。ア～エから選び、記号で答えましょう。

(　　　　)

② 20 才未満の人口は、約 40 万人です。
これは全体の人口の約何%でしょうか。

(　　　　)

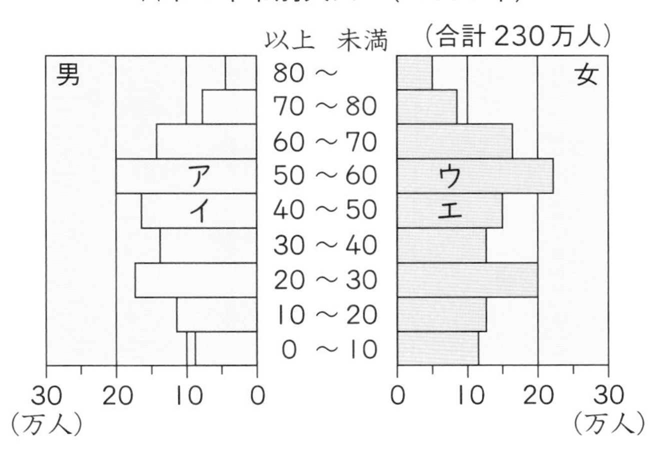

ぴったり3

確かめのテスト

6 データの見方

教科書 88～105ページ　答え 17ページ

知識・技能　／60点

1 下の表は、そうたさんの学校の6年1組と6年2組の男子の理科テストの記録です。

各5点(40点)

理科テストの記録　(1組)

番号	得点(点)	番号	得点(点)
1	80	9	84
2	65	10	75
3	92	11	66
4	74	12	94
5	67	13	71
6	83	14	73
7	76	15	85
8	70	16	85

理科テストの記録　(2組)

番号	得点(点)	番号	得点(点)
1	78	9	76
2	82	10	84
3	72	11	86
4	70	12	71
5	92	13	76
6	76	14	82
7	80	15	80
8	71		

① それぞれの組のデータを、ドットプロットに表しましょう。

1組

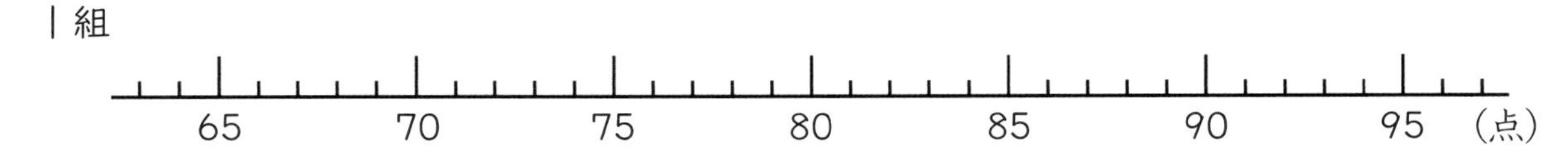

2組

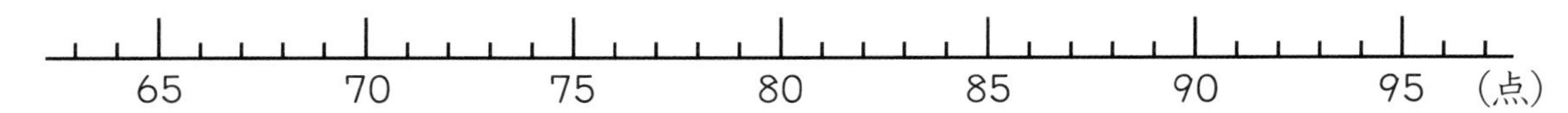

② それぞれの組のデータの平均値、最ひん値、中央値を求めましょう。

1組　平均値（　　　）　最ひん値（　　　）　中央値（　　　）

2組　平均値（　　　）　最ひん値（　　　）　中央値（　　　）

2 よく出る **1**の1組の男子の理科テストの記録を、下の度数分布表に整理しました。2組の男子の記録を、度数分布表に整理しましょう。

(10点)

理科テストの記録　(1組)

得点(点)	人数(人)
65 以上～70 未満	3
70　～75	4
75　～80	2
80　～85	3
85　～90	2
90　～95	2
合　計	16

理科テストの記録　(2組)

得点(点)	人数(人)
65 以上～70 未満	
70　～75	
75　～80	
80　～85	
85　～90	
90　～95	
合　計	

3 **2**の１組の男子の理科テストの記録を下の柱状グラフに表しました。
２組の男子の記録を、柱状グラフに表しましょう。 (10点)

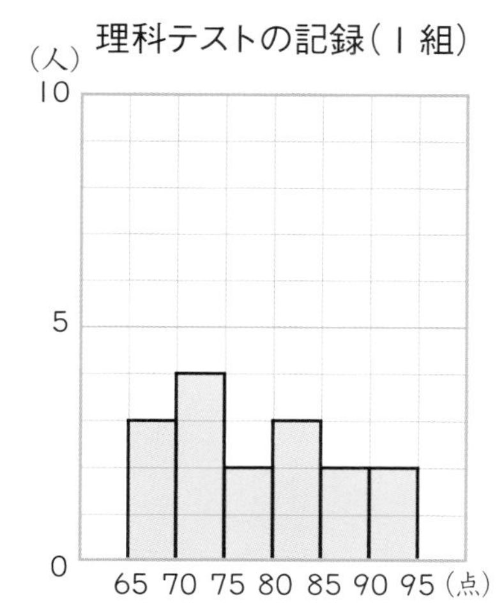

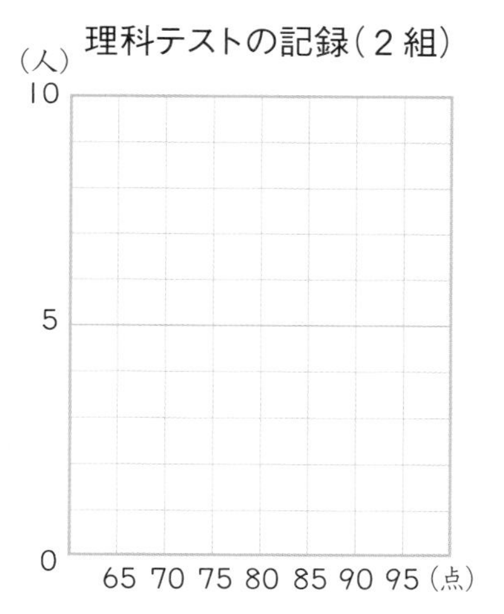

思考・判断・表現 ／40点

できたらスゴイ!

4 よく出る **2**、**3**の表やグラフを見て答えましょう。 各6点(24点)

① それぞれの組で、得点が高いほうから数えて３番めの人は、どの階級に入っているでしょうか。

１組（　　　　　）　２組（　　　　　）

② １組の男子で、70点以上80点未満の人は、１組の男子全体の約何％になるでしょうか。

（　　　　　）

③ ２組の男子の記録の平均値は、どの階級に入るでしょうか。

（　　　　　）

5 活用 右のグラフは、Ａ市の年令別人口を表しています。 各8点(16点)

① 男女を合わせた人口について、何才以上何才未満の階級の人口が多いでしょうか。

（　　　　　）

② 70才以上の人口は、約50万人です。
これは全体の人口の約何％でしょうか。

（　　　　　）

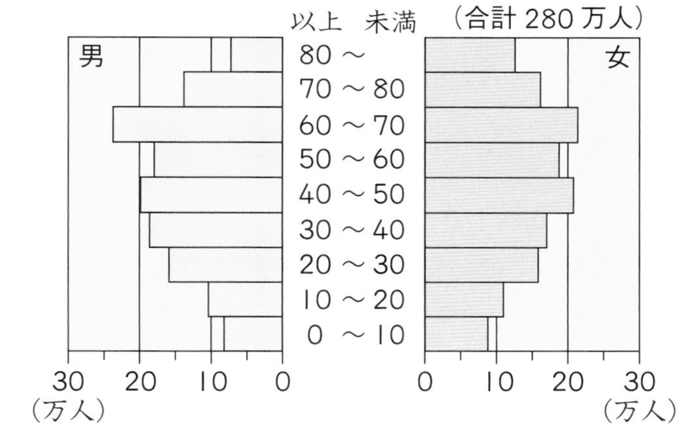

ふりかえり **1**①がわからないときは、44ページの**2**にもどって確認してみよう。

(円の面積)
円の面積の公式を使って

教科書 107～117ページ 答え 18ページ

次の□にあてはまる数を書きましょう。

めあて 円の面積を求めることができるようにしよう。 練習 1 2 →

円の面積の公式
円の面積＝半径×半径×円周率

1 右のような円の面積を求めましょう。

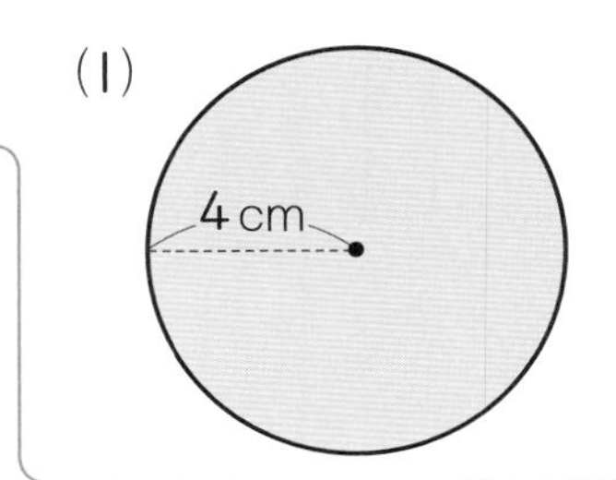

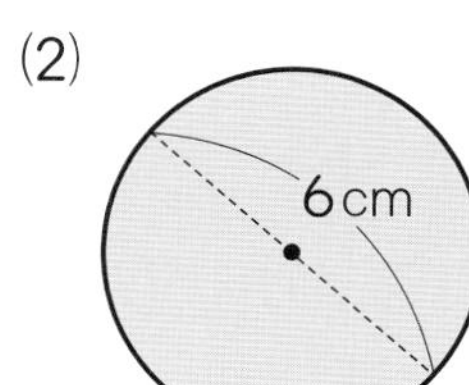

解き方 円の面積の公式にあてはめます。

(1) 半径は4cmです。

式 □×□×3.14＝50.24

(2) 直径が6cmだから、半径は□cmです。

式 □×□×3.14＝28.26

答え (1) 50.24 cm² (2) 28.26 cm²

めあて 円の公式を使った、いろいろな面積の求め方を理解しよう。 練習 3 4 →

半円などの面積の求め方
同じ半径の円を考え、その面積のどれだけにあたるかを調べて求めます。

色がついた部分の面積の求め方
どんな図形を組み合わせた形かを考え、その図形の面積を求める公式を使って、色がついた部分の面積を求めます。

2 右のような図形の面積を求めましょう。

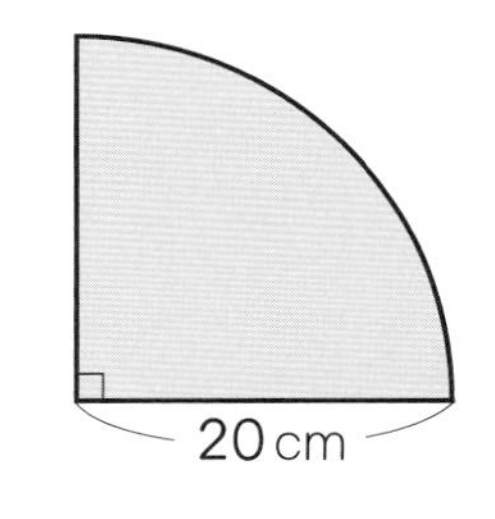

解き方

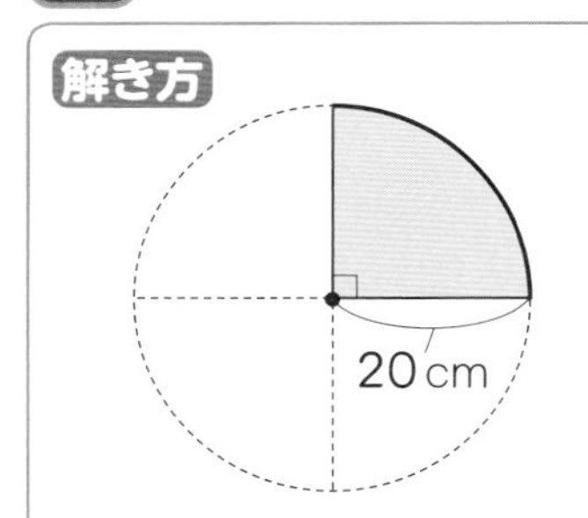

この図形の面積は、半径が20cmの円の面積を$\frac{1}{4}$にしたものです。

式 ①□×②□×3.14×$\frac{1}{4}$＝③□（円の面積）

答え ④□cm²

3 右のような図形の、色がついた部分の面積を求めましょう。

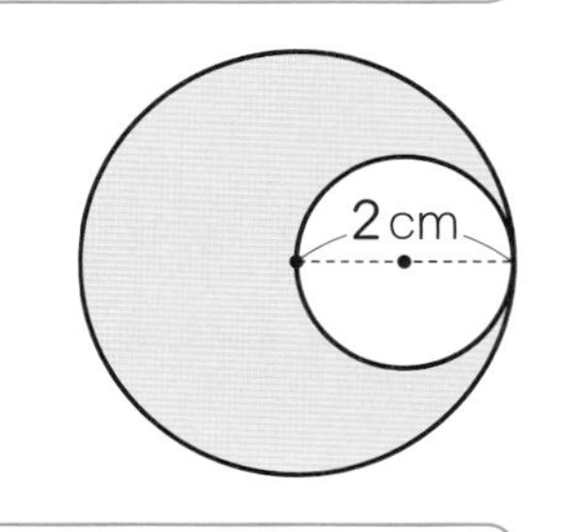

解き方 色がついた部分は、半径が2cmの円と、半径が□cmの円を組み合わせた形とみることができます。

面積は、2つの円の面積の差で求めます。

式 2×2×3.14（大きい円の面積）－□×□×3.14（小さい円の面積）＝9.42

答え 9.42 cm²

★できた問題には、「た」をかこう！★

できた 1　できた 2　できた 3　できた 4

学習日　月　日

教科書 107〜117ページ　答え 18ページ

1 次のような円の面積を求めましょう。

教科書 114ページ ◇2

①

②

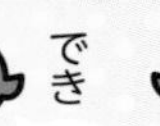
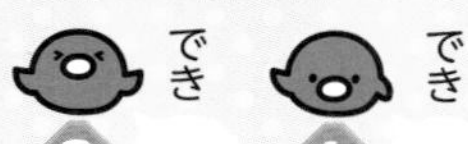

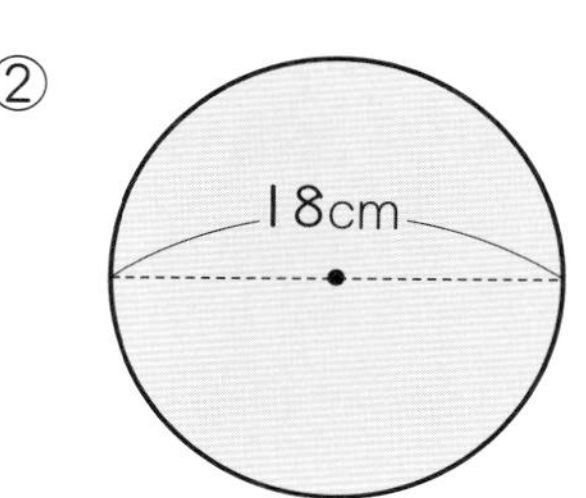

（　　　　）　（　　　　）

2 右の円の必要なところの長さをはかって、面積を求めましょう。

教科書 114ページ ◇1

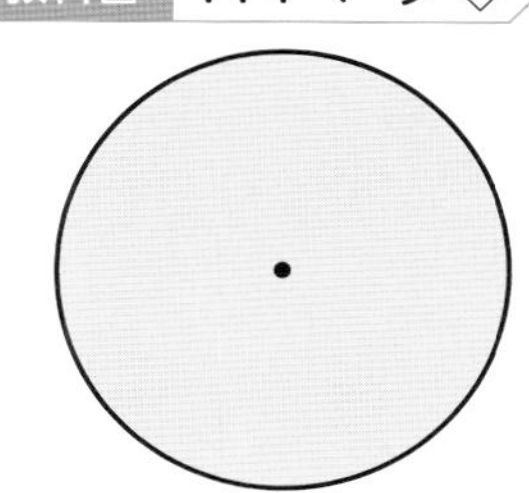

（　　　　）

3 次のような図形の面積を求めましょう。

教科書 115ページ 3

①

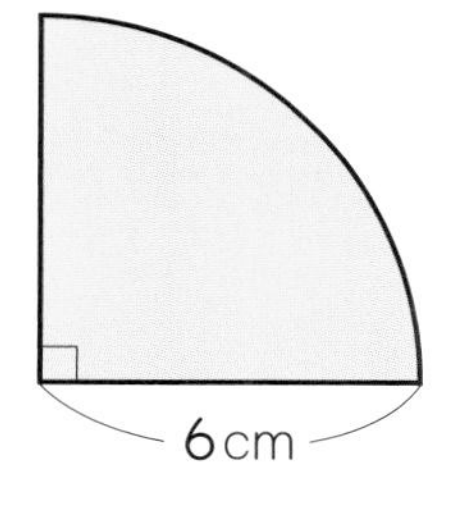

②

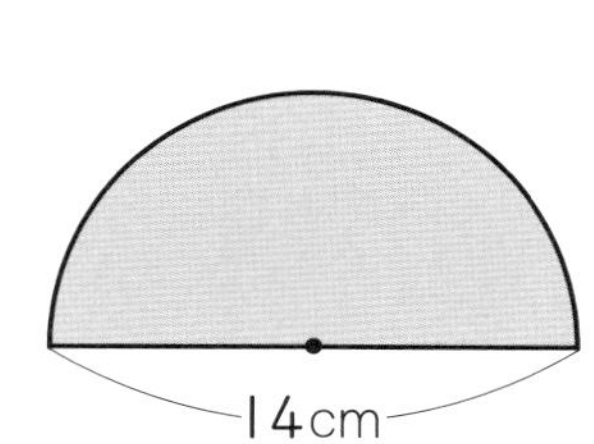

③

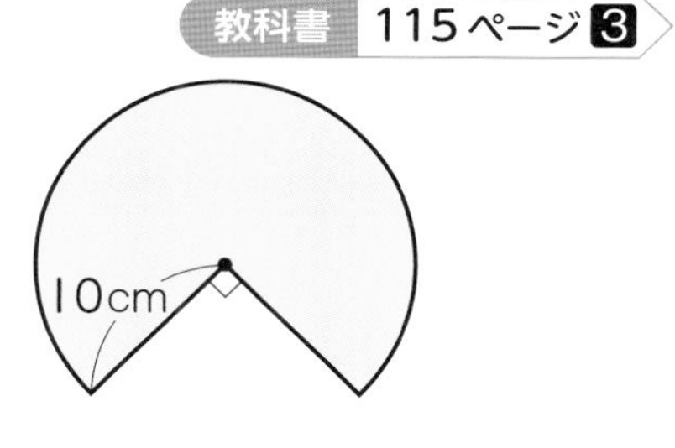

（　　　　）　（　　　　）　（　　　　）

！まちがい注意

4 次のような図形で、色がついた部分の面積を求めましょう。

教科書 116ページ 5

①

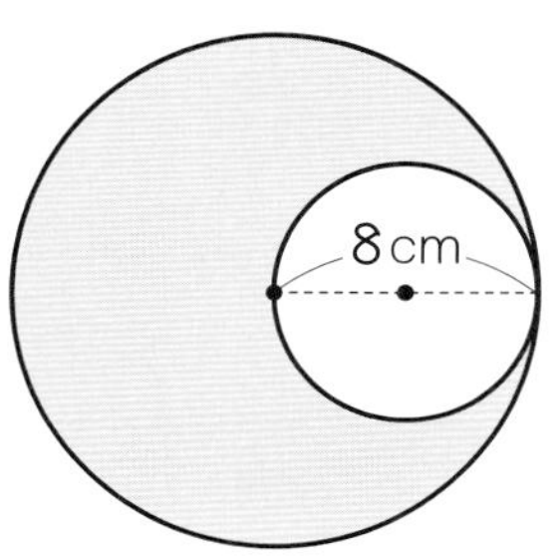

②

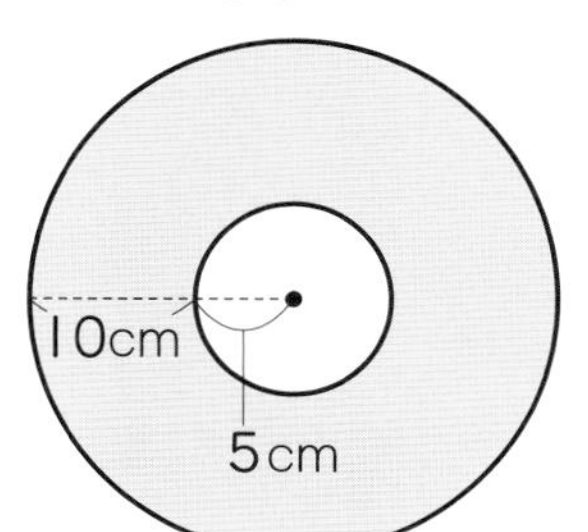

（　　　　）　（　　　　）

ヒント

4 円周率をかける回数を、なるべく少なくできるよう、計算をくふうしてみましょう。

7 円の面積

知識・技能 ／40点

1 よく出る 次のような円の面積を求めましょう。 各5点(10点)

① 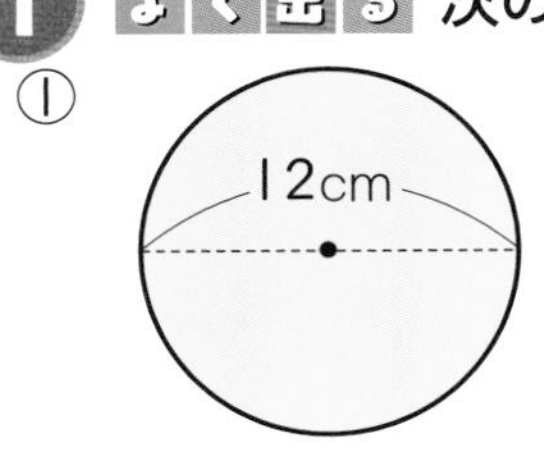

②
50cm

(　　　　) (　　　　)

2 ①、②の長さは、それぞれ円のどの部分の長さと等しくなるでしょうか。下のあからうの中から選びましょう。 各5点(10点)

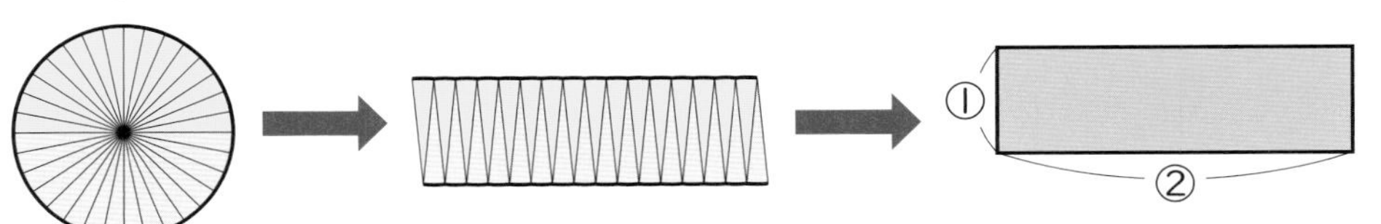

あ　円周の半分の長さ　　い　直径　　う　半径

① (　　　　) ② (　　　　)

3 よく出る 次のような図形の面積を求めましょう。 各10点(20点)

① 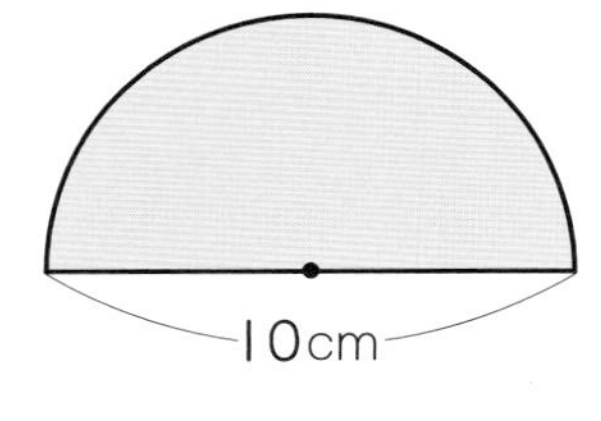

②
12cm

(　　　　) (　　　　)

思考・判断・表現 ／60点

4 円周の長さが 62.8 cm の円の面積は何 cm^2 でしょうか。 (10点)

(　　　　)

5 よく出る 次のような図で、色がついた部分の面積を求めましょう。

各10点(20点)

①

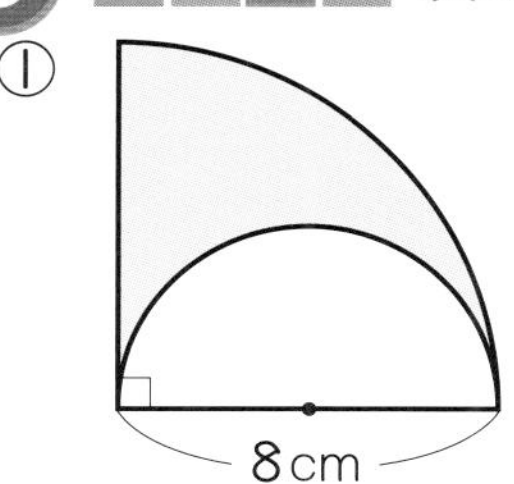

②

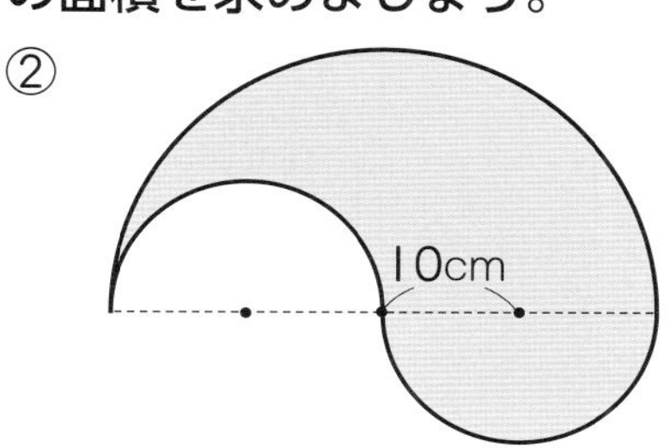

（　　　　　）　（　　　　　）

6 次のような図で、色がついた部分の面積を求めましょう。

各10点(30点)

①

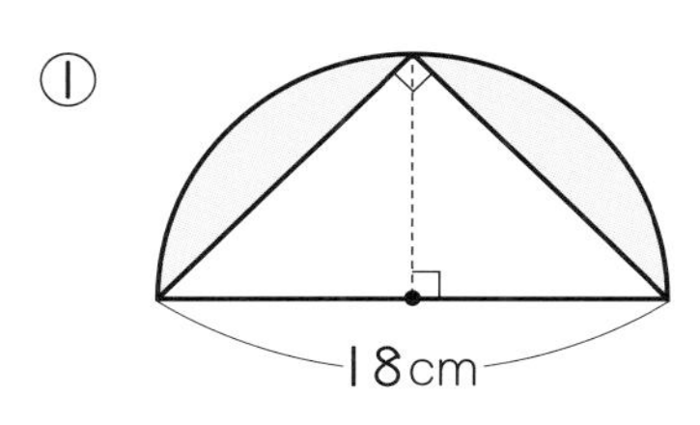

②

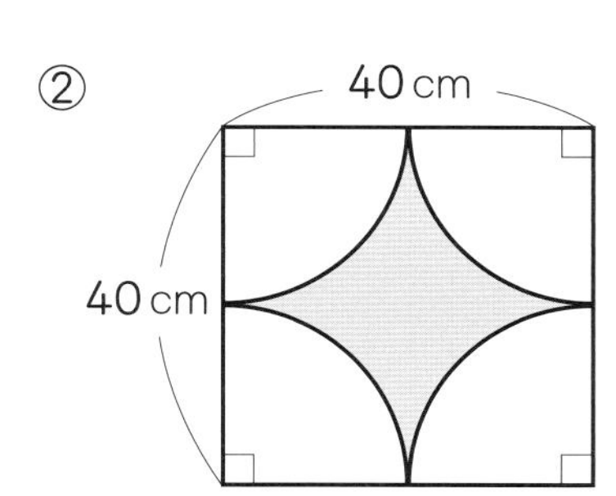

できたらスゴイ！ ③

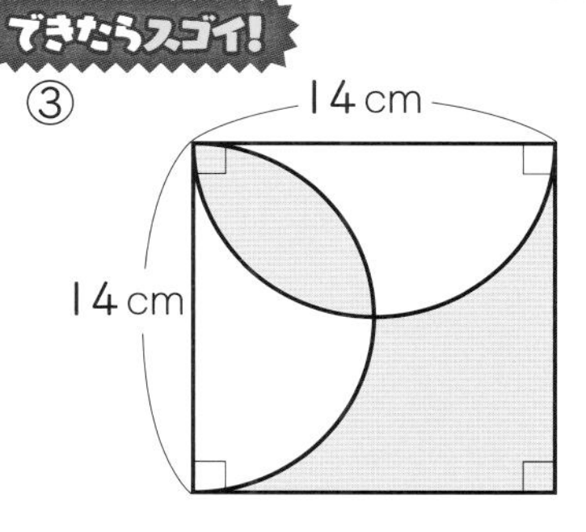

（　　　　　）　（　　　　　）　（　　　　　）

はってん

教科書 115ページ

1 右のような図形があります。□にあてはまる数を書きましょう。

① この図形の面積は、半径が12cmの円の面積のどれだけにあたるでしょうか。

円全体の中心の角度は360°だから、

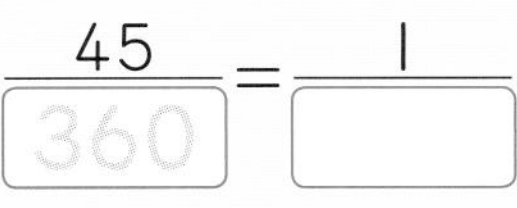

$\frac{45}{360} = \frac{1}{\square}$

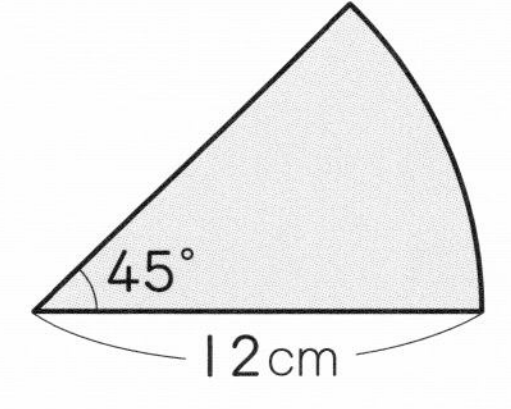

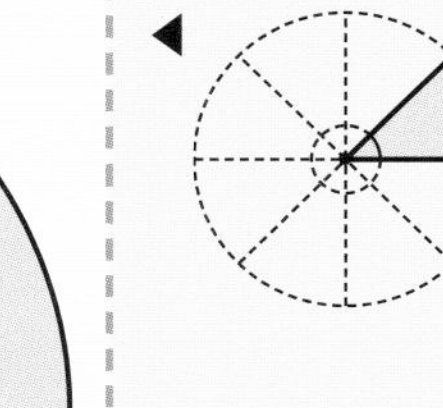

② この図形の面積を求めましょう。

式　$12 \times$ ㋐□ $\times 3.14 \times \frac{1}{㋑\square} =$ ㋒□

答え ㋓□ cm²

2 右のような図形の面積を求めましょう。

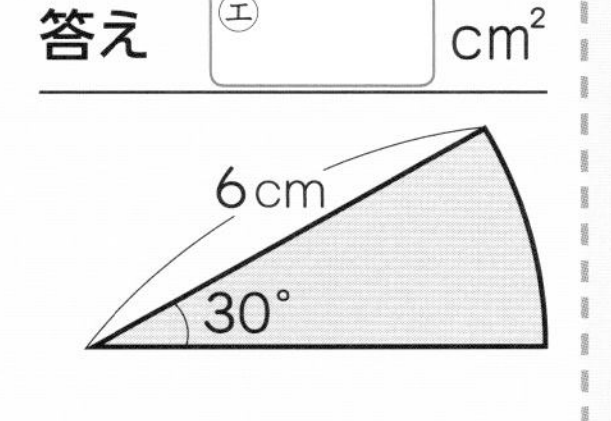

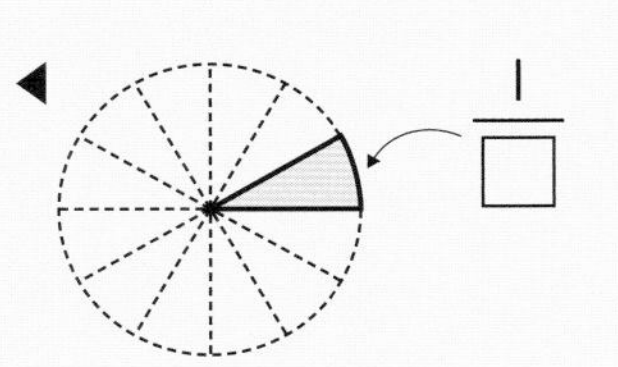

（　　　　　）

ふりかえり ❶がわからないときは、54ページの❶にもどって確認(かくにん)してみよう。

算数ワールド

ピザの面積を比べよう

学習日　　月　　日

教科書 120〜121ページ　答え 20ページ

大きなあのピザと小さないのピザが、それぞれぴったり箱に入っています。
箱の大きさは、どちらも１辺が 48 cm の正方形です。

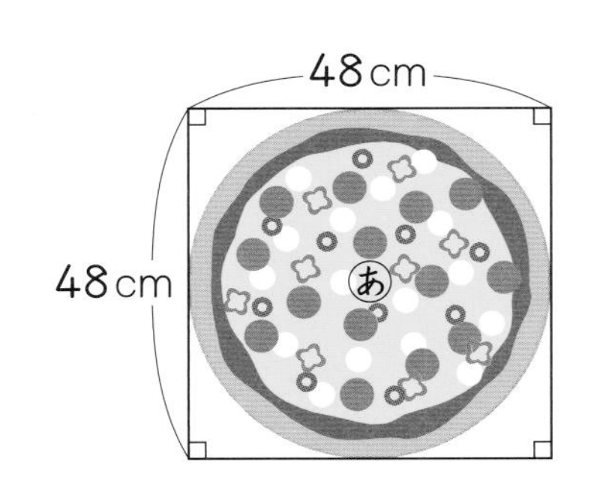

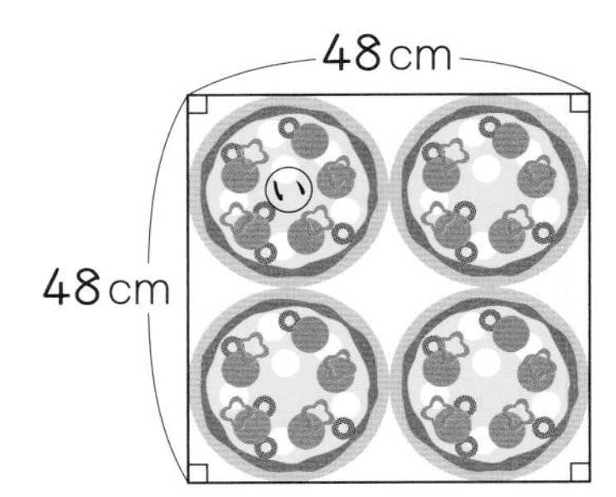

あのピザ１枚分（まいぶん）といのピザ４枚分の大きさを比べます。

① あのピザ１枚分の面積を求めましょう。

式

答え（　　　　　）

② いのピザ１枚分の面積を求めましょう。

式

答え（　　　　　）

③ いのピザ４枚分の面積を求めましょう。

（　　　　　）

④ あのピザ１枚分の面積といのピザ４枚分の面積が等しいことを、式で説明しましょう。

あのピザ１枚分の面積　$24 \times 24 \times 3.14 = 1808.64$ (cm²)

いのピザ４枚分の面積　$12 \times 12 \times 3.14 \times \underline{4} = 12 \times 12 \times 3.14 \times \underline{\boxed{} \times \boxed{}}$

$= (12 \times \underline{\boxed{}}) \times (12 \times \underline{\boxed{}}) \times 3.14$

$= \boxed{} \times \boxed{} \times 3.14$

$= 1808.64$ (cm²)

あのピザ１枚分といのピザ４枚分の面積は等しい。

面積を求めなくても、
式を見れば比べられるね。

2 正方形の箱にうのピザがぴったり９枚入っています。
あのピザ１枚分の面積とうのピザ９枚分の面積の大きさを比べましょう。

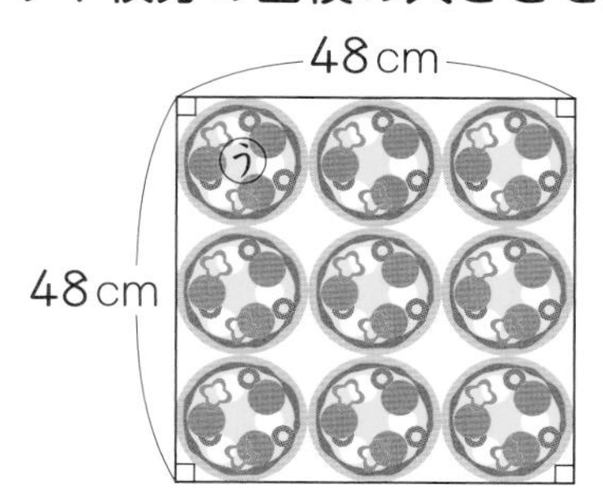

① うのピザ１枚分の面積を求めましょう。

式

答え（　　　　）

② うのピザ９枚分の面積を求めましょう。

（　　　　）

③ うのピザ９枚分の面積とあのピザ１枚分の面積が等しいことを、式で説明しましょう。

あのピザ１枚分の面積　$24 \times 24 \times 3.14 = 1808.64(cm^2)$

うのピザ９枚分の面積　$8 \times 8 \times 3.14 \times \underline{9} = 8 \times 8 \times 3.14 \times \square \times \square$

$= (8 \times \square) \times (8 \times \square) \times 3.14$

$= \square \times \square \times 3.14$

$= 1808.64(cm^2)$

あのピザ１枚分とうのピザ９枚分の面積は等しい。

3 右のように、あのピザを切ってうのピザ１枚分と等しい面積にしました。
このとき、ピザの先の角の大きさは何度になるでしょうか。

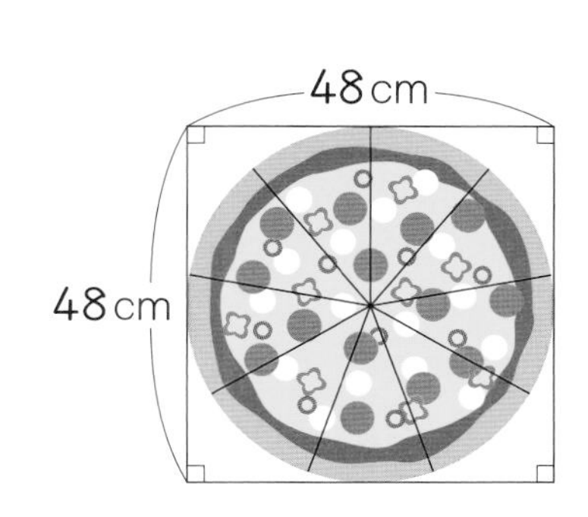

円の中心の角度は 360°、それをピザの枚数分に等分するから…。

（　　　　）

比例

次の□にあてはまる数や式を書きましょう。

めあて 比例の関係を使って問題を解くことができるようにしよう。　練習 1 2 3 →

比例の関係

2つの数量 x と y が比例するとき、

① x の値(あたい)が2倍、3倍、……になると、対応する y の値も2倍、3倍、……になります。

② x と y の関係は、次の式に表すことができます。

y＝きまった数×x

1 コピー用紙のたばがあります。このコピー用紙が10枚(まい)、20枚、30枚のときの重さを調べると、右のようになりました。

10枚の重さ	42g
20枚の重さ	84g
30枚の重さ	126g
？枚の重さ	966g

全部のコピー用紙の枚数を、次のようにして求めましょう。

(1) 重さが□倍になると、枚数も□倍になると考える。

(2) 枚数と重さの関係を式に表す。

解き方 コピー用紙の重さ y gは、枚数 x 枚に比例すると考えられます。

(1)

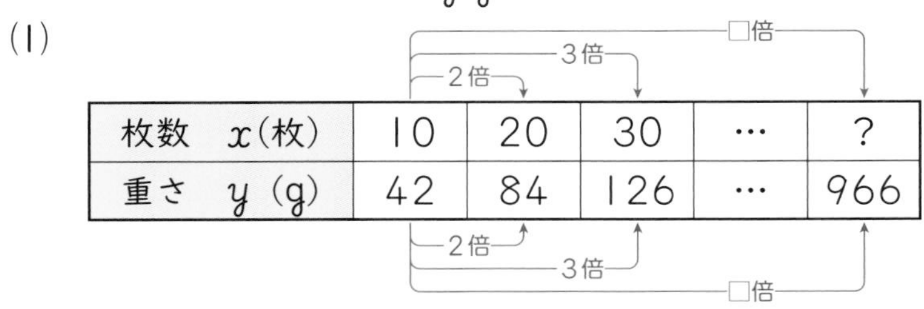

枚数 x(枚)	10	20	30	…	?
重さ y(g)	42	84	126	…	966

重さが□倍になると、枚数も□倍になります。

42×□＝966

□＝966÷42＝□

10×□＝230　　答え　230枚

(2)

枚数 x(枚)	10	20	30	…	?
重さ y(g)	42	84	126	…	966

42÷10＝□　84÷20＝□　126÷30＝□

x の値でそれに対応する y の値をわった商は、いつも4.2になります。（←きまった数）

x と y の関係を表す式は、次のようになります。

□＝y

この式の文字 y に966をあてはめると、

□＝966

x＝□

＝230　　答え　230枚

1 活用　針金（はりがね）のたばがあります。重さは1330gです。同じ針金の2m、4m、6mの重さを調べたら、右のようになりました。

2mの重さ	35g
4mの重さ	70g
6mの重さ	105g
?mの重さ	1330g

教科書 123ページ 1

① 針金の重さは長さに比例すると考えられます。
理由を説明しましょう。

（　　　　　　　）

② たばの針金の重さは、2mの針金の重さの何倍でしょうか。
また、このことを使って、たばの針金の長さを求めましょう。

（　　　　）倍　（　　　　）m

③ 針金の長さをxm、重さをygとして、xとyの関係を式に表しましょう。
また、この式を使って、たばの針金の長さを求めましょう。

式（　　　　）　長さ（　　　　）

2 活用　積み重ねて置いてある折り紙の枚数を調べます。20枚の厚さは4mm、40枚の厚さは8mm、60枚の厚さは12mmです。
積み重ねて置いてある折り紙の厚さが180mmのとき、折り紙は何枚あるでしょうか。

教科書 123ページ 1

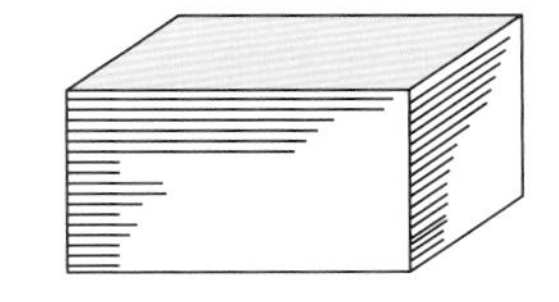

（　　　　）

3 活用　厚紙であの形を作りました。同じ種類の厚紙でいの正方形を作ったところ、重さは6gでした。あの形の重さは15gあります。
あの形の面積を求めましょう。

教科書 123ページ 1

あ

い
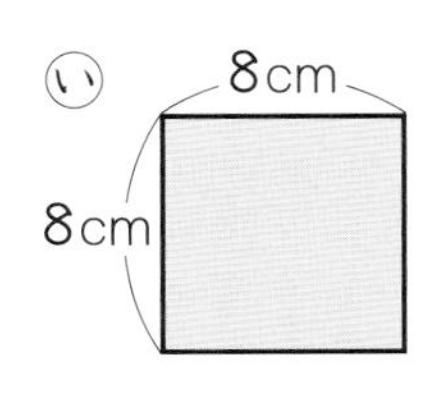

（　　　　）

比例の式

教科書 128〜131ページ　答え 21ページ

次の□にあてはまる数や式を書きましょう。

めあて 比例する x と y の関係を式に表すことができるようにしよう。　練習 1 2 3 →

比例の式　y が x に比例するとき、x の値でそれに対応する y の値をわった商は、きまった数になります。

x と y の関係は、次の式に表すことができます。

y＝きまった数×x

1 下の表は、直方体の形をした水そうに、一定の量で水を入れたときの、時間 x 分と水の深さ y cm の関係を調べたものです。

時間　x（分）	1	2	3	4	5	6	
水の深さ　y(cm)	4	8	12	16	20	24	

(1) x の値とそれに対応する y の値の関係は、どのような式に表せるでしょうか。

(2) x の値が 10 のときの y の値を求めましょう。

解き方

時間　x（分）	1	2	3	
水の深さ　y(cm)	4	8	12	

（各列 □倍）
4÷1＝□　8÷2＝□　12÷3＝□

(1) x の値の□倍は、いつも y の値になります。

x と y の関係を式に表すと、y＝□×x です。

(2) (1)の式の文字 x に 10 をあてはめると、y＝□×10　　y＝□

2 下の表は、分速 120 m で走るときの、時間 x 分と進む道のり y m の関係を調べたものです。

時間　x（分）	1	2	3	4	5	6	
道のり　y(m)	120	240	360	480	600	720	

(1) x と y の関係を式に表しましょう。

(2) 進む道のりが 3000 m になるのは、走り始めてから何分後でしょうか。

解き方 (1) きまった数は、x の値でそれに対応する y の値をわった商なので、

□÷1＝□

x と y の関係は、y＝きまった数×x で表すことができるので、式は、y＝□

(2) y の値が 3000 のときの x の値を求めるので、(1)の式の文字 y に 3000 をあてはめます。

3000＝□×x　　x＝3000÷□

＝25

答え　25 分後

学習日　　月　　日

★できた問題には、「た」をかこう！★

できき ① できき ② できき ③

教科書 128～131ページ　答え 21ページ

1 縦(たて)の長さが6cmの長方形について、横の長さ x cmと面積 y cm² の関係を調べます。

教科書 128ページ 2

横の長さ　x（cm）	1	2	3	4	5	6	
面積　y（cm²）	㋐	12	㋑	㋒	30	㋓	

① 上の表のあいているところに、あてはまる数を書きましょう。

② x と y の関係を式に表しましょう。

（　　　　　　）

③ 横の長さが15cmのとき、面積は何cm² になるでしょうか。

（　　　　　　）

2 直方体の形をした浴そうに、一定の量で水を入れたときの、時間 x 分と水の量 y Lの関係を調べます。

教科書 128ページ 2

時間　x（分）	1	2	3	4	㋒	6	7	㋓	
水の量　y（L）	㋐	13.2	19.8	㋑	33	39.6	46.2	52.8	

① 上の表のあいているところに、あてはまる数を書きましょう。

② x と y の関係を式に表しましょう。

（　　　　　　）

③ 水の量が231Lになるのは、水を入れ始めてから何分後でしょうか。

（　　　　　　）

3 下のあからえは、比例しています。x と y の関係を式に表しましょう。

教科書 128ページ 2

あ　1冊(さつ)70円のノートを x 冊買ったときの代金 y 円

（　　　　　　）

い　1個0.6kgのかんづめを x 個持ったときの重さ y kg

（　　　　　　）

う　1箱に20個ずつ入れたオレンジの箱の数 x 箱とオレンジの個数 y 個

（　　　　　　）

え　1本350mLのかんジュースの本数 x 本とジュースの量 y mL

（　　　　　　）

ヒント
1 ③ x と y の関係を表す式の文字 x に15をあてはめます。
2 ③ x と y の関係を表す式の文字 y に231をあてはめます。

比例のグラフ

教科書 132〜135ページ　答え 21ページ

次の□にあてはまる数を書きましょう。

めあて 比例のグラフについて理解しよう。 練習 1 2 →

比例のグラフ

比例する2つの数量の関係を表すグラフは、0の点を通る直線になります。

1 下の表は、直方体の形をした水そうに、一定の量で水を入れたときの、時間 x 分と水の深さ y cm の関係を表しています。

時間　x（分）	1	2	3	4	5	6	
水の深さ　y(cm)	4	8	12	16	20	24	

x と y の関係をグラフに表しましょう。

解き方 上の表を見て、対応する x、y の値(あたい)の組を表す点を、右のグラフにとります。

x の値が1のとき、y の値は□です。この値の組を表す点は、左側の図のようにしてとります。

同じようにして、ほかの値の組を表す点をとると、これらの点は、0の点を通る直線の上に並(なら)んでいます。

この直線が、x と y の関係を表すグラフです。

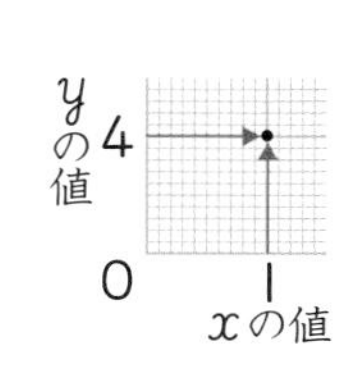

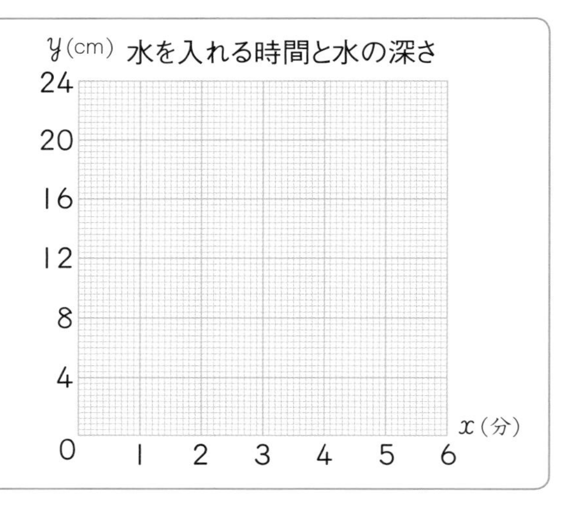

2 下のグラフは、電車とバスが同時に出発したときの時間と進んだ道のりの関係を表しています。

(1) バスが2時間で進んだ道のりを求めましょう。
また、電車が180 km 進むのにかかった時間を求めましょう。

(2) グラフを見て、電車とバスの時速をそれぞれ求めましょう。

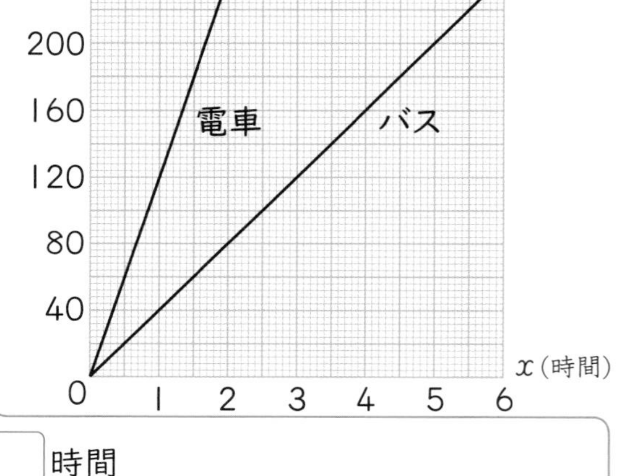

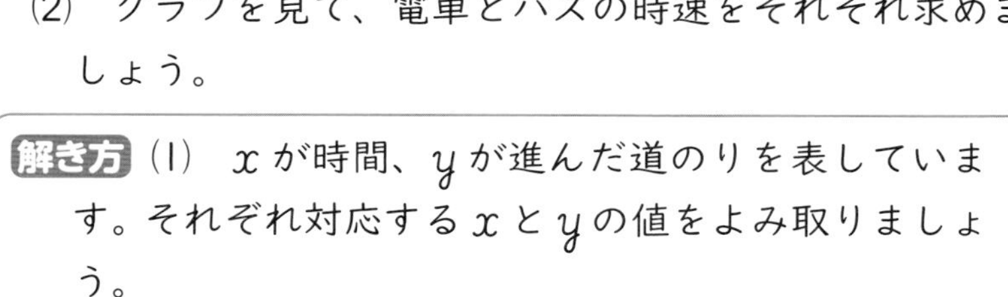

解き方 (1) x が時間、y が進んだ道のりを表しています。それぞれ対応する x と y の値をよみ取りましょう。

答え　バスが2時間で進んだ道のりは□km、
電車が180 km 進むのにかかった時間は□時間

(2) 時速は1時間に進む道のりで表した速さなので、x の値1に対応する y の値をよみ取ります。

答え　電車の時速は□km、バスの時速は□km

教科書 132～135ページ　答え 22ページ

1 下の表は、針金（はりがね）の長さ x m と重さ y g の関係を表しています。 教科書 132ページ3

長さ　x(m)	1	2	3	4	5	6
重さ　y(g)	20	40	60	80	100	120

① x と y の関係をグラフに表しましょう。

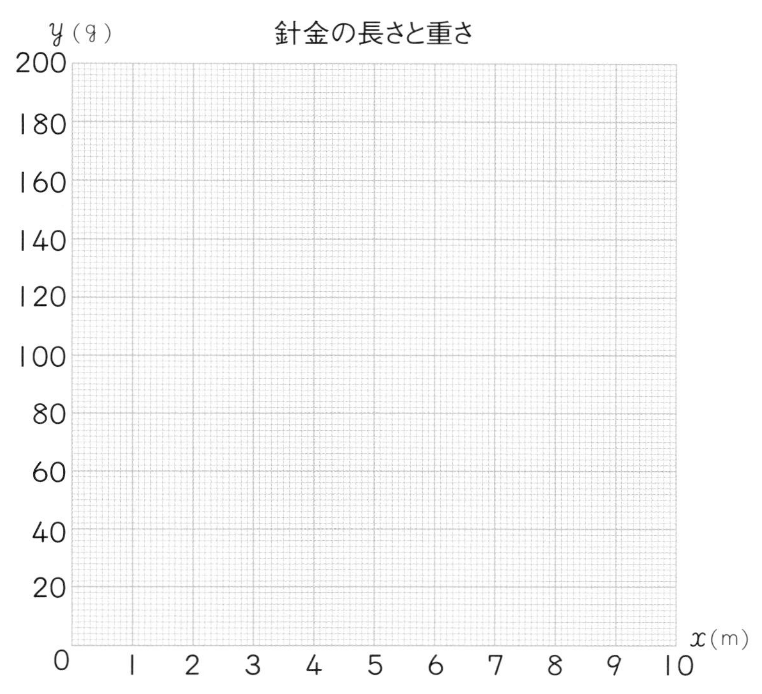

② 針金の長さが7mのとき、重さは何gでしょうか。　（　　　）

③ 針金の重さが180gのとき、長さは何mでしょうか。　（　　　）

2 右のグラフは、AさんとBさんが自転車に乗って、同時に出発したときの時間 x 時間と進んだ道のり y km の関係を表しています。 教科書 135ページ4

y(km) 時間と進んだ道のり

60, 50, 40, 30, 20, 10, 0　A　B

1 2 3 4 5 x(時間)

① Aさんが2時間で進んだ道のりを求めましょう。　（　　　）

② Bさんが45km進むのにかかった時間を求めましょう。　（　　　）

③ グラフを見て、Aさんの自転車の時速、Bさんの自転車の時速をそれぞれ求めましょう。

Aさん（　　　）　Bさん（　　　）

ヒント

1 ① グラフは、0の点を通る直線になります。

2 ③ 時速は1時間に進む道のりで表した速さです。

反比例
反比例の式とグラフ

3分でまとめ

学習日　月　日

教科書 136〜141ページ　答え 22ページ

次の□にあてはまる数や言葉、式を書きましょう。

めあて 反比例の意味がわかるようにしよう。　練習 1→

反比例　2つの数量 x と y があって、x の値が2倍、3倍、……になると、それにともなって y の値が $\frac{1}{2}$ 倍、$\frac{1}{3}$ 倍、……になるとき、「y は x に**反比例**する」といいます。

1　下の表は、面積が $12\,\text{cm}^2$ の平行四辺形について、底辺の長さ x cm と、それに対応する高さ y cm の関係を表しています。
x と y は反比例しているでしょうか。

底辺の長さ　x(cm)	1	2	3	4	5	6
高さ　y(cm)	12	6	4	3	2.4	2

解き方 底辺の長さが2倍、3倍、……になると、高さは□倍、□倍、……になっています。

答え □している。

底辺の長さ　x(cm)	1	2	3
高さ　y(cm)	12	6	4

2倍　3倍　□倍　□倍

めあて 反比例する x と y の関係を式に表すことができるようにしよう。　練習 2 3→

反比例の式　y が x に反比例するとき、x の値とそれに対応する y の値の積は、きまった数になります。x と y の関係は、次の式に表すことができます。

y ＝きまった数 ÷ x

2　1の x と y の関係を式に表しましょう。
また、対応する x、y の値の組を表す点を右のグラフにとりましょう。

底辺の長さ　x(cm)	1	2	3
高さ　y(cm)	12	6	4

1×12=□　2×6=□　3×4=□

解き方 x の値とそれに対応する y の値の積は、いつも□になります。
「きまった数」は□です。
式は、y=□

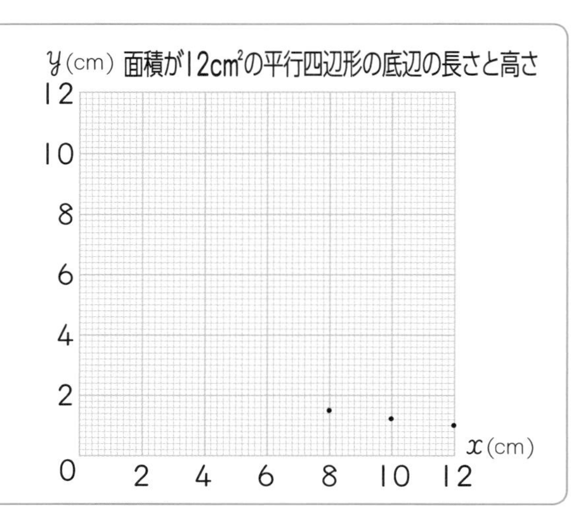

ぴったり2 **練習**

★できた問題には、「た」をかこう！★

できた 1　できた 2　できた 3

学習日　月　日

教科書 136〜141ページ　答え 22ページ

1 下の2つの数量 x と y は、それぞれ反比例しているでしょうか。

教科書 136ページ 5

① 500円で買い物をするときの、使った金額 x 円と残りの金額 y 円

使った金額 x(円)	50	100	150	200	250	300
残りの金額 y(円)	450	400	350	300	250	200

(　　　)

② 60mの道のりを進むときの分速 x m と時間 y 分

分速 x(m)	1	2	3	4	5	6
時間 y(分)	60	30	20	15	12	10

(　　　)

2 18 m³ の水が入る水そうがあります。

教科書 138ページ 6

この水そうについて、1時間あたりに入れる水の体積 x m³ と水そうがいっぱいになる時間 y 時間の関係を調べます。

体積 x (m³)	1	2	3	4	5	6
時間 y(時間)	㋐	㋑	6	㋒	3.6	㋓

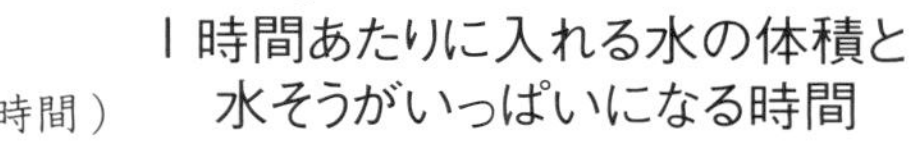

① 上の表のあいているところに、あてはまる数を書きましょう。

② x と y の関係を式に表しましょう。　(　　　)

③ 1時間あたりに 1.5 m³ の水を入れるとき、水そうがいっぱいになるのにかかる時間は何時間でしょうか。　(　　　)

3 2の表について、対応する x、y の値の組を表す点を、下のグラフにとりましょう。

教科書 140ページ 7

1時間あたりに入れる水の体積と水そうがいっぱいになる時間

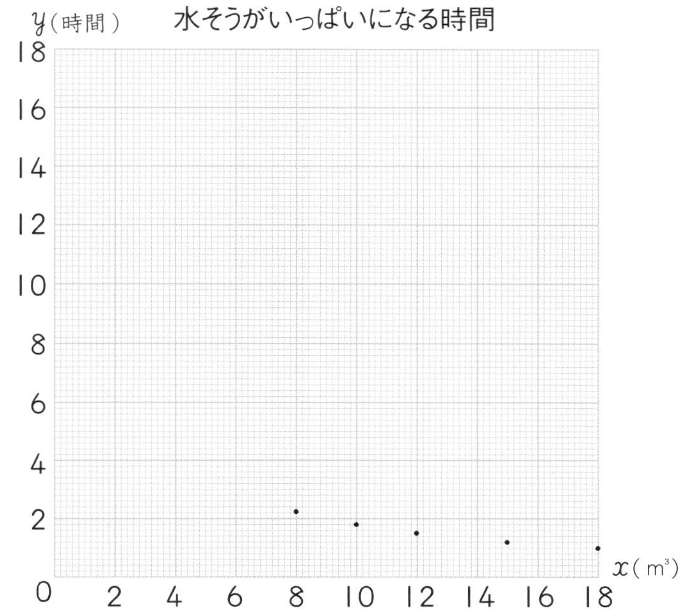

ヒント　2 ② 式は、y＝きまった数÷x のように書きます。

ぴったり3 確かめのテスト

8 比例と反比例

教科書 122～144 ページ　答え 23 ページ

知識・技能　／80点

1 同じくぎ6本の重さをはかったところ、24 g でした。

① くぎの重さは本数に比例すると考えて、下の表を完成させましょう。　全部できて 各3点(6点)

本数　x(本)	1	2	3	4	5	6	
重さ　y(g)	㋐	㋑	㋒	㋓	㋔	24	

② x と y の関係を式に表しましょう。

(　　　　　)

2 下のあからうで、比例しているものと反比例しているものを選びましょう。　各10点(20点)

あ 12 m の道のりを進むときの、分速 x m とかかる時間 y 分

分速　x(m)	12	6	4	3	2.4	
時間　y(分)	1	2	3	4	5	

い 12 m の道のりを進むときの進んだ道のり x m と残りの道のり y m

進んだ道のり　x(m)	1	2	3	4	5	
残りの道のり　y(m)	11	10	9	8	7	

う 12 分間進むときの、分速 x m と進む道のり y m

分速　x(m)	1	2	3	4	5	
道のり　y(m)	12	24	36	48	60	

比例 (　　　　)　反比例 (　　　　)

3 よく出る 下の表は、底辺の長さが 8 cm の平行四辺形について、高さ x cm と面積 y cm² の関係を調べたものです。　各6点(24点)

高さ　x(cm)	1	2	3	4	5	6	
面積　y(cm²)	8	16	24	32	40	48	

① x と y の関係を式に表しましょう。

(　　　　)

② 高さが 9 cm のとき、面積は何 cm² になるでしょうか。

(　　　　)

③ 面積が 60 cm² のとき、高さは何 cm になるでしょうか。

(　　　　)

④ x と y の関係をグラフに表しましょう。

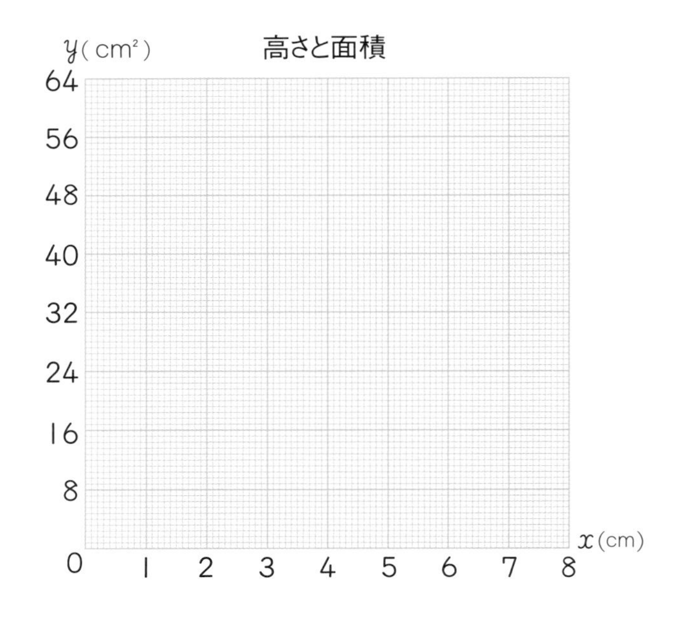

4 1時間あたりに6 m³の水を入れると6時間でいっぱいになる水そうがあります。

全部できて 各6点(12点)

① この水そうに水を入れるとき、水そうがいっぱいになる時間は1時間あたりに入れる水の体積に反比例すると考えて、下の表を完成させましょう。

水の体積 (m³)	1	2	3	4	5	6
時間 (時間)	㋐	㋑	㋒	㋓	㋔	6

② この水そうを4時間でいっぱいにするには、1時間あたりに何 m³の水を入れればよいでしょうか。

(　　　　)

5 よく出る 下の表は、面積が30 cm²の長方形について、縦(たて)の長さ x cmと横の長さ y cmの関係を調べたものです。

各6点(18点)

縦の長さ x(cm)	1	2	3	4	5	6
横の長さ y(cm)	30	15	10	7.5	6	5

① x と y の関係を式に表しましょう。

(　　　　)

② 縦の長さが10 cmのとき、横の長さは何 cmになるでしょうか。

(　　　　)

③ 横の長さが12.5 cmのとき、縦の長さは何 cmになるでしょうか。

(　　　　)

思考・判断・表現　／20点

できたらスゴイ!

6 右のグラフは、リボンAとリボンBの、長さ x mと代金 y 円の関係を表したものです。

全部できて 各10点(20点)

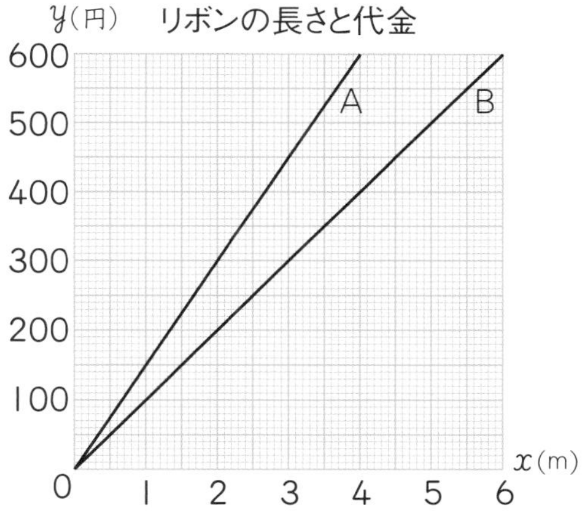

y(円)　リボンの長さと代金

600, 500, 400, 300, 200, 100, 0

A　B

x(m)　0 1 2 3 4 5 6

① リボンAとリボンBを1 mずつ買ったときの代金はそれぞれ何円でしょうか。

リボンA (　　　　)　リボンB (　　　　)

② リボンAとリボンBでは、300円で買える長さのちがいは何 mでしょうか。

(　　　　)

ふりかえり ①がわからないときは、62ページの①にもどって確認(かくにん)してみよう。

準備

3分でまとめ

9 角柱と円柱の体積

学習日　月　日

教科書 146～151ページ　答え 24ページ

次の□にあてはまる数を書きましょう。

めあて 角柱の体積を求めることができるようにしよう。　練習 1→

底面積

底面の面積のことを底面積(ていめんせき)といいます。

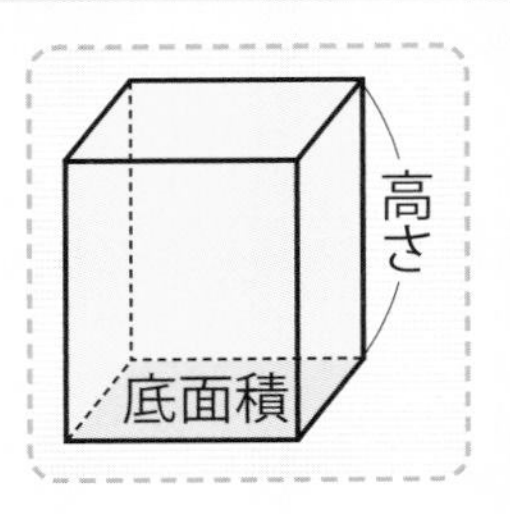

角柱の体積

角柱の体積は、次の公式で求められます。

角柱の体積＝底面積×高さ

1 右のような三角柱の体積を求めましょう。

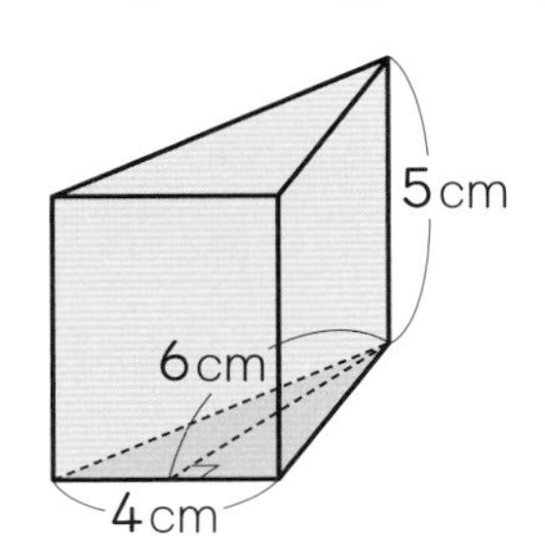

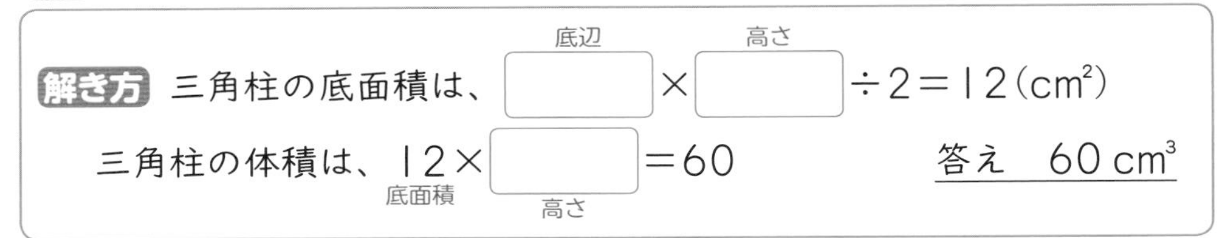

解き方 三角柱の底面積は、□(底辺)×□(高さ)÷2＝12(cm²)

三角柱の体積は、12(底面積)×□(高さ)＝60　答え　60 cm³

2 右のような四角柱の体積を求めましょう。

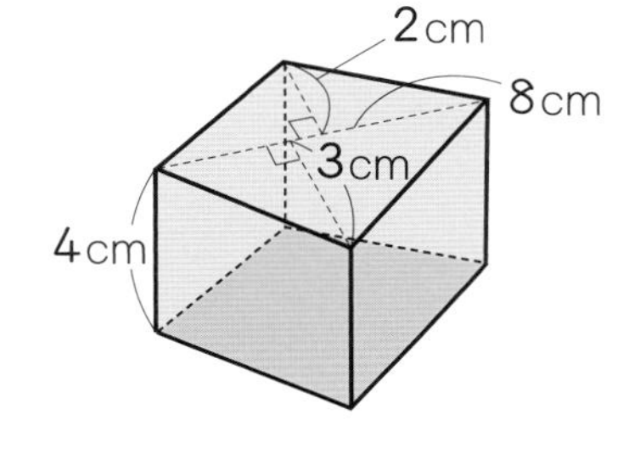

解き方 底面の四角形は、対角線で三角形に分けられるので、四角柱の底面積は、

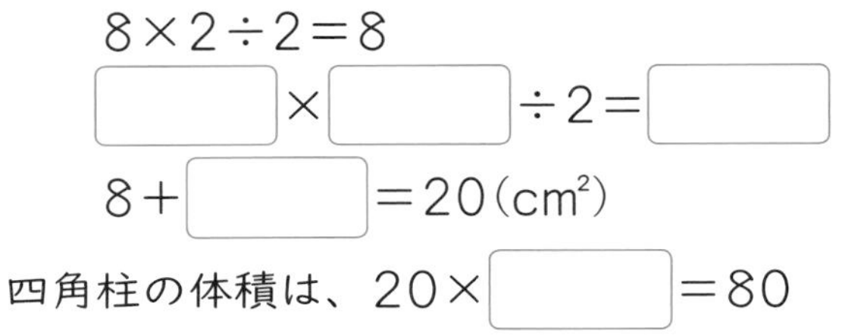

8×2÷2＝8

□×□÷2＝□

8＋□＝20(cm²)

四角柱の体積は、20×□＝80　答え　80 cm³

めあて 円柱の体積を求めることができるようにしよう。　練習 2→

円柱の体積

円柱の体積も、角柱と同じように、次の公式で求められます。

円柱の体積＝底面積×高さ

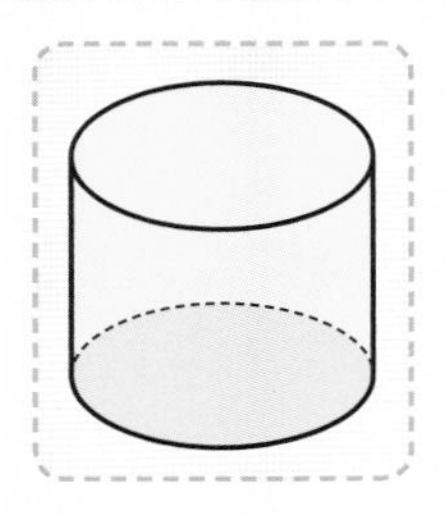

3 右のような円柱の体積を求めましょう。

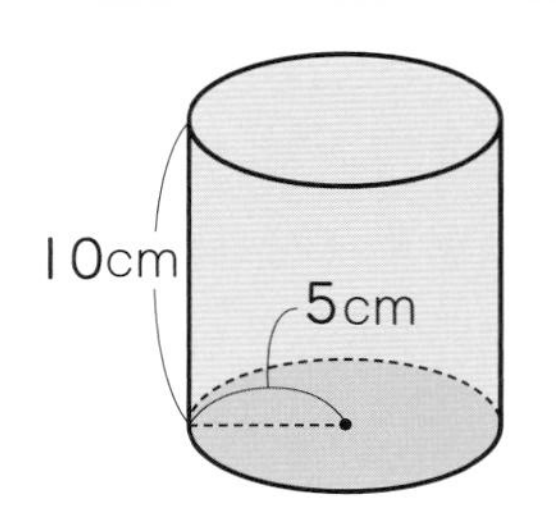

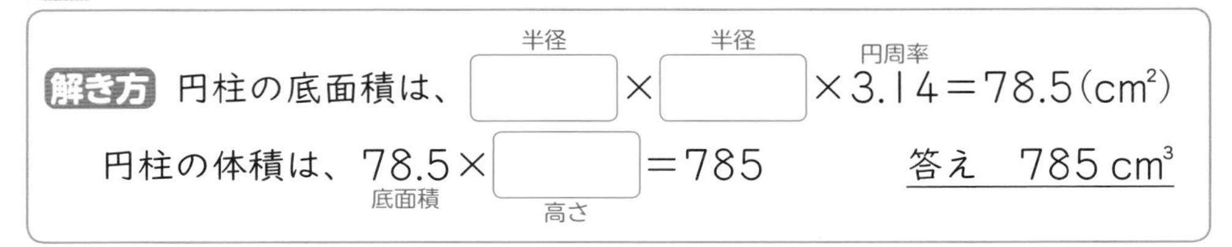

解き方 円柱の底面積は、□(半径)×□(半径)×3.14(円周率)＝78.5(cm²)

円柱の体積は、78.5(底面積)×□(高さ)＝785　答え　785 cm³

ぴったり2

練習

★できた問題には、「た」をかこう！★

学習日　月　日

教科書 146〜151ページ　答え 24ページ

1 次のような角柱の体積を求めましょう。

①は、□にあてはまる数を書いて求めましょう。

教科書 147ページ 1・148ページ 2

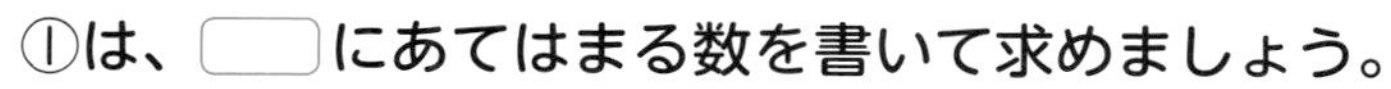

① 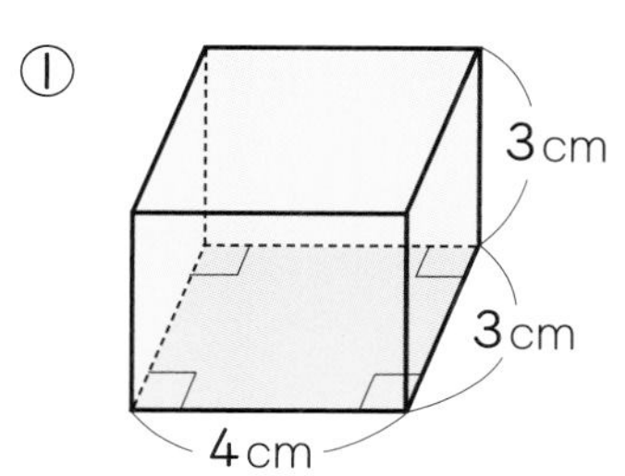

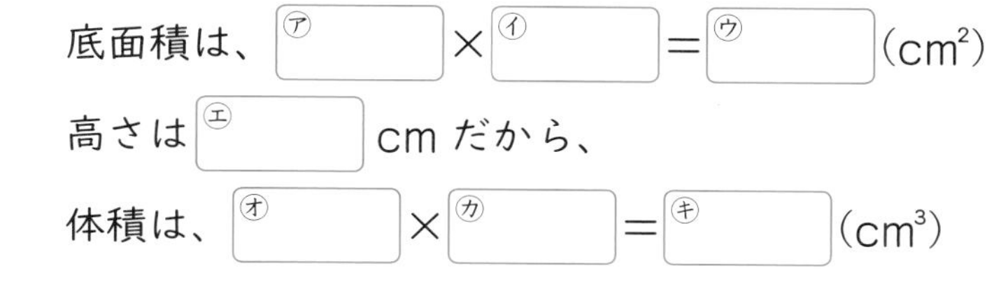

底面積は、㋐□×㋑□＝㋒□(cm²)

高さは㋓□cm だから、

体積は、㋔□×㋕□＝㋖□(cm³)

② 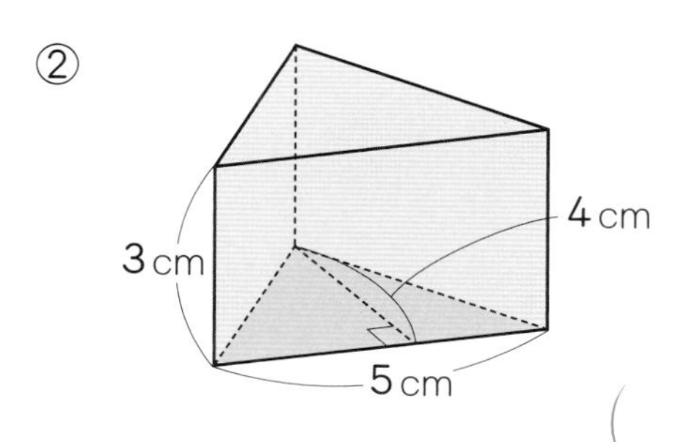

(　　　　)

③ 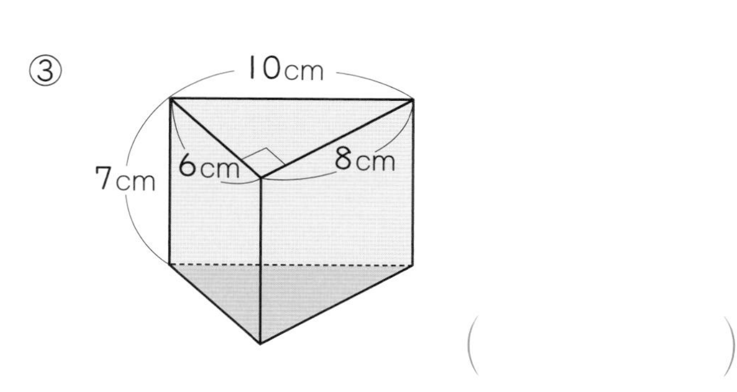

(　　　　)

④ 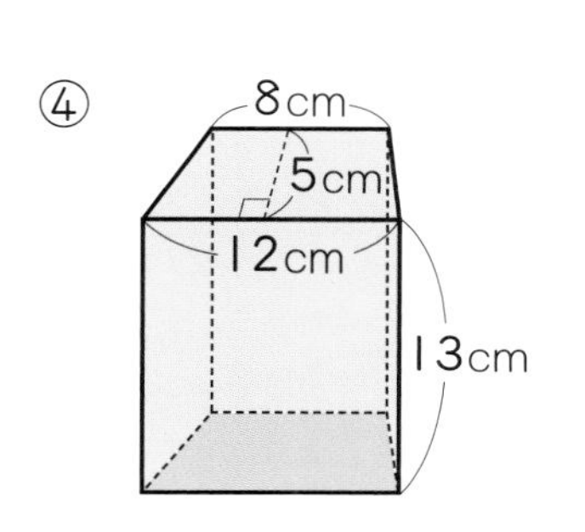

(　　　　)

⑤ 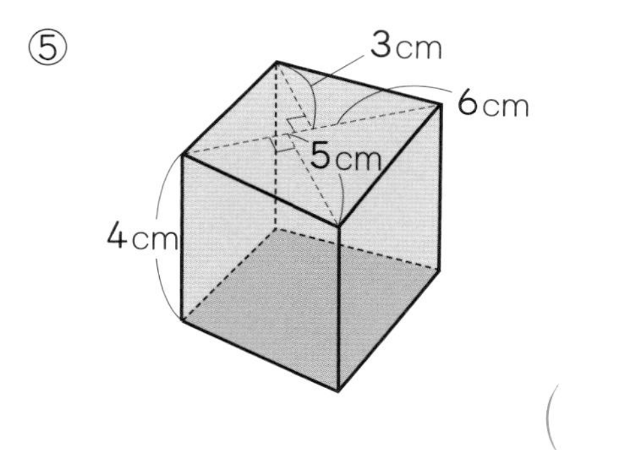

(　　　　)

2 次のような円柱の体積を求めましょう。

①は、□にあてはまる数を書いて求めましょう。

教科書 150ページ 3

① 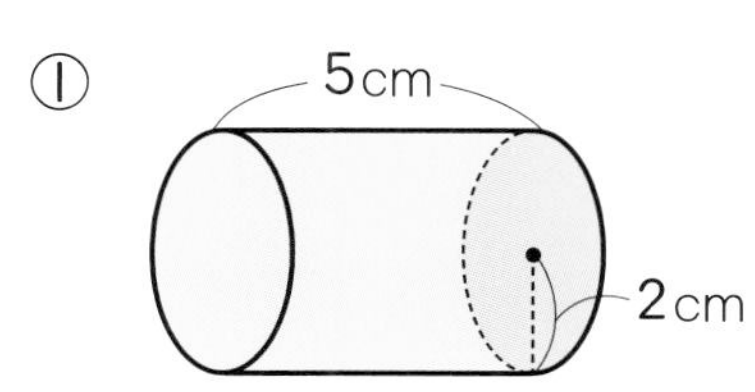

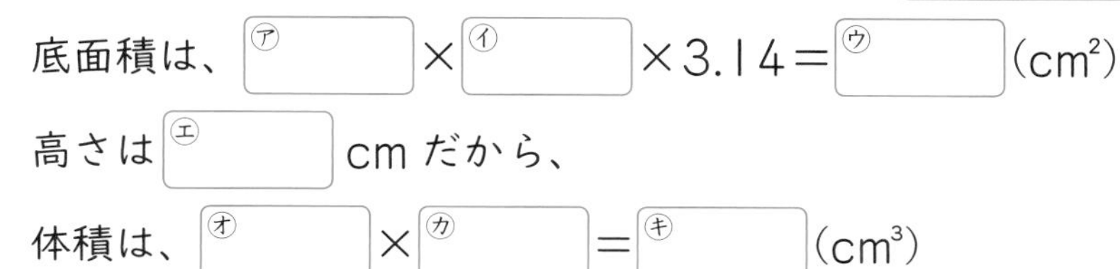

底面積は、㋐□×㋑□×3.14＝㋒□(cm²)

高さは㋓□cm だから、

体積は、㋔□×㋕□＝㋖□(cm³)

② 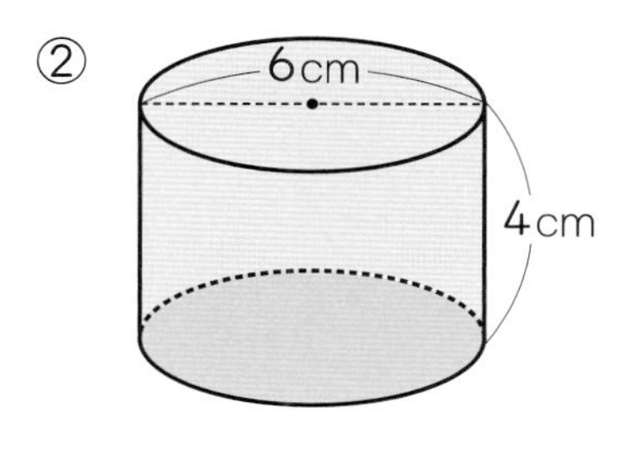

(　　　　)

③ 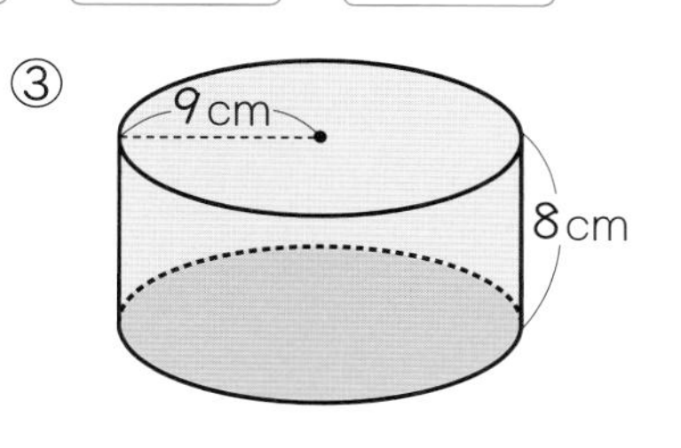

(　　　　)

ヒント

1 ⑤ 底面は、2つの三角形を合わせた形です。

2 ② 底面の半径は3cmです。

ぴったり3 確かめのテスト

9 角柱と円柱の体積

時間 30分

／100

合格 80点

教科書 146～154ページ　答え 24ページ

知識・技能

／84点

1 次の□にあてはまる言葉や数を書きましょう。

全部できて 各6点(18点)

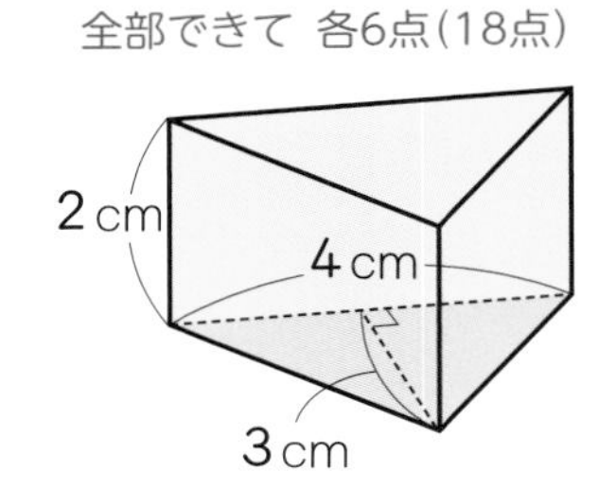

① 角柱も円柱も、その体積は、次の公式で求められます。

角柱、円柱の体積＝□×□

② 右の三角柱の底面積は、□ cm^2 です。

だから、体積は、□ cm^3 です。

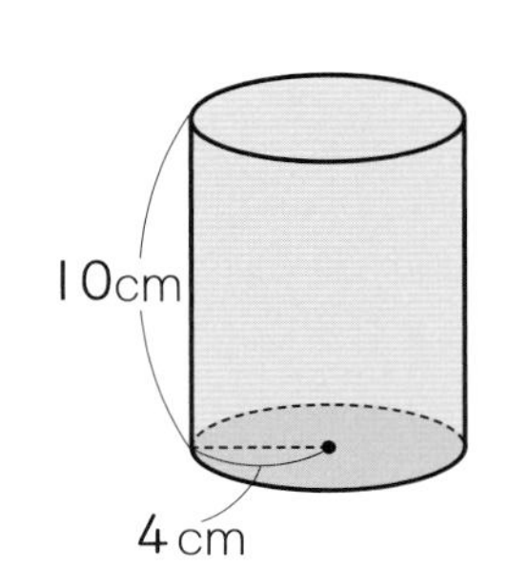

③ 右の円柱の底面積は、□ cm^2 です。

だから、体積は、□ cm^3 です。

2 よく出る 次のような角柱や円柱の体積を求めましょう。

各7点(42点)

①

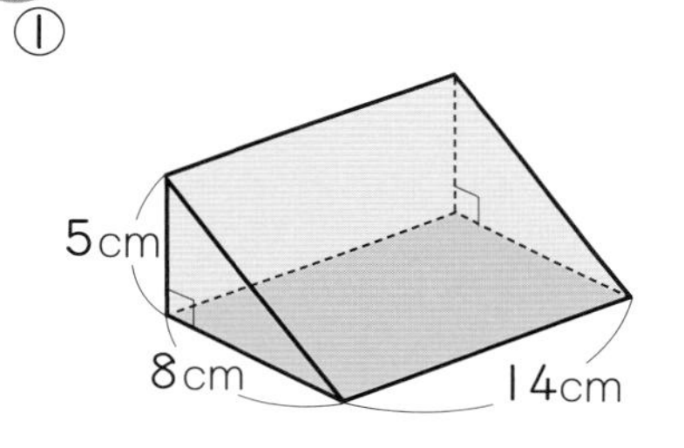

(　　　　)

②

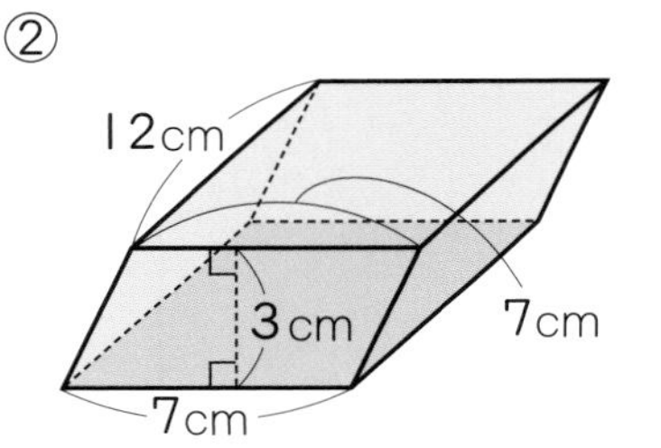

(　　　　)

③

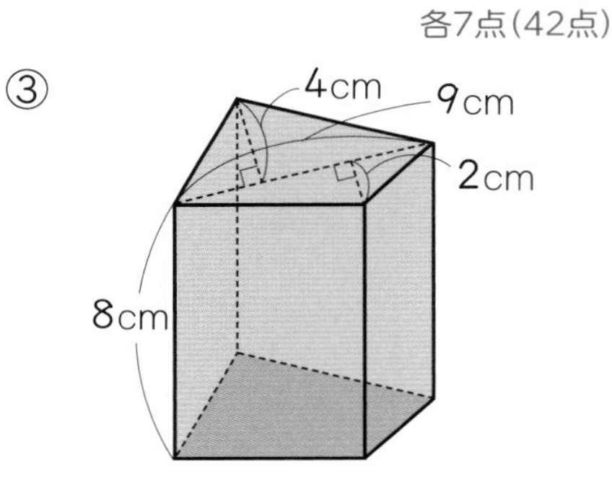

(　　　　)

④

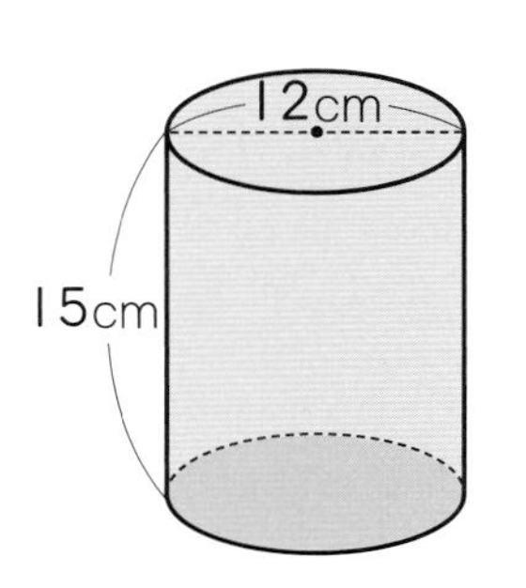

(　　　　)

⑤

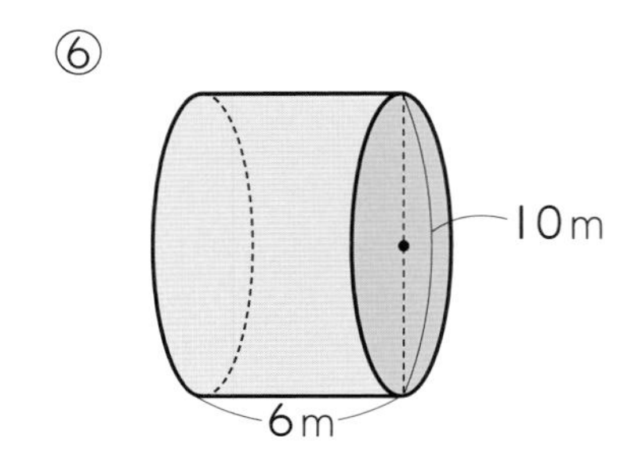

(　　　　)

⑥

(　　　　)

できたらスゴイ!

3 次のような立体の体積を求めましょう。　各8点(24点)

①
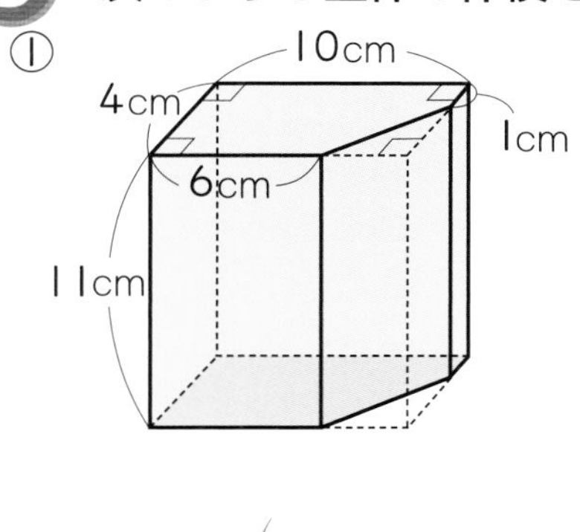

②
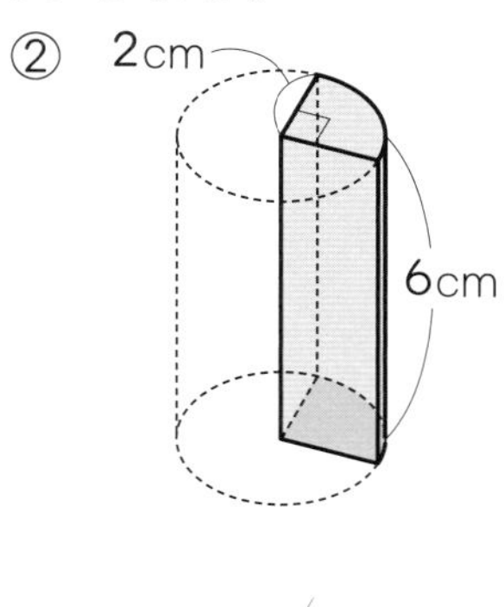

③
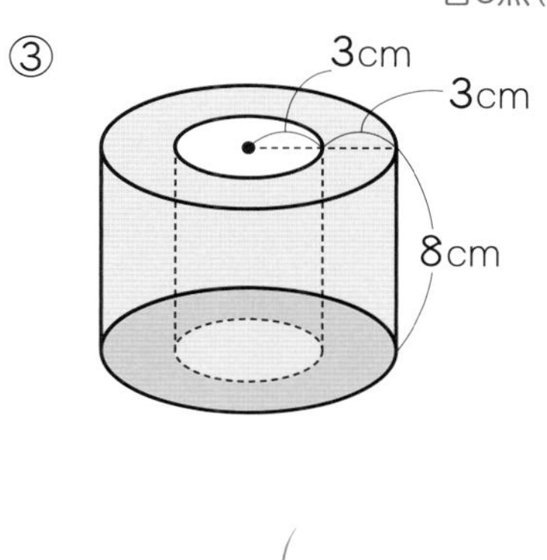

(　　　　)　(　　　　)　(　　　　)

思考・判断・表現　／16点

4 次のような展開図を組み立ててできる立体の体積を求めましょう。　各8点(16点)

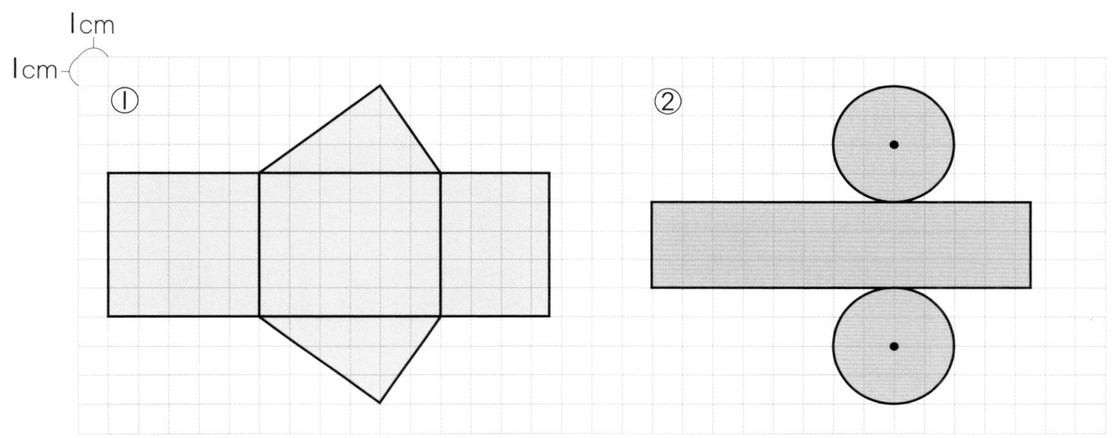

① (　　　　)　② (　　　　)

はってん　教科書 153ページ

1 立体の周りの面積のことを表面積といいます。
表面積は、その立体の展開図の面積と等しくなります。

① 右のような四角柱の表面積を求めましょう。

2cm
3cm
4cm

(　　　　)

② 上の **4** ②の立体の表面積を求めましょう。

(　　　　)

◀①の展開図は次のようになります。

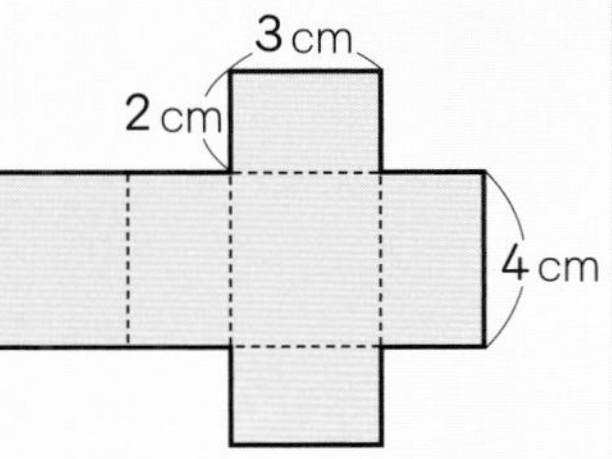

◀②の展開図で、長方形の横の長さは、底面の円周の長さと同じです。

1①②がわからないときは、70ページの**1**にもどって確認してみよう。

比と比の値

教科書 156～159ページ　答え 25ページ

 次の□にあてはまる数を書きましょう。

めあて 比の意味がわかるようにしよう。

練習 1→

比

2と3の割合を、「：」の記号を使って2：3のように表すことがあります。
2：3を「二対三」とよみます。このように表された割合を**比**といいます。

1 酢を大さじ7はい、サラダ油を大さじ10ぱい混ぜてドレッシングを作りました。
このドレッシングの、酢とサラダ油の量の割合を比で表しましょう。

解き方 大さじ1ぱいを1とみたとき、酢の量は7、サラダ油の量は□です。
このとき、酢とサラダ油の比は、□：□

めあて 等しい比、比の値について理解しよう。

練習 2 3→

等しい比

1：2と2：4のように、2つの比が同じ割合を表しているとき、これらの**比は等しい**といい、次のように表します。

1：2＝2：4

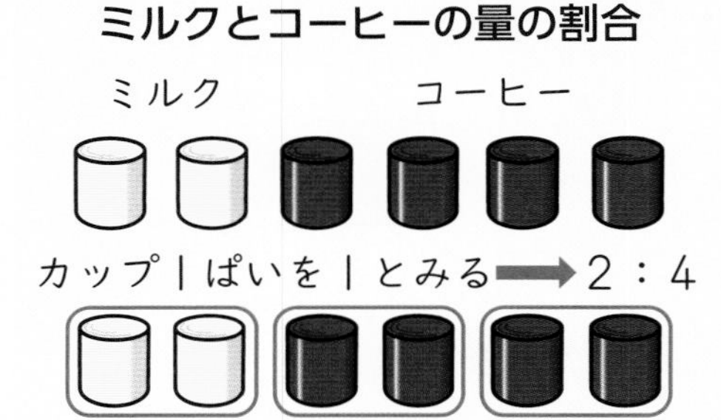

比の値

a：bで表された比で、bを1とみたときにaがいくつにあたるかを表した数を、**比の値**といいます。
a：bの比の値は、$a \div b$の商になります。
比の値が等しいとき、それらの比は等しいといえます。

2 次の比の値を求めましょう。

(1) 3：5　(2) 9：6　(3) 8：12　(4) 15：10

解き方 a：bの比の値　$a \div b = \frac{a}{b}$

(1) $3 \div 5 = \frac{\square}{5}$

(2) $9 \div 6 = \frac{9}{6} = \frac{3}{\square}$

(3) $8 \div 12 = \frac{8}{12} = \frac{2}{\square}$

(4) $15 \div 10 = \frac{15}{10} = \frac{3}{\square}$

(2)と(4)の比の値は等しいね。
2つの比は等しいから、
9：6＝15：10と表せるよ。

教科書 156～159ページ　答え 25ページ

1 次の割合を比で表しましょう。

教科書 157ページ 1

① 8と3の割合

（　　　）

② 7kgと11kgの割合

（　　　）

③ 縦(たて)が20cm、横が27cmの長方形の、縦と横の長さの割合

（　　　）

④ 低学年の人数が199人、高学年の人数が211人であるときの、低学年と高学年の人数の割合

（　　　）

2 次の比の値を求めましょう。

教科書 157ページ 1

① 6：7　（　　　）

② 5：8　（　　　）

③ 5：15　（　　　）

④ 9：24　（　　　）

⑤ 20：16　（　　　）

⑥ 36：12　（　　　）

!まちがい注意

3 比の値を使って、次の問題に答えましょう。

教科書 159ページ ①

① 3：4と等しい比をすべて選びましょう。

Ⓐ 4：3　Ⓘ 4：5　Ⓤ 6：8　Ⓔ 15：20

（　　　）

② 5：2と等しい比をすべて選びましょう。

Ⓐ 7：4　Ⓘ 10：4　Ⓤ 15：8　Ⓔ 25：10

（　　　）

ヒント　3 比の値を求めて比べます。

比の性質

教科書 160〜162ページ　答え 26ページ

次の□にあてはまる数を書きましょう。

めあて 等しい比をつくることができるようにしよう。　練習 1 2→

比の性質　$a:b$ の a と b に同じ数をかけたり、同じ数でわったりしてできる比は、すべて等しい比になります。

1　8：10と等しい比を3つ書きましょう。

解き方　8と10に同じ数をかけたり、同じ数でわったりします。

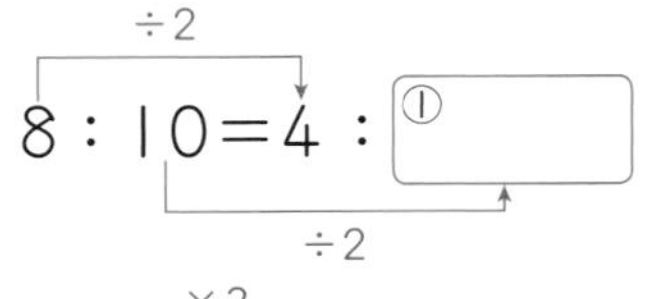

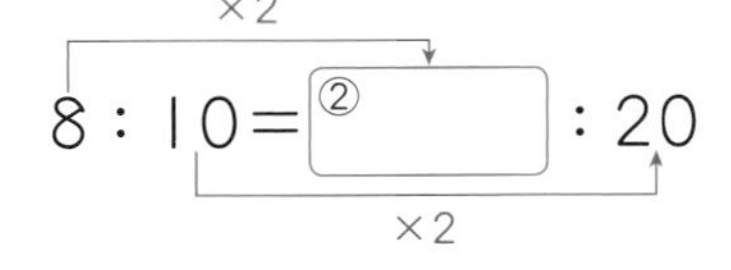

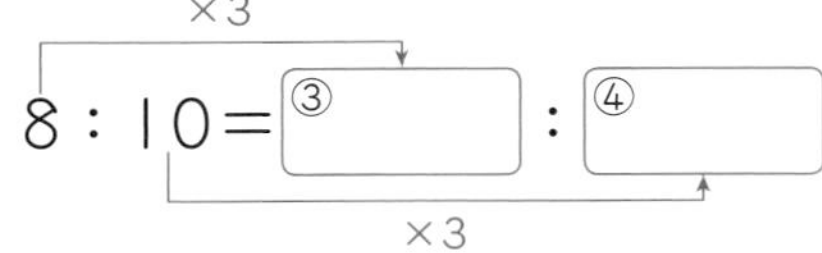

8：10と等しい比はほかにもたくさんあるよ。

めあて 比を簡単(かんたん)にすることができるようにしよう。　練習 3 4→

比を簡単にする　比を、それと等しい比で、できるだけ小さい整数どうしの比になおすことを、**比を簡単にする**といいます。

2　次の比を簡単にしましょう。

(1)　15：12　　(2)　12：28

解き方 (1)　15：12＝(15÷3)：(12÷□)＝□：□
15と12の公約数でわる

(2)　12：28＝(12÷4)：(28÷□)＝□：□
12と28の公約数でわる

3　次の比を簡単にしましょう。

(1)　1.6：3.6　　(2)　$\frac{2}{3}:\frac{3}{5}$

解き方 (1)　1.6：3.6＝(1.6×10)：(3.6×□)＝16：□＝4：□
同じ数をかけて整数の比にする

(2)　$\frac{2}{3}:\frac{3}{5}=\left(\frac{2}{3}\times 15\right):\left(\frac{3}{5}\times\square\right)=\square:\square$
分母の公倍数をかけて整数の比にする

ぴったり2

練習

★できた問題には、「た」をかこう！★

できた 1　できた 2　できた 3　できた 4

学習日　月　日

教科書 160～162 ページ　答え 26 ページ

1 次の□にあてはまる数を書きましょう。 教科書 160 ページ 2

① 3：4＝6：□　② 5：7＝□：35

③ 20：36＝5：□　④ 27：63＝□：7

2 次の比と等しい比を3つずつ書きましょう。 教科書 160 ページ 2

① 10：4

（　　）

② 6：16

（　　）

3 次の比を簡単にしましょう。 教科書 161 ページ 3

① 12：3　② 18：30

（　　）（　　）

③ 32：24　④ 49：56

（　　）（　　）

！まちがい注意

4 次の比を簡単にしましょう。 教科書 162 ページ 4

① 1.8：3　② 0.14：0.7

（　　）（　　）

③ $\frac{1}{2}:\frac{1}{5}$　④ $\frac{5}{6}:\frac{7}{8}$

（　　）（　　）

ヒント

4 小数の比を簡単にするときは、まず、10 や 100 などをかけて整数の比になおします。

ぴったり1 準備

比を使って

学習日　月　日

教科書 163〜166ページ　答え 27ページ

次の□にあてはまる数を書きましょう。

めあて　比の一方の量を求める問題を解けるようにしよう。　練習 1 2→

比の一方の量を求める問題

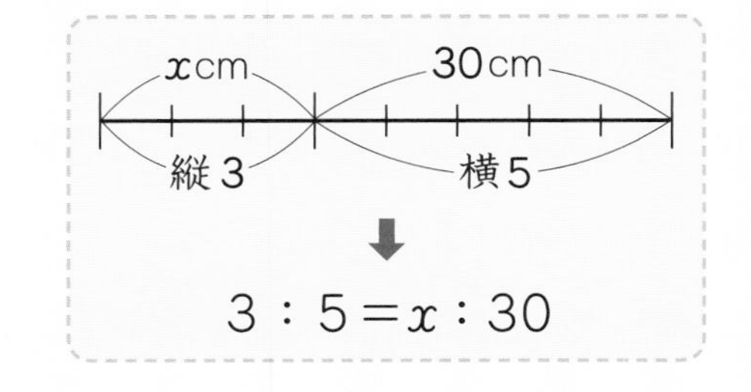

例　縦（たて）と横の長さの比が3：5の長方形を作ります。
横の長さを30cmにするとき、縦の長さは何cmにすればよいでしょうか。
求める数をxとして、場面を図に表すと、右のようになります。

1　上の例の答えを求めましょう。

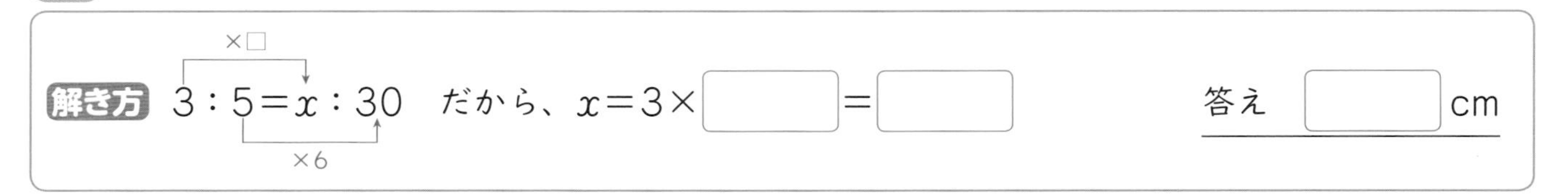

解き方　3：5＝x：30（×□、×6）だから、x＝3×□＝□　　答え □cm

めあて　全体をきまった比に分ける問題を解けるようにしよう。　練習 3→

全体をきまった比に分ける問題

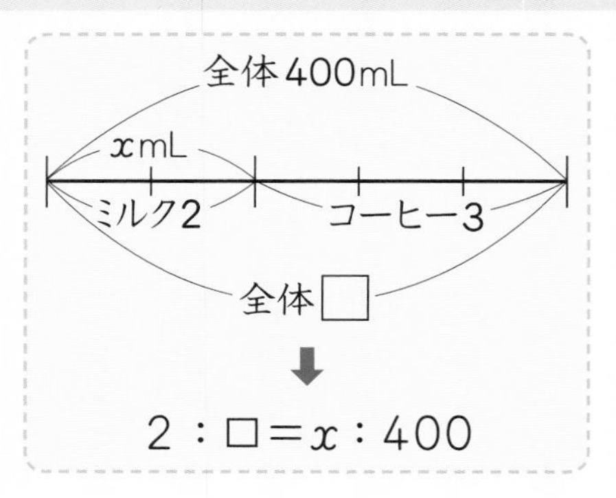

例　ミルクとコーヒーの量の比を2：3の割合（わりあい）で混ぜて、ミルクコーヒーを作ります。
ミルクコーヒーを400mL作るには、ミルクを何mL用意すればよいでしょうか。
求める数をxとして、場面を図に表すと、右のようになります。

2　上の例の答えを求めましょう。

解き方　ミルクの量と、全体のミルクコーヒーの量の比は

2：(2＋□)＝2：5

2：5＝x：400（×□、×80）だから、x＝2×□

＝160　　答え　160mL

3　6年生の男子と女子の人数の比は8：7です。
男子と6年生全体の人数の比を求めましょう。

解き方　男子の人数：全体の人数は、
8：(①□＋②□)＝8：③□

教科書 163〜166ページ　答え 27ページ

1 みりんとしょう油の量の比を5：4の割合で混ぜて、肉じゃがを作ります。しょう油の量を80 mLにするとき、みりんは何mL入れればよいでしょうか。

教科書 163ページ 5

（　　　）

2 縦と横の長さの比が2：3になるように、長方形の形をした旗を作ります。横の長さを90 cmにするとき、縦の長さは何cmにすればよいでしょうか。

教科書 163ページ 5

（　　　）

よくよんで

3 牛肉とぶた肉の重さの比を5：4の割合で混ぜて、ハンバーグを作ります。450 gの肉でハンバーグを作るには、牛肉を何g用意すればよいでしょうか。

教科書 165ページ 6

（　　　）

4 活用 はやとさんは、6才の誕生日(たんじょうび)にとった写真から、6才の時の身長を求めようと考えました。

教科書 166ページ

① はやとさんが6才の時の身長を求めるには、どんなことを調べればよいでしょうか。下のⓐからⓚの中から3つ選びましょう。

あ	ふすまの縦の長さ	180 cm
い	ふすまの横の長さ	90 cm
う	はやとさんの現在の身長	148 cm
え	写真の中のふすまの縦の長さ	12 cm
お	写真の横の長さ	9 cm
か	写真の中のはやとさんの身長	8.2 cm

（　　　）

② はやとさんが6才の時の身長は何cmだったでしょうか。

（　　　）

写真にうつっていて実物の長さがわかるのは…。

ヒント 4 写真にうつっていて、実際の長さもわかるものとの比を考えます。

⑩ 比

時間 30 分

／100

合格 80 点

教科書 156〜168ページ　答え 27ページ

知識・技能　／76点

1 次の割合（わりあい）を比で表しましょう。　各4点(12点)

① 4と9の割合

（　　　）

② 8mと5mの割合

（　　　）

③ 240ページの本を113ページ読んだときの、読んだページ数と残りのページ数の割合

（　　　）

2 次の比の値（あたい）を求めましょう。　各4点(12点)

① 14：42　（　　　）
② 48：36　（　　　）
③ 20：4　（　　　）

3 次の比と等しい比を3つずつ書きましょう。　各4点(12点)

① 4：6　（　　　）
② 14：8　（　　　）
③ 18：6　（　　　）

4 よく出る 次の比を簡単（かんたん）にしましょう。　各4点(24点)

① 9：12　（　　　）
② 75：30　（　　　）
③ 0.4：1.6　（　　　）
④ 0.25：2　（　　　）
⑤ $\frac{3}{8}：\frac{1}{6}$　（　　　）
⑥ $1：\frac{3}{5}$　（　　　）

5 よく出る x にあてはまる数を求めましょう。

各4点(16点)

① $4:5=x:25$　　(　　)

② $6:7=90:x$　　(　　)

③ $3:x=4.8:8$　　(　　)

④ $x:9=0.2:0.9$　　(　　)

思考・判断・表現　／24点

6 よく出る 次の問題に答えましょう。

各6点(12点)

① ときたまごとスープの量の比を３：５の割合で混ぜて、茶わんむしを作ります。

ときたまごの量を 270 mL にするとき、スープは何 mL 入れればよいでしょうか。

(　　)

② あかねさんとお姉さんで、個数の比が５：７になるようにビーズを分けます。

あかねさんが 65 個もらうとき、お姉さんは何個もらえるでしょうか。

(　　)

7 次の問題に答えましょう。

各6点(12点)

① 長さが 99 cm のテープがあります。

このテープを、長さの比が８：３になるように２つに分けると、長いほうのテープは何 cm になるでしょうか。

(　　)

できたらスゴイ!

② 周りの長さが 36 m で、縦（たて）と横の長さの比が４：５の長方形の土地があります。

この土地の面積は何 m^2 になるでしょうか。

(　　)

1がわからないときは、74 ページの1にもどって確認（かくにん）してみよう。

ぴったり1 準備

11 拡大図と縮図
（拡大図と縮図）

学習日　月　日

教科書 170〜173ページ　答え 28ページ

次の□にあてはまる数や言葉を書きましょう。

めあて 拡大図、縮図の意味がわかるようにしよう。　練習 1 2 3→

拡大図と縮図

対応する辺の長さの比がすべて等しく、対応する角の大きさがそれぞれ等しくなるようにもとの図を大きくした図を**拡大図**といいます。

また、同じようにして小さくした図を**縮図**といいます。

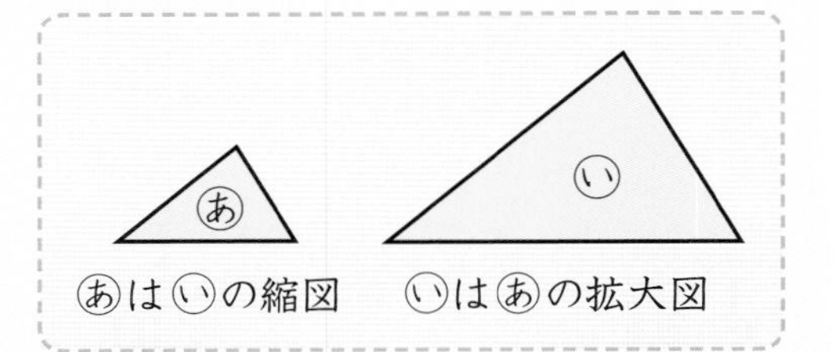

1 あの拡大図をいからえの中から選びましょう。

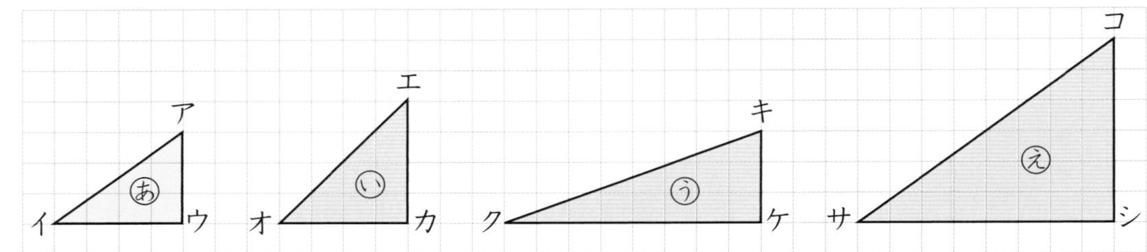

解き方 拡大図は、もとのあの図を、同じ割合で大きくしたものです。

あといでは、辺イウ：辺オカ＝1：1　辺アウ：辺エカ＝3：4 ←同じ割合でない

あとうでは、辺イウ：辺クケ＝1：2　辺アウ：辺キケ＝1：1 ←同じ割合でない

あとえでは、対応する辺の長さの比は、←辺アイと辺コサ、辺イウと辺サシ、辺アウと辺コシ
すべて、1：□になっています。

また、対応する角の大きさは、すべて□なっています。

えは、あの□倍の拡大図です。　答え　え

2 右の三角形の $\frac{1}{3}$ の縮図では、辺BCに対応する辺の長さは何cmになるでしょうか。

また、角Bに対応する角の大きさは何度になるでしょうか。

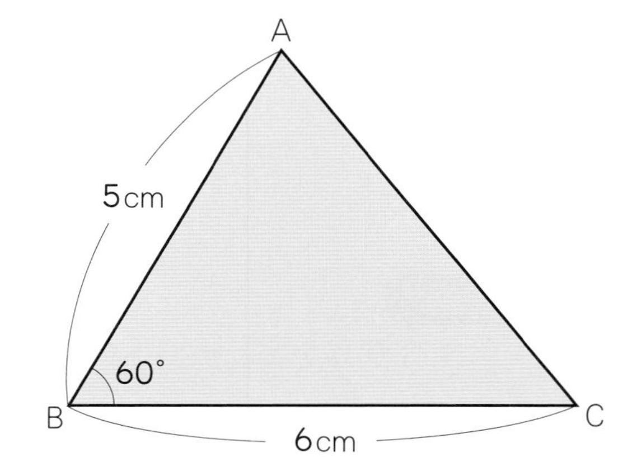

解き方 対応する辺の長さはすべて $\frac{1}{3}$ になるから、

$6\times\frac{1}{3}=$ ①□(cm)

対応する角の大きさは等しいから、②□°

答え ③□cm、④□°

よくみて

1 Ⓐの拡大図、縮図を、下のⒾからⓀの中から選びましょう。 教科書 171ページ 1

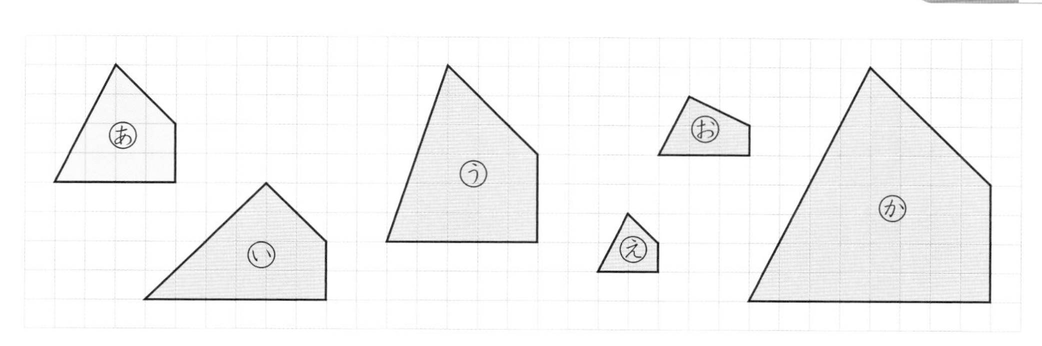

拡大図（　　　）　縮図（　　　）

2 Ⓛの図は、Ⓢの図の何分の１の縮図でしょうか。
また、「拡大図」という言葉を使って、Ⓢの図とⓁの図の関係をいいましょう。 教科書 173ページ ①

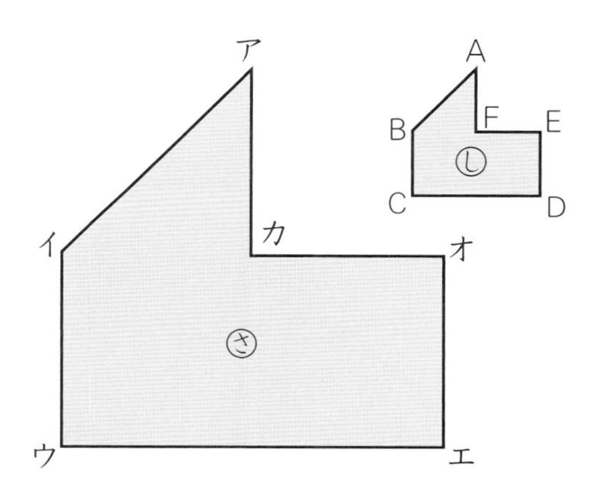

（　　　）

（　　　）

3 右の四角形の $\frac{1}{4}$ の縮図では、①から④の辺に対応する辺の長さは、それぞれ何 cm になるでしょうか。
また、⑤の角に対応する角の大きさは何度になるでしょうか。 教科書 173ページ ①

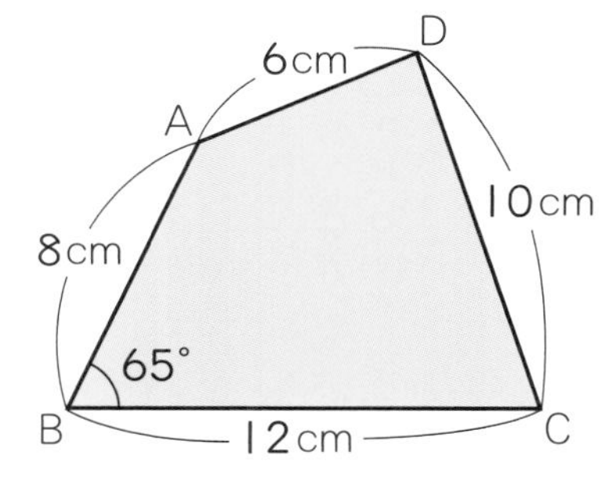

① 辺AB（　　　）　② 辺BC（　　　）

③ 辺CD（　　　）　④ 辺DA（　　　）　⑤ 角B（　　　）

ヒント
2 対応する辺の長さをはかって、比で表してみましょう。
3 対応する辺の長さは、すべて $\frac{1}{4}$ になります。

拡大図と縮図のかき方

教科書 174〜180ページ 答え 29ページ

次の□にあてはまる記号を書きましょう。

めあて 方眼を使わずに、拡大図と縮図をかくことができるようにしよう。 練習 1 2 3 →

拡大図と縮図のかき方 拡大図、縮図は、合同な図形のかき方を使ってかくことができます。合同な図形は、対応する辺の長さが等しくなるようにかきますが、2倍の拡大図は、対応する辺の長さがすべて2倍になるようにかきます。

1 右の三角形アイウを2倍に拡大した三角形ABCをかきましょう。

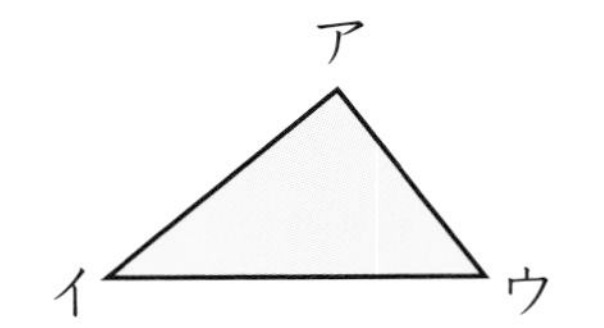

解き方 下の図のようにかきます。

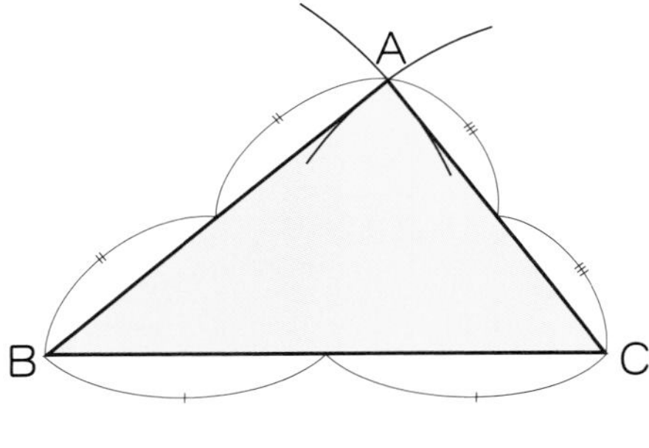

❶ 辺イウの2倍の長さの辺BCをかきます。

❷ 点Bを中心として、半径が辺アイの2倍の長さの円をかきます。

❸ 点Cを中心として、半径が辺□の2倍の長さの円をかき、❷の円と交わった点を□とします。

三角形ABCは、三角形アイウの2倍の拡大図です。

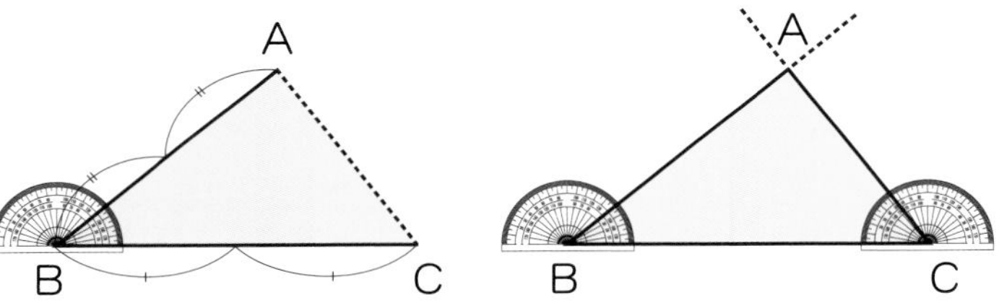

2 右の三角形ABCの辺AB、辺ACをのばして、2倍に拡大した三角形をかきましょう。

解き方 下の図のようにかきます。

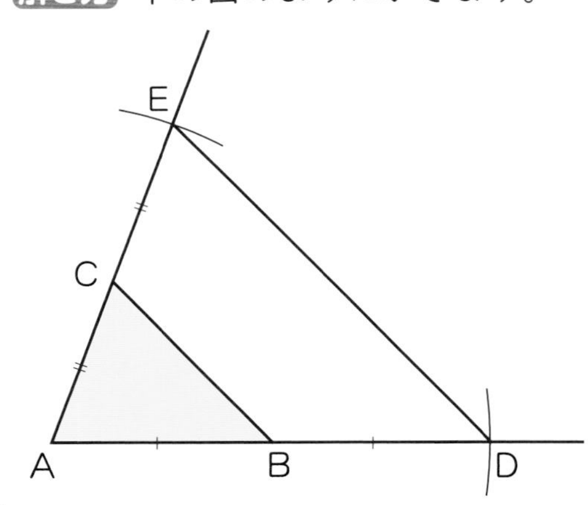

❶ 辺AB、辺□をのばします。

❷ 辺ABの2倍の長さの辺ADと、辺ACの2倍の長さの辺□をかきます。

三角形ADEは、三角形ABCの2倍の拡大図です。

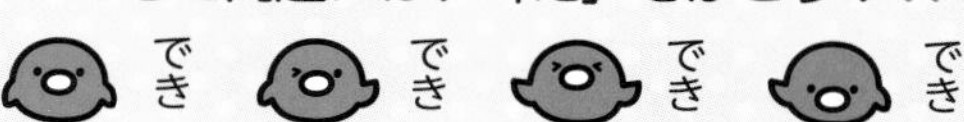

1 下の三角形アイウの2倍の拡大図をかきましょう。
また、$\frac{1}{2}$の縮図をかきましょう。 教科書 174ページ 2

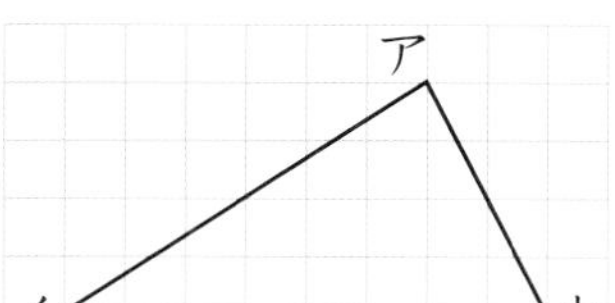

2 下の四角形アイウエの2倍の拡大図をかきましょう。 教科書 176ページ 3

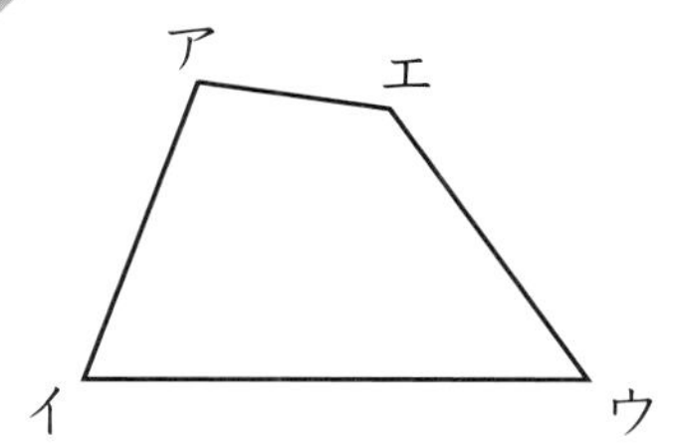

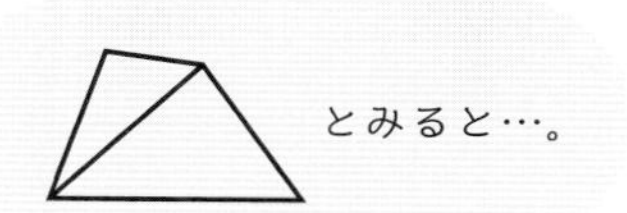

！まちがい注意

3 下の四角形ABCDについて、頂点Aを中心にして2倍にした拡大図をかきましょう。
また、頂点Aを中心にして$\frac{1}{2}$にした縮図をかきましょう。 教科書 179ページ 5

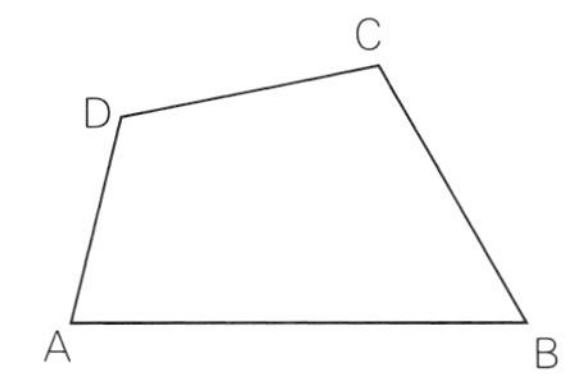

4 下のあからおで、いつも拡大図と縮図の関係になっているものをすべて選びましょう。 教科書 180ページ 6

あ 二等辺三角形　い 正三角形　う 正方形　え ひし形　お 正五角形

（　　　　）

2 四角形を2つの三角形に分ければ、三角形の拡大図と同じようにしてかくことができます。

縮図の利用

学習日　　月　　日

教科書 181〜183ページ　答え 30ページ

次の□にあてはまる数を書きましょう。

めあて 縮尺の意味がわかるようにしよう。 練習 1→

縮尺　実際の長さを縮めた割合のことを**縮尺**といいます。

縮尺には、次のような表し方があります。

① $\frac{1}{2000}$　② 1：2000　③ 0　20m

1 $\frac{1}{2000}$ の縮図で8cmの長さは、実際には何mでしょうか。

解き方 実際の長さは8cmの2000倍なので、

8×□＝□(cm)

mの単位にして答えます。　答え □m

めあて 縮図をかいて、実際の長さを求めることができるようにしよう。 練習 2 3→

縮図の利用

はかりにくいところの高さやきょりなどを、縮図をかいて求めることができます。

2 右の図のようにして、下のㇹからㇽの長さや角度を調べました。

あ　木から、はかる人までのきょり　6m
い　木を見上げる角度　25°
う　地面からはかる人の目までの高さ 120cm

木の高さ
はかる人の目までの高さ

(1) 6mを6cmとして、三角形の $\frac{1}{100}$ の縮図をかきましょう。

(2) 実際の木の高さは約何mでしょうか。

解き方 (1) 6cmの長さの辺と、いをもとにして縮図をかくと、右のようになります。

(2) 縮図で、辺ACの長さをはかると、2.8cmです。対応する実際の長さは、

2.8×100＝①□(cm)

実際の木の高さは、

②□(い)＋③□(う)＝④□(cm)

答え 約⑤□m

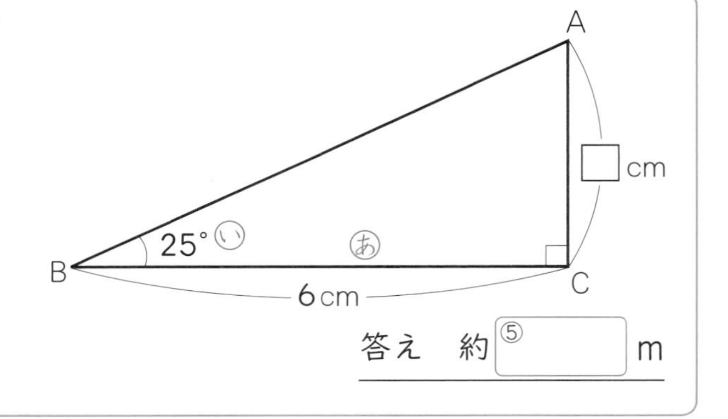

ぴったり2

練習

★できた問題には、「た」をかこう！★

できた 1　できた 2　できた 3

学習日　月　日

教科書 181～183ページ　答え 30ページ

1 次の問題に答えましょう。

教科書 181ページ 7

① 150 m の長さは、$\frac{1}{5000}$ の縮図では何 cm でしょうか。

（　　　　）

！まちがい注意

② $\frac{1}{200000}$ の縮図で6cm の長さは、実際には何 km でしょうか。

（　　　　）

2 右の図は、学校のしき地を縮図で表したものです。

教科書 181ページ 7

① 校舎の実際の横の長さは 80 m です。
この図の縮尺を分数で表しましょう。

（　　　　）

② AB、ACの実際の長さは、それぞれ何 m でしょうか。

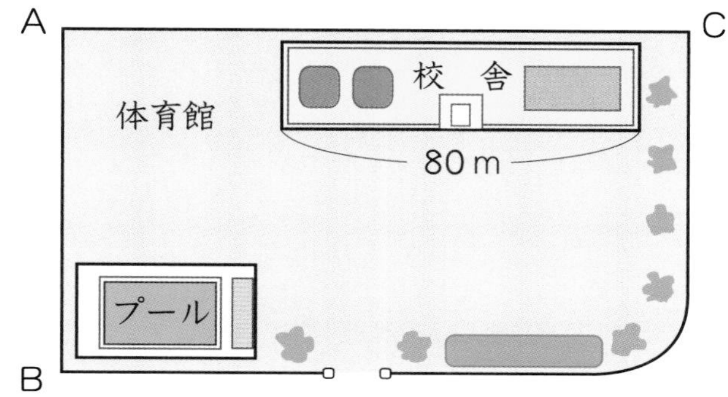

AB（　　　　）　AC（　　　　）

③ 校舎のとなりに、１辺の長さが 36 m の正方形の形をした体育館があります。
この体育館の縮図を図の中にかくには、１辺の長さを何 cm にすればよいでしょうか。

（　　　　）

3 活用 右の図のAとBの実際のきょりは何 m でしょうか。

20 m を5cm として、$\frac{1}{400}$ の縮図をかいて求めましょう。

教科書 182～183ページ

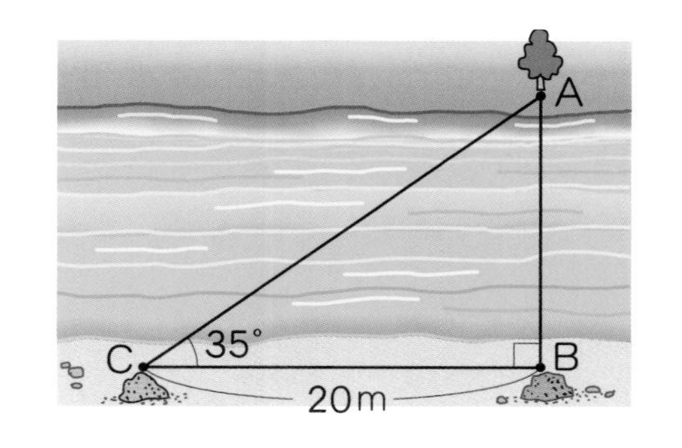

（　　　　）

ヒント　3 縮図は、5cm の辺と、両はしの 35° と 90° の角を使って、三角形をかきます。辺ＡＢに対応する辺の長さをはかりましょう。

ぴったり3

確かめのテスト

11 拡大図と縮図

教科書 170～186 ページ　答え 31 ページ

知識・技能　／68点

1 ㋐の拡大図、縮図を、下の㋑から㋖の中からすべて選びましょう。　全部できて 各6点(12点)

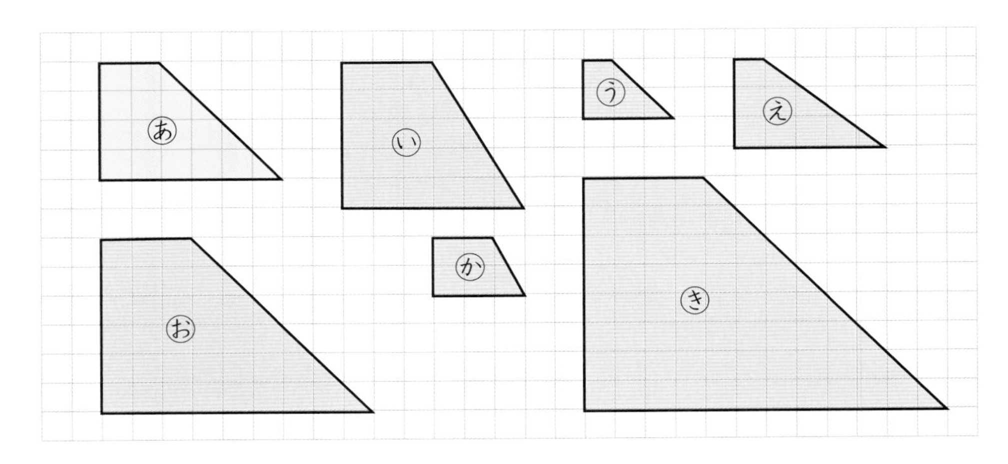

拡大図（　　　）　縮図（　　　）

2 よく出る 右のような平行四辺形の $\frac{1}{5}$ の縮図では、辺AB、辺ADに対応する辺の長さは、それぞれ何cmになるでしょうか。

また、角A、角Bに対応する角の大きさは、それぞれ何度になるでしょうか。　各6点(24点)

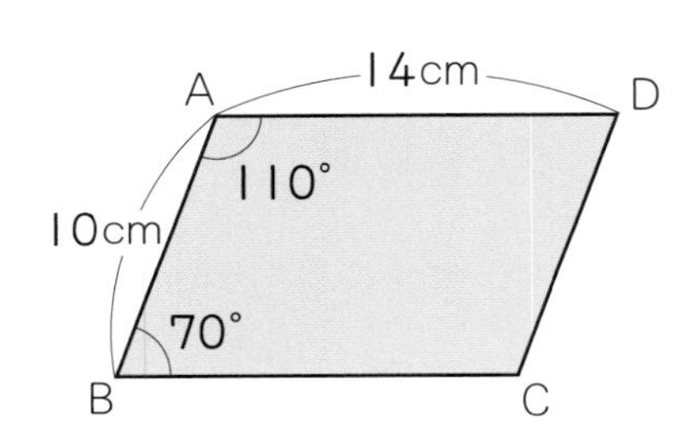

辺AB（　　　）　辺AD（　　　）　角A（　　　）　角B（　　　）

3 よく出る 下の三角形アイウの2倍の拡大図をかきましょう。

また、$\frac{1}{2}$ の縮図をかきましょう。　各8点(16点)

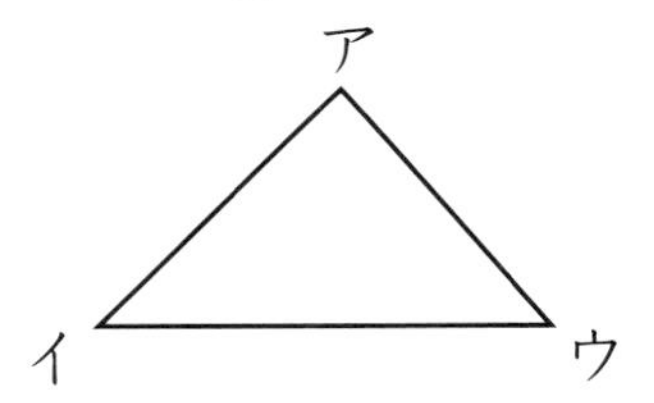

4 下の三角形ABCについて、頂点(ちょうてん)Aを中心にして3倍にした拡大図をかきましょう。
また、頂点Aを中心にして $\frac{1}{2}$ にした縮図をかきましょう。 各8点(16点)

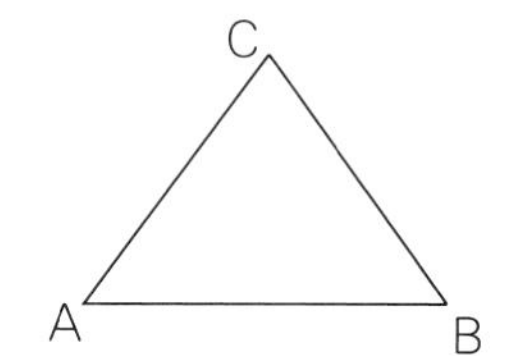

思考・判断・表現 ／32点

5 よく出る 右の図は、学校のしき地を縮図で表したものです。 各8点(32点)

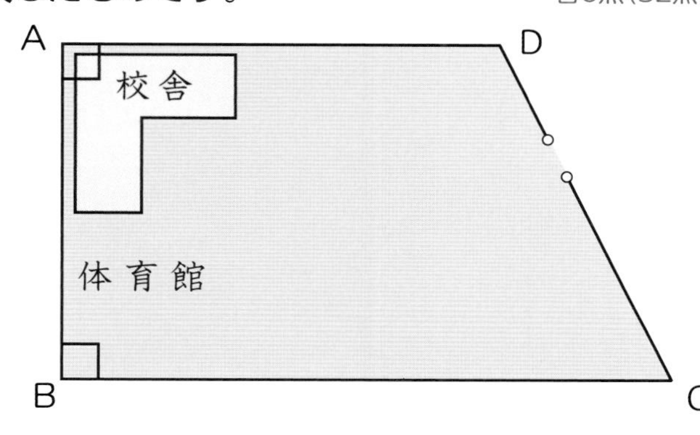

① ADの実際の長さは100mです。
この図の縮尺(しゅくしゃく)を分数で表しましょう。

(　　　　)

できたらスゴイ!
② しき地の実際の面積は何 m^2 でしょうか。

(　　　　)

③ 学校には、縦(たて)32m、横44mの長方形の形をした体育館があります。
この体育館を図の中にかくには、縦と横の長さをそれぞれ何cmにすればよいでしょうか。

縦の長さ(　　　　)　横の長さ(　　　　)

はってん　教科書 259ページ

1 ㋑は㋐の縮図で、㋒は㋐の拡大図です。

① ㋑は、㋒の何分の一の縮図でしょうか。

(　　　　)

② ㋐から㋒の面積の割合(わりあい)を、3つの数の比で表しましょう。

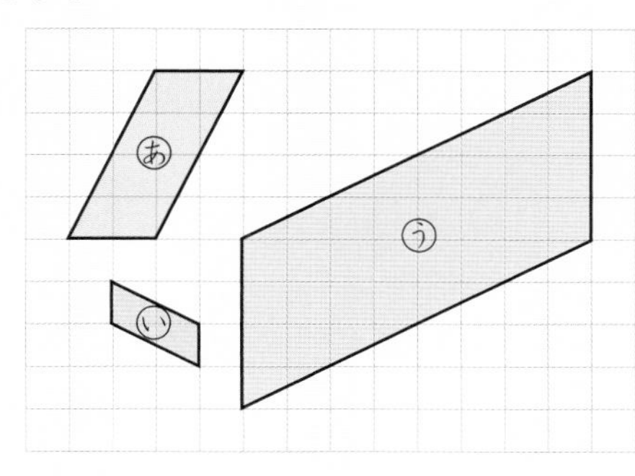

(　　　　)

◀対応する辺の方眼のめもりを数えて、何倍の拡大図か、何分の一の縮図かを調べましょう。

◀3つの量の割合は、
$a:b:c$
のように、3つの数の比で表すことができます。

ふりかえり ❶がわからないときは、82ページの❶にもどって確認(かくにん)してみよう。

およその面積／およその体積

教科書 187～189ページ　答え 32ページ

1 下の図は、東京（23区）の縮図（しゅくず）です。
この図を使って、東京（23区）のおよその面積の求め方を考えましょう。

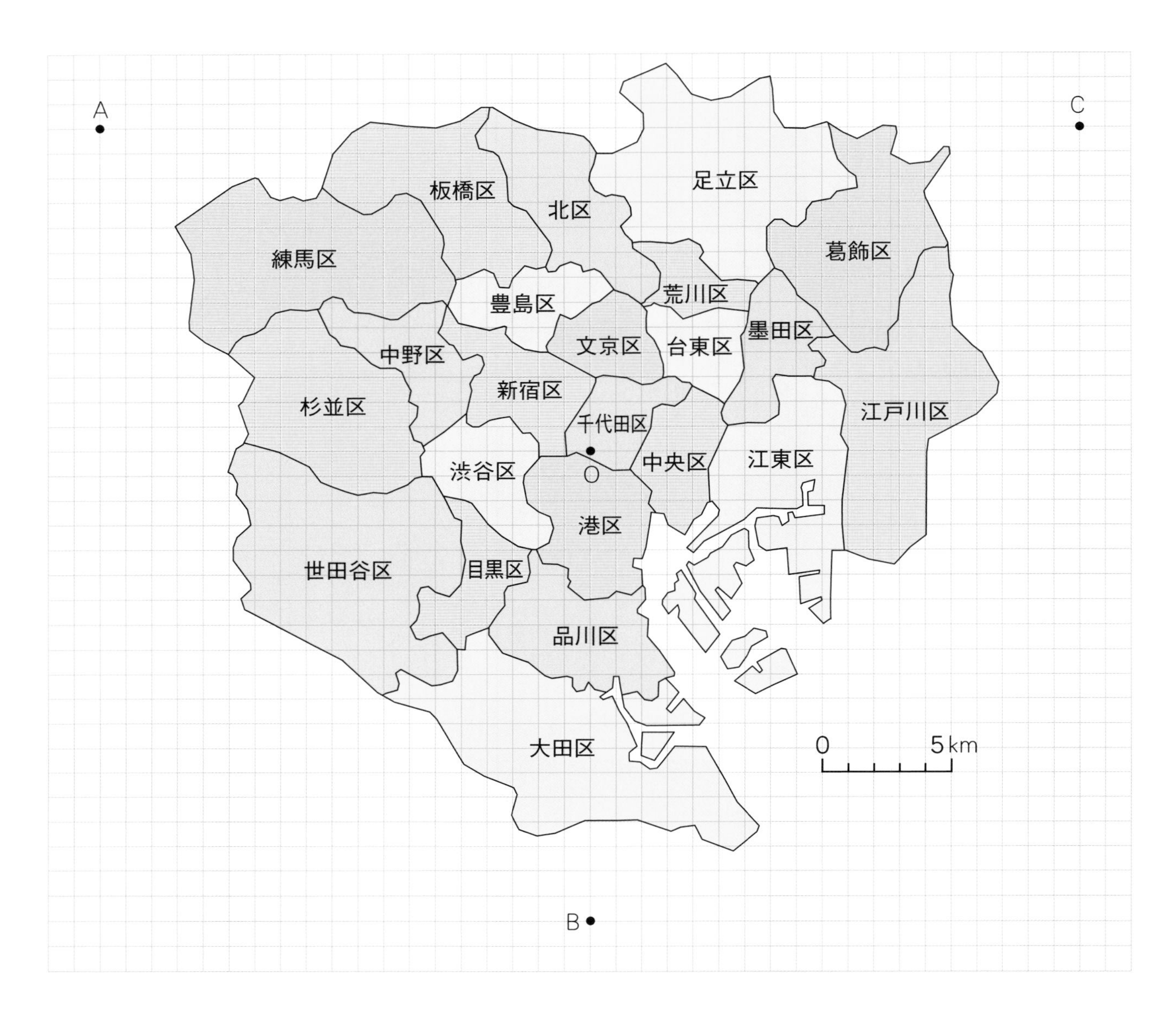

東京（23区）は、およそどんな形とみることができるでしょうか。

① 3つの点A、B、Cを頂点（ちょうてん）とする三角形とみて、およその面積を求めましょう。

（　　　　　）

② 点Oを中心とする円とみて、およその面積を求めましょう。
四捨五入して、一の位までの概数で表しましょう。

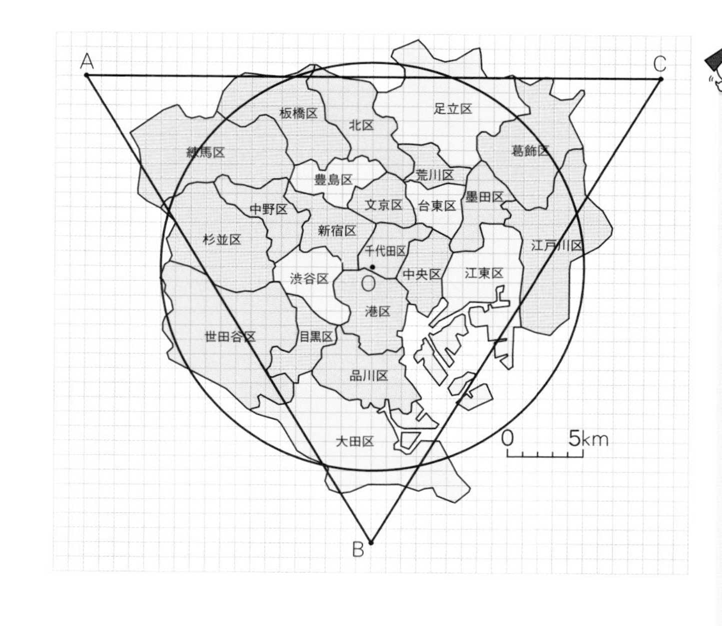

（　　　　　）

2 右のような形をしたビルを四角柱とみて、およその体積を求めましょう。

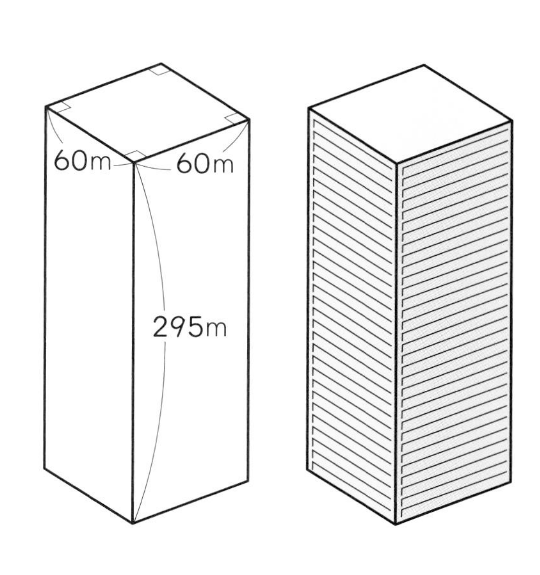

（　　　　　）

3 右のような野球場を円柱とみて、およその体積を求めましょう。
四捨五入して、上から2けたの概数で表しましょう。

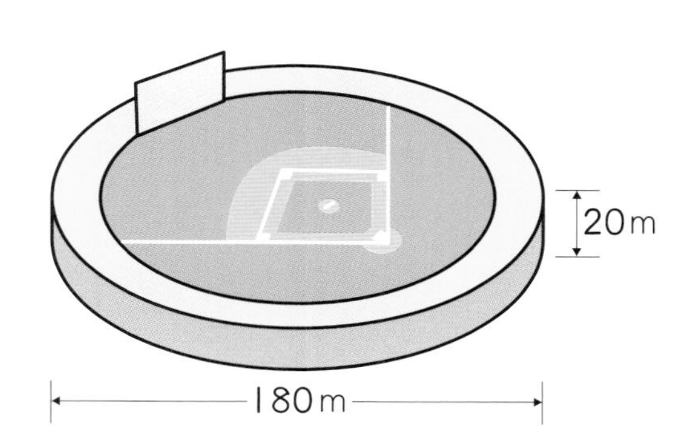

（　　　　　）

この本の終わりにある「冬のチャレンジテスト」をやってみよう！

並べ方

次の□にあてはまる数や記号を書きましょう。

めあて 並べ方や順番を調べる問題を解くことができるようにしよう。 練習 1 2 3 4 →

並べ方

並べ方は、図をかいて順序よく調べます。

1 [1]、[2]、[3]、[4]の4枚の数字カードがあります。この数字カードを1枚ずつ使って、4けたの整数をつくります。できる4けたの整数は、全部で何通りあるでしょうか。

解き方 千の位が[1]のとき、カードの並べ方は下の図のようになります。

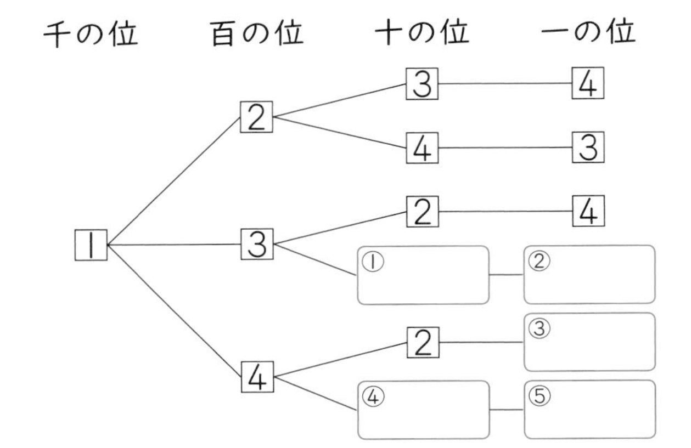

千の位が[2]、[3]、[4]のときも、それぞれ6通りの整数ができるから、
4けたの整数は全部で ⑥□ ×4＝ ⑦□ (通り)できます。

答え ⑧□ 通り

2 A、B、C、D、Eの5人の中から、班長と副班長を決めます。
班長と副班長の決め方は、全部で何通りあるでしょうか。

解き方 下のように、順序よく調べます。

班長	副班長	班長	副班長	班長	副班長	班長	副班長	班長	副班長
A	B	B	A	C	A	D	A	E	④□
	C		C		B		B		⑤□
	D		D		②□		C		⑥□
	E		①□		③□		E		⑦□

図から、班長と副班長の決め方は、全部で ⑧□ 通りあることがわかります。

答え ⑨□ 通り

ぴったり2

練習

★できた問題には、「た」をかこう！★

でき 1　でき 2　でき 3　でき 4

学習日　月　日

教科書 194〜198ページ　答え 32ページ

1 あいさん、かなさん、さやさんの3人が横1列に並んで、写真をとってもらいます。
3人の名前をⓐ、ⓚ、ⓢとして、3人の並び方をすべて書きましょう。
全部で何通りあるでしょうか。

教科書 195ページ 1

(　　　　)　(　　　　)

2 右のように㋐から㋓の部分を、赤、白、青、黄のすべての色を1色ずつ使って旗をぬります。
旗のぬり方は全部で何通りあるでしょうか。

教科書 196ページ 2

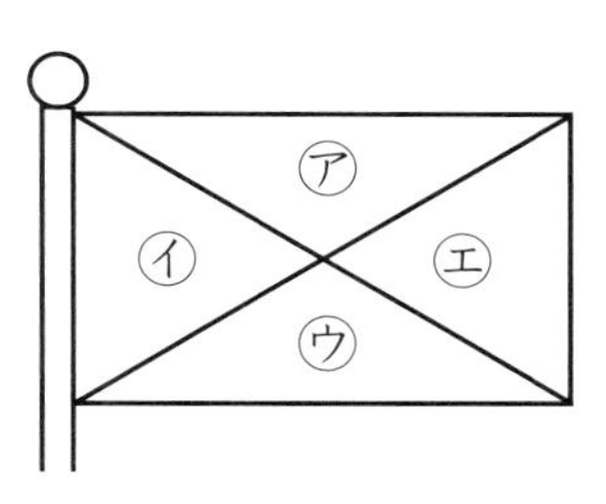

(　　　　)

3 A、B、C、Dの4人の中から、次の①、②の選び方をするとき、それぞれ全部で何通りあるでしょうか。

教科書 198ページ 3

① 発表をする2人を選んで、発表の順番を決めるとき

(　　　　)

② リレーの選手を3人選んで、走る順番を決めるとき

(　　　　)

！まちがい注意

4 0、1、2、3の4枚の数字カードがあります。
この数字カードから3枚を使って、3けたの整数をつくります。
できる3けたの整数をすべて書きましょう。全部で何通りあるでしょうか。

教科書 198ページ ◇3

(　　　　)　(　　　　)

ヒント

4 012、013などは、3けたの整数ではありません。
百の位は1、2、3のどれかです。

組み合わせ

学習日　　月　　日

教科書 199～203ページ　答え 33ページ

 次の□にあてはまる数を書きましょう。

めあて 組み合わせの問題を解くことができるようにしよう。　練習 1 2 3 4 →

組み合わせ

A－BとB－Aが同じときは、表や図を使って、組み合わせが重ならないようにしてすべての場合を調べます。

サッカーの試合なら、A－BとB－Aは同じ組み合わせだね。

1 A、B、C、D、Eの5チームでサッカーの試合をします。
どのチームとも1回ずつ試合をすることにします。
試合の組み合わせは、全部で何通りあるでしょうか。

解き方 下のような表を使って組み合わせを調べます。

A	B	C	D	E
○	○			
○		○		
○			○	
○				○
	○	○		
	○		○	
	○			○
		○	○	
		○		○
			○	○

試合をする2つのチームに○がついているよ。

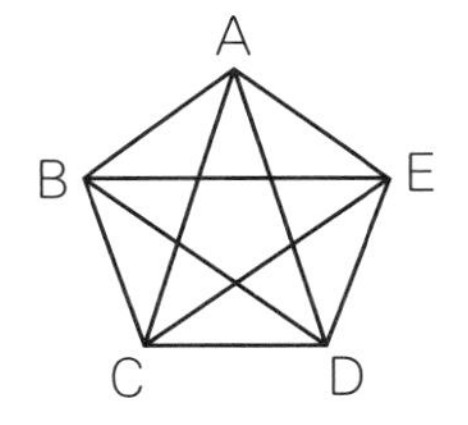

こんな図で調べることもできるよ。直線の数が組み合わせの数だね。

表から、試合の組み合わせは、全部で□通りあることがわかります。

答え □通り

2 A、B、C、Dの4人の中から、3人の当番を決めます。
(1) 3人の組み合わせを調べる表を完成させましょう。
(2) 3人の組み合わせは、全部で何通りあるでしょうか。

解き方 (1) 当番になる3人に○をつけます。

A	B	C	D
○	○	○	

(2) 表から、3人の組み合わせは、全部で□通りあることがわかります。

4人の中から3人を選ぶことは、残す1人を選ぶことと同じだね。

答え □通り

ぴったり2

練習

学習日　　月　　日

★できた問題には、「た」をかこう！★

1 できた　2 できた　3 できた　4 できた

教科書 199〜203ページ　答え 33ページ

1 A、B、Cの3チームで野球の試合をします。どのチームとも1回ずつ試合をします。
試合の組み合わせは、全部で何通りあるでしょうか。 教科書 199ページ 4

（　　　　）

2 あいさん、かなさん、さやさん、たみさんの4人の中から2人の代表を選びます。
2人の選び方は、全部で何通りあるでしょうか。 教科書 199ページ 4

（　　　　）

3 青、白、黄、緑、赤、茶の6枚(まい)の折り紙の中から5枚を選びます。
折り紙の組み合わせは、全部で何通りあるでしょうか。 教科書 201ページ 5

（　　　　）

よくよんで

4 活用 **ともこさんは、おばさんとレストランに行きました。**
それぞれ、主食と飲み物とデザートを1品ずつ注文することにしました。

教科書 203ページ

主食		飲み物		デザート	
パスタ	700円	ジュース	250円	ケーキ	250円
カレーライス	650円	スープ	200円	アイスクリーム	200円
サンドイッチ	600円	コーヒー	180円	ゼリー	180円

① ともこさんは、主食をカレーライスに決めました。
飲み物とデザートの選び方は、全部で何通りあるでしょうか。

（　　　　）

② おばさんは、主食と飲み物とデザートで1000円以下になるように選ぶことにしました。
1000円以下になる選び方は、全部で何通りあるでしょうか。

（　　　　）

ヒント
3 残す1枚を選ぶ組み合わせの問題です。
4 ② 1000円以下にするには、選べない主食があります。

⑫ 並べ方と組み合わせ

時間 30 分

／100

合格 80 点

教科書 194～205 ページ　答え 34 ページ

知識・技能　／30点

1 あきさん、かよさん、さえさんの３人の中から、学級会の議長、副議長、書記を決めます。議長、副議長、書記の決め方は、全部で何通りあるでしょうか。（10点）

（　　　）

2 よく出る A、B、C、D、E、Fの６人の中から、次の①、②の選び方をするとき、それぞれ全部で何通りあるでしょうか。各10点(20点)

① 発表する２人を選んで、発表の順番を決めるとき

（　　　）

② 当番を２人選ぶとき

（　　　）

思考・判断・表現　／70点

3 よく出る ③、④、⑤、⑥の４枚（まい）の数字カードがあります。この数字カードから３枚を使って、３けたの整数をつくります。各10点(20点)

① できる３けたの整数は、全部で何通りあるでしょうか。

（　　　）

② できる３けたの整数を大きい順に並（なら）べるとき、４番めの数はいくつになるでしょうか。

（　　　）

4 **コインを投げて、表と裏の出方を調べます。**

各10点(20点)

① ２回続けて投げるとき、表と裏の出方は全部で何通りあるでしょうか。

(　　　)

② ３回続けて投げるとき、表と裏の出方は全部で何通りあるでしょうか。

(　　　)

5 たみさん、ななさん、はなさん、まきさん、やえさんの５人の中から、テーブルを運ぶ４人を選びます。

５人の名前をⓉ、Ⓝ、Ⓗ、Ⓜ、Ⓨとして、組み合わせをすべて書きましょう。

全部で何通りあるでしょうか。

(全部できて10点)

(　　　)　(　　　)

できたらスゴイ!

6 **グミ、ポテトチップス、チョコレート、クッキー、パイの５種類のおかしがあります。**

各10点(20点)

① ５種類のおかしの中から３種類を選んでふくろに入れます。

おかしの組み合わせは、全部で何通りあるでしょうか。

(　　　)

② それぞれ１個の値段は、次のようになっています。

グミ 100円、ポテトチップス 150円、チョコレート 200円、

クッキー200円、パイ 300円

３種類を１個ずつ買い、代金が600円以下になるような選び方は、全部で何通りあるでしょうか。

(　　　)

ふりかえり　1がわからないときは、92ページの2にもどって確認してみよう。

算数を使って考えよう

算数を使って考えよう－(1)

教科書 206～209ページ　答え 36ページ

1 だいきさんは、クラスの34人に、クラス目標がどれくらい達成できていると思うか、10段階（だんかい）で点数をつけてもらいました。

下のドットプロットは、その結果です。

クラス目標の達成度調べ （6年1組　34人）

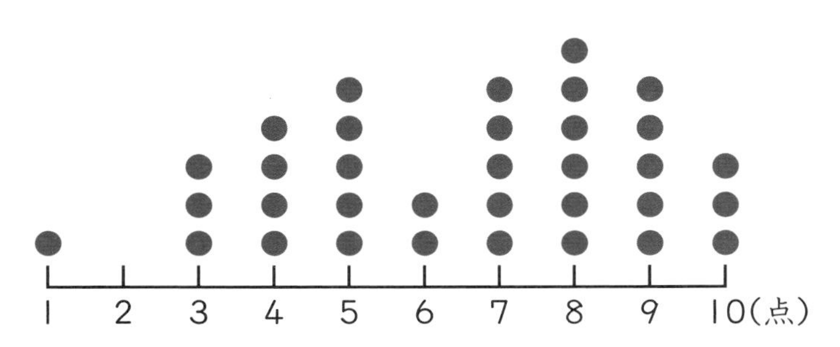

① 上のデータの平均値（ち）、最ひん値、中央値を求めましょう。

平均値（　　　）　最ひん値（　　　）　中央値（　　　）

② だいきさんは、達成度を7点と答えました。

クラス全体の中でだいきさんの点数が高いといえるのは、どの代表値を使って考えたときですか。

また、クラス全体の中でだいきさんの点数が低いといえるのは、どの代表値を使って考えたときですか。

点数が高いといえるとき（　　　）

点数が低いといえるとき（　　　）

③ だいきさんは「クラス目標は達成できている」という意見です。

□にあてはまる数を書きましょう。

8点以上の点数をつけた人の人数は、□（8点をつけた人）＋□（9点をつけた人）＋□（10点をつけた人）＝□（人）

クラス全体の人数は34人なので、8点以上の点数をつけた人の割合（わりあい）は

□（8点以上の点数をつけた人）÷□（クラス全体）＝0.411……（割合）

クラス全体の半分近くの人が8点以上の点数をつけているので、「クラス目標は達成できている」といえます。

2 **右の図で、赤い部分の面積は青い部分の面積の何倍でしょうか。**

□にあてはまる数を書きましょう。

① 計算で求めましょう。

青い部分は直径が 40 cm の円だから、

半径は、㋐□÷2=20

面積は、㋑□×㋒□×3.14=1256

また、赤い部分と青い部分を合わせた円の半径は、㋓□+㋔□=40

赤い部分の面積は、赤い部分と青い部分を合わせた円の面積から青い部分の面積をひいた面積だから、

㋕□×㋖□×3.14−1256=3768

3768÷1256=3

答え　3倍

② 式で説明しましょう。

青い部分の面積　20×20×3.14=□×3.14

赤い部分の面積　40×40×3.14−20×20×3.14=(□−□)×3.14

（赤い部分と青い部分を合わせた円の面積）（青い部分の面積）

=1200×3.14

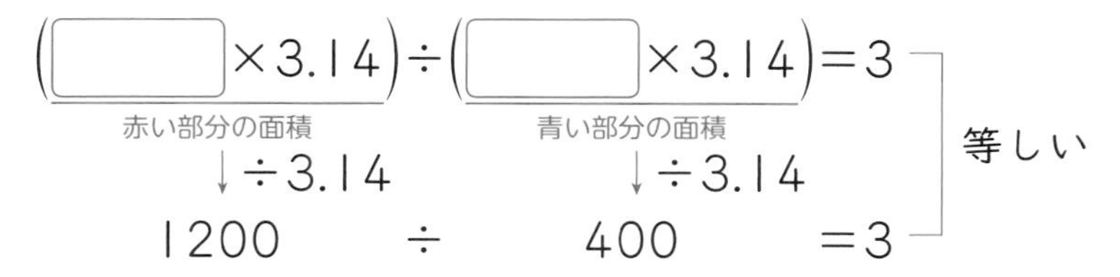

(□×3.14)÷(□×3.14)=3

3 **かすみさんたちは、お楽しみ会の準備をしています。お楽しみ会の参加者には、メダルをわたす予定です。**

① メダルは全部で 90 個作ります。

メダルを 1 個作るのに 6 分かかるとします。

30 分で全部のメダルを作り終えるには、何人で作ればよいでしょうか。

(　　　　　)

② メダル 5 個の重さをはかったら、35 g でした。

今できているメダルを全部まとめて、300 g の箱に入れてはかったら 867 g でした。

どのメダルもすべて同じ重さとすると、メダルは何個できたと考えられるでしょうか。

(　　　　　)

学習日　　月　　日

算数を使って考えよう

算数を使って考えよう－(2)

答え　36ページ

1 けいすけさんの学校で１年間に起こったけがについて、次の問題に答えましょう。

① けががいちばん多く起こった場所は、学校のどこでしょうか。

けがが起こった時間・場所・けがの種類

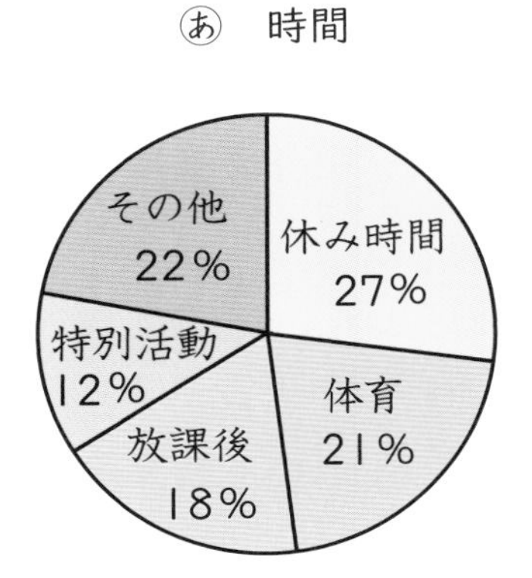

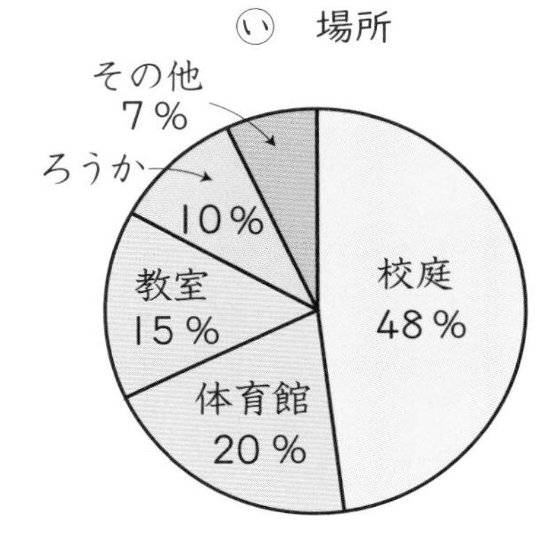

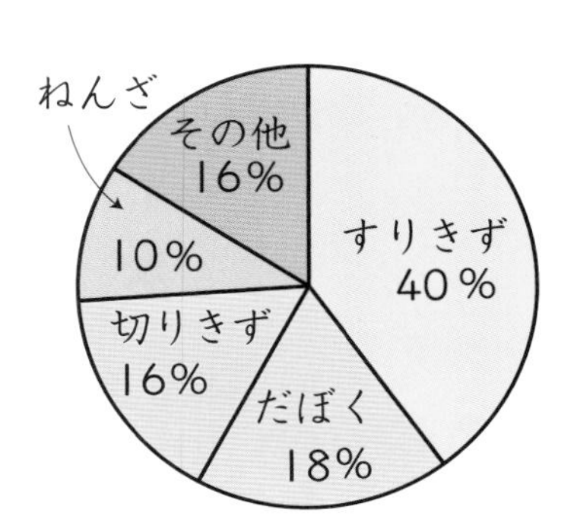

（　　　　）

② 下の表の[　　]に入る数は、何を表しているでしょうか。
表の中の言葉を使って書きましょう。

けがの種類と時間　　（人）

種類＼時間	休み時間	体育	放課後	特別活動	その他	合計
すりきず	72	50	49	29	64	264
だぼく	35	19	29	11	29	123
切りきず	30	22	19	12	27	110
ねんざ	13	23	9	8	11	64
その他	26	30	12	22	19	109
合計	176	144	118	82	150	670

（　　　　　　　　）

③ ②の表の[　]の部分の数を使ってかいた円グラフは、①のあからうのどれでしょうか。

（　　　　）

2 右の図のような縦(たて)が１cm、横が２cm の長方形のカードがあります。

このカードを、いろいろな大きさの板に、はみ出さないように、すきまなくしきつめます。

例えば、縦が４cm、横が２cm の長方形の板にカードをすきまなくしきつめるとき、下のあ、いのようなしきつめ方があります。

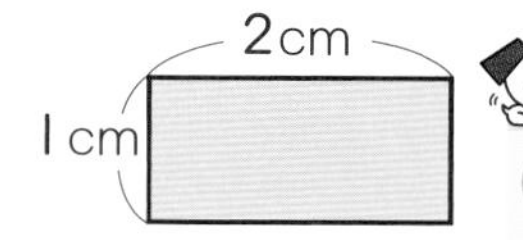

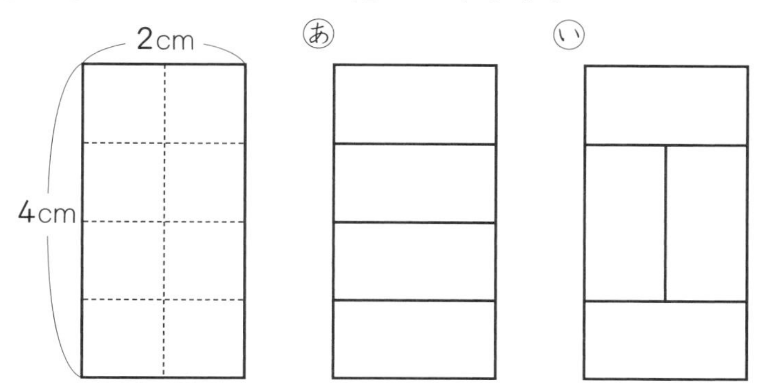

① 下のような縦が３cm、横が４cm の長方形の板に、カードをすきまなくしきつめます。どのようなしきつめ方があるでしょうか。下の図の┈┈をなぞって、２通りかきましょう。

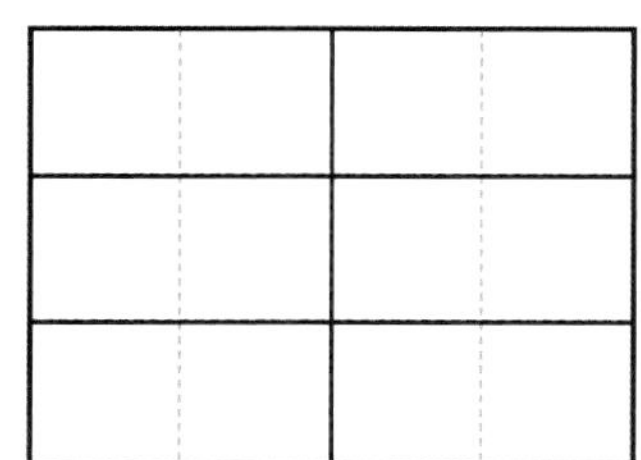

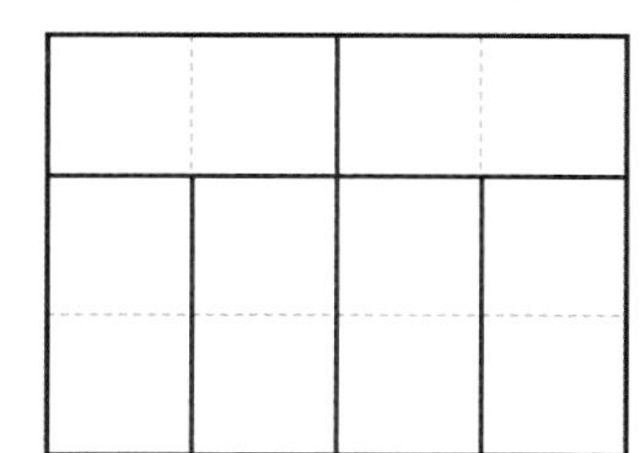

② 縦が３cm、横が４cm の長方形の板にカードをすきまなくしきつめるには、カードは何枚(まい)必要でしょうか。

（　　　　）

③ １辺が４cm の正方形の板にカードをすきまなくしきつめるには、カードは何枚必要でしょうか。

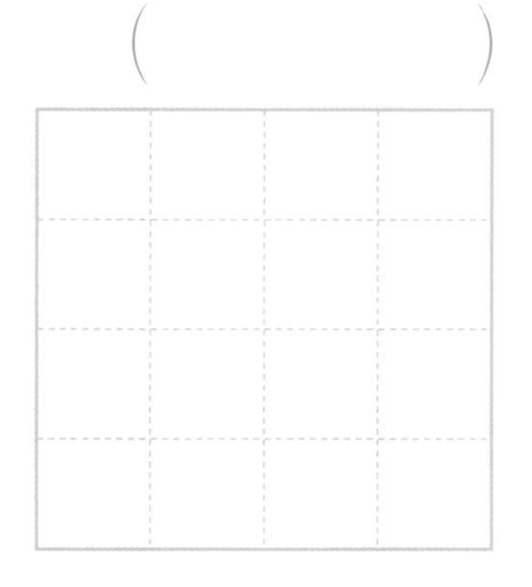

④ １辺が５cm の正方形の板に、カードをすきまなくしきつめることができるでしょうか。

（　　　　）

⑤ カードをすきまなくしきつめられない板はどれでしょうか。すべて選びましょう。

㋐ １辺が６cm の正方形の板
㋑ １辺が７cm の正方形の板
㋒ 縦が３cm、横が５cm の長方形の板
㋓ 縦が３cm、横が６cm の長方形の板
㋔ 縦が４cm、横が６cm の長方形の板

（　　　　）

この本の終わりにある「春のチャレンジテスト」をやってみよう！

学習日　　月　　日

時間 20 分　　／100　合格 80 点

算数のまとめ

数のしくみ－(1)

教科書 216 ページ　答え 37 ページ

1 □にあてはまる数を書きましょう。　全部できて 各6点(18点)

① 5602＝
1000×㋐□＋100×㋑□
＋10×㋒□＋1×㋓□

② 4.079＝1×㋐□＋0.1×㋑□
＋0.01×㋒□＋0.001×㋓□

③ 0.038＝1×㋐□＋0.1×㋑□
＋0.01×㋒□＋0.001×㋓□

2 次の数を書きましょう。　各6点(24点)

① 9400 億の 10 倍の数

(　　　)

② 5兆の $\frac{1}{100}$ の数

(　　　)

③ 0.09 の 100 倍の数

(　　　)

④ 1.03 の $\frac{1}{10}$ の数

(　　　)

3 下の数直線で、次の数を表すめもりに↓をかきましょう。　各6点(18点)

① $\frac{3}{10}$　② 0.7　③ $1\frac{2}{5}$

0　1　2

4 四捨五入(ししゃごにゅう)して、(　)の中の位までの概数(がいすう)で表しましょう。　各8点(40点)

① 91702　(百の位)

(　　　)

② 37296　(千の位)

(　　　)

③ 181600　(一万の位)

(　　　)

④ 4950128　(十万の位)

(　　　)

⑤ 74630291　(百万の位)

(　　　)

数のしくみー(2)

学習日　月　日

時間20分　／100　合格80点

教科書 217ページ　答え 37ページ

1 (　)の中の数の最小公倍数を求めましょう。　各5点(10点)

① (5、3)　② (10、12、15)

(　　)　(　　)

2 (　)の中の数の最大公約数を求めましょう。　各5点(10点)

① (12、30)　② (18、27、45)

(　　)　(　　)

3 [1]、[2]、[3]、[4]の4枚(まい)の数字カードがあります。この数字カードを使って、整数をつくります。　各5点(20点)

① できる2けたの奇数(きすう)を全部書きましょう。

(　　)

② できる2けたの偶数(ぐうすう)を全部書きましょう。

(　　)

③ できる3けたの整数で、いちばん小さい奇数を書きましょう。

(　　)

④ できる4けたの整数で、いちばん大きい偶数を書きましょう。

(　　)

4 約分しましょう。　各5点(20点)

① $\frac{4}{8}$　② $\frac{15}{21}$

(　　)　(　　)

③ $\frac{24}{32}$　④ $2\frac{45}{75}$

(　　)　(　　)

5 (　)の中の分数を通分しましょう。　各5点(20点)

① $\left(\frac{1}{2}、\frac{7}{10}\right)$　② $\left(\frac{1}{6}、\frac{2}{15}\right)$

(　　)　(　　)

③ $\left(\frac{3}{8}、\frac{11}{12}\right)$　④ $\left(\frac{2}{3}、\frac{3}{4}、\frac{5}{6}\right)$

(　　)　(　　)

6 数の大小を比べて、□に不等号を書きましょう。　各5点(20点)

① $\frac{3}{5}$ □ $\frac{4}{7}$　② $\frac{2}{3}$ □ $\frac{5}{8}$

③ 0.8 □ $\frac{5}{6}$　④ $2\frac{3}{7}$ □ 2.4

算数のまとめ

計算ー(1)

学習日　　月　　日

教科書 218〜219 ページ　答え 37 ページ

1 整数の計算をしましょう。　各4点(24点)

① 350＋496

② 500－174

③ 362×85

④ 4170×290

⑤ 742÷53

⑥ 6090÷406

2 小数の計算をしましょう。　各4点(24点)

① 2.98＋5.4

② 3－0.61

③ 5.4×3.26

④ 0.82×7.15

⑤ 16.8÷4.8

⑥ 61.36÷2.95

3 商は四捨五入(ししゃごにゅう)して、上から2けたの概数(がいすう)で求めましょう。　各6点(12点)

① 5.93÷0.4

② 9.45÷2.8

4 15.4 m のロープを 3.7 m ずつ切っていきます。

3.7 m のロープは何本できて、何 m あまるでしょうか。　(8点)

(　　　　　　　　　　)

5 9 m の針金(はりがね)を6等分すると、1本分の長さは何 m になるでしょうか。

小数と分数で求めましょう。　各4点(8点)

小数 (　　　　)　分数 (　　　　)

6 分数の計算をしましょう。　各6点(24点)

① $\frac{3}{8}+\frac{7}{10}$

② $2\frac{1}{9}+1\frac{5}{6}$

③ $3\frac{1}{4}-1\frac{2}{3}$

④ $2\frac{7}{18}-1\frac{1}{3}+\frac{8}{9}$

算数のまとめ

計算ー(2) 計算のきまりと式

時間 20 分　／100　合格 80 点

教科書 219～220 ページ　答え 38 ページ

1 分数の計算をしましょう。 各6点(24点)

① $\frac{4}{5}\times\frac{7}{8}$

② $1\frac{1}{9}\times2\frac{7}{10}$

③ $\frac{5}{12}\div\frac{3}{8}$

④ $\frac{3}{4}\times1\frac{5}{7}\div2\frac{1}{7}$

2 分数のかけ算になおして計算しましょう。 各6点(12点)

① $1\frac{1}{3}\times1.8$

② $\frac{6}{7}\div5.4\times2.1$

3 次の問題に答えましょう。 各7点(14点)

あ 4×2.1　い $3\times\frac{5}{6}$　う $\frac{1}{3}\times\frac{3}{2}$

え $5\div0.8$　お $\frac{3}{7}\div6$　か $\frac{1}{5}\div\frac{4}{3}$

① あからうで、積がかけられる数より小さくなる式はどれでしょうか。

(　　　)

② えからかで、商がわられる数より大きくなる式はどれでしょうか。

(　　　)

4 計算をしましょう。 各6点(12点)

① $(72-15\times4)\div3$

② $12\times5-96\div4$

5 右のように並(なら)んだご石の数を求めます。

次の式に合う図を、下のあからうの中から選びましょう。 各7点(14点)

① 3×4　② $4\times4-2\times2$

(　　　)　(　　　)

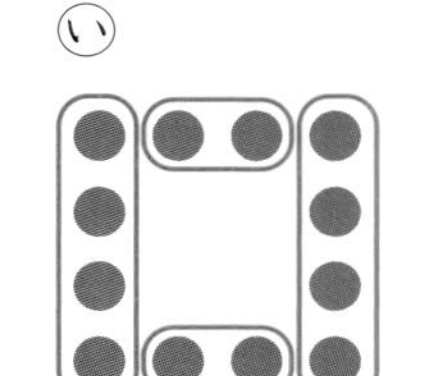

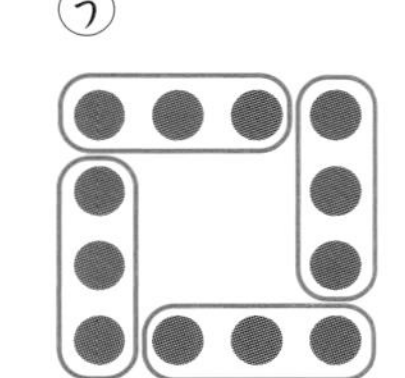

6 次の①、②を文字を使った式に表し、答えを求めましょう。 式・答え 各6点(24点)

① 1000 mL の牛乳(ぎゅうにゅう)を x mL 飲んだら、残りは 780 mL になりました。

飲んだ牛乳は何 mL でしょうか。

式

答え (　　　)

② 定価 a 円の服が 980 円で売られています。これは、定価の 70 % の値段(ねだん)です。

この服の定価は何円でしょうか。

式

答え (　　　)

算数のまとめ

平面図形ー(1)

学習日　　月　　日

時間 20 分　　/100　合格 80 点

教科書 221〜222 ページ　答え 39 ページ

1 次のような四角形をかきましょう。 (12点)

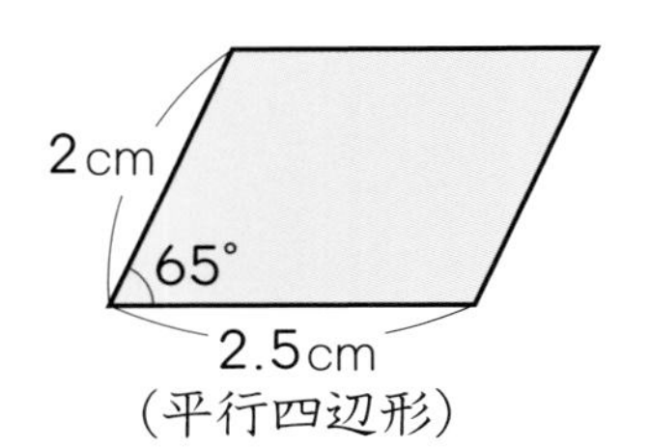

(平行四辺形)

2 下の三角形と合同な三角形を、3つの辺の長さを使ってかきましょう。 (12点)

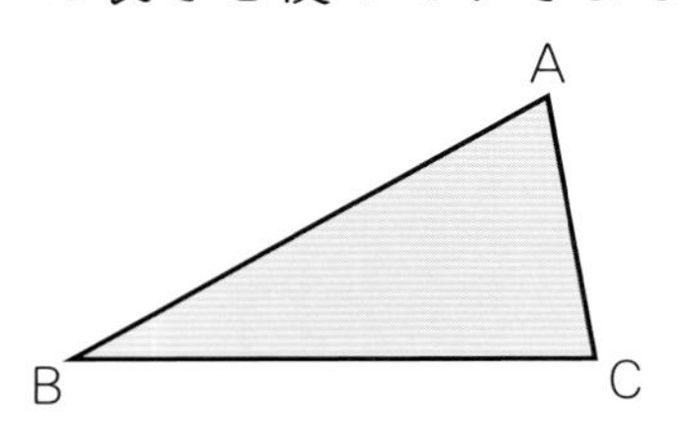

3 下のあからおの角度を求めましょう。 各6点(30点)

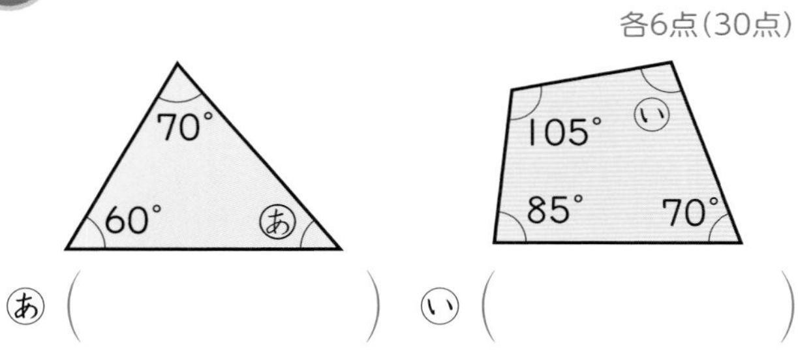

あ(　　　　)　い(　　　　)

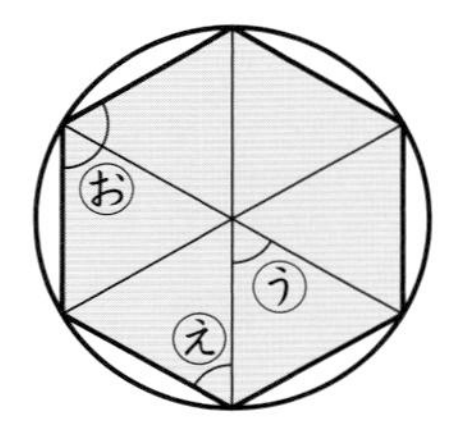

(正六角形)

う(　　　)　え(　　　)　お(　　　)

4 次のような図形の周りの長さを求めましょう。 式・答え 各5点(20点)

①

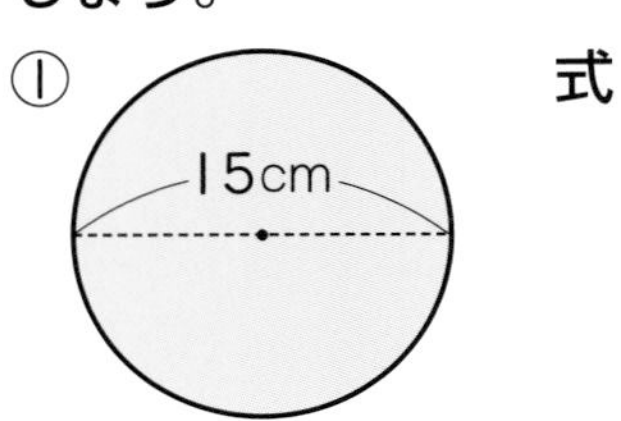

式

答え(　　　　)

②

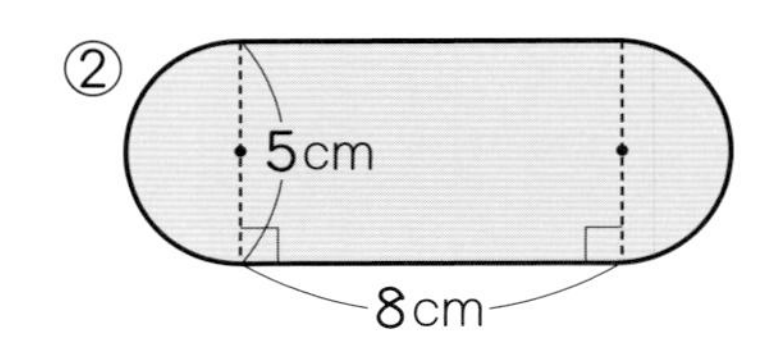

式

答え(　　　　)

5 ①は直線アイを対称(たいしょう)の軸(じく)とした線対称な図形を、②は点Oを対称の中心とした点対称な図形をかきましょう。 各13点(26点)

①

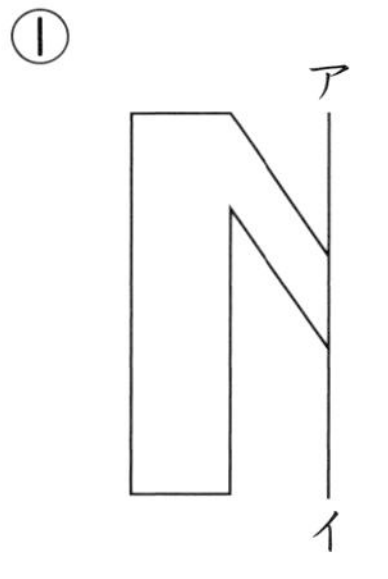

②

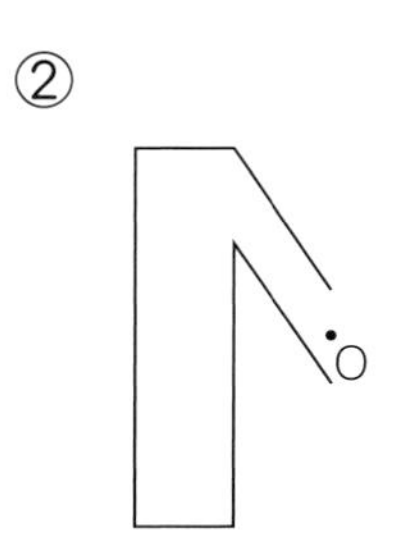

算数のまとめ

平面図形－(2) 立体図形

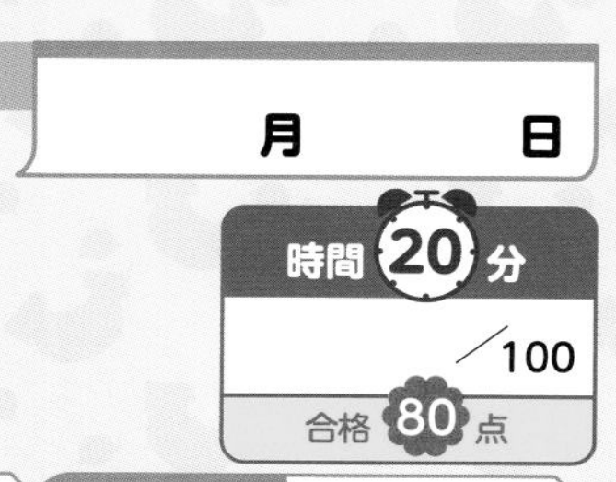

教科書 222～223 ページ　答え 39 ページ

1 下の図は、公園のしき地を $\frac{1}{500}$ の縮図で表したものです。

ABの実際の長さは何mでしょうか。

式・答え 各8点(16点)

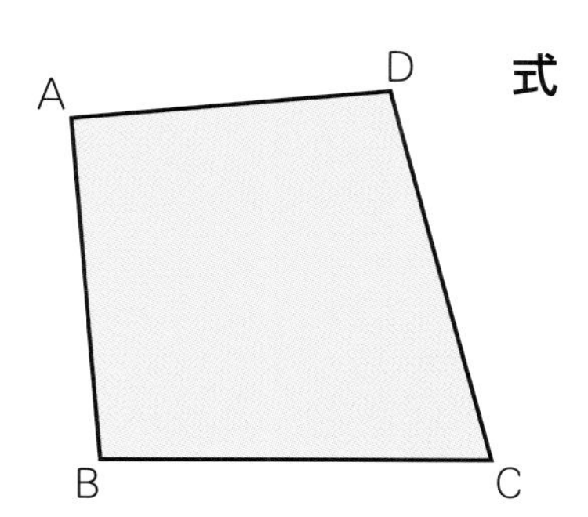

式

答え（　　　）

2 下の直方体について、次の面や辺をすべて答えましょう。

各10点(40点)

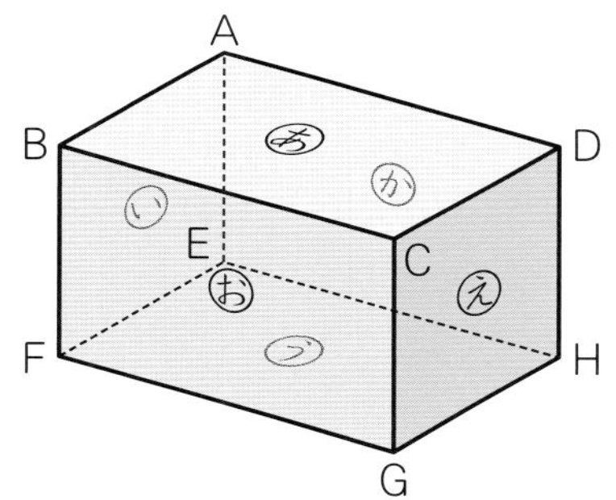

① 面あと垂直な面

（　　　）

② 面いと平行な面

（　　　）

③ 辺EFと平行な辺

（　　　）

④ 辺BCと平行な面

（　　　）

3 下の展開図を組み立ててできる立方体について、次の面、辺、頂点をすべて答えましょう。

各10点(30点)

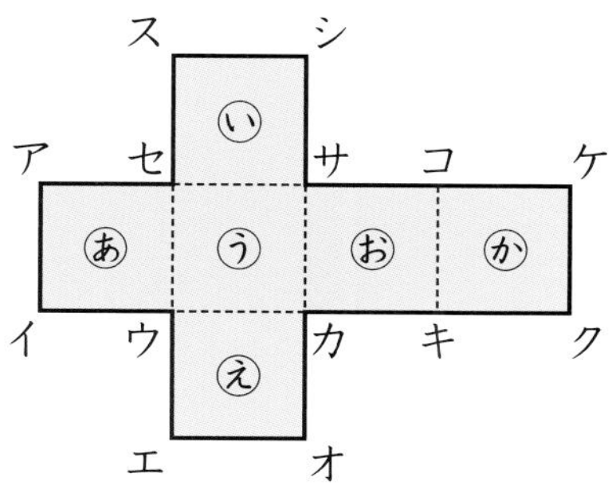

① 面うと平行な面（　　　）

② 辺カキと重なる辺（　　　）

③ 頂点クと重なる頂点

（　　　）

4 下のような四角柱の展開図をかきましょう。

(14点)

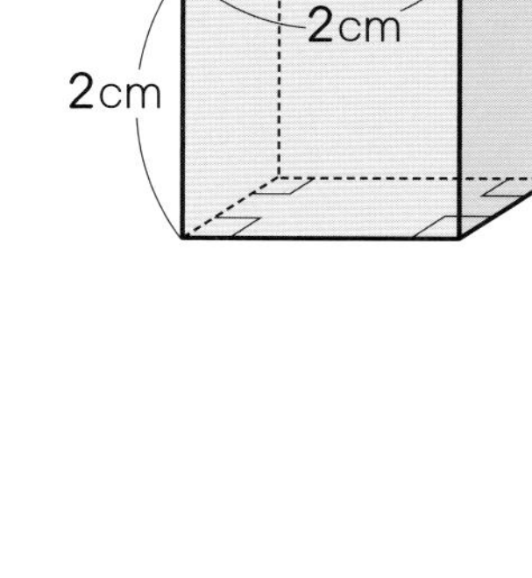

算数のまとめ

面積、体積

教科書 224～225ページ　答え 40ページ

1 次のような図形の面積を求めましょう。

式・答え 各5点(30点)

①

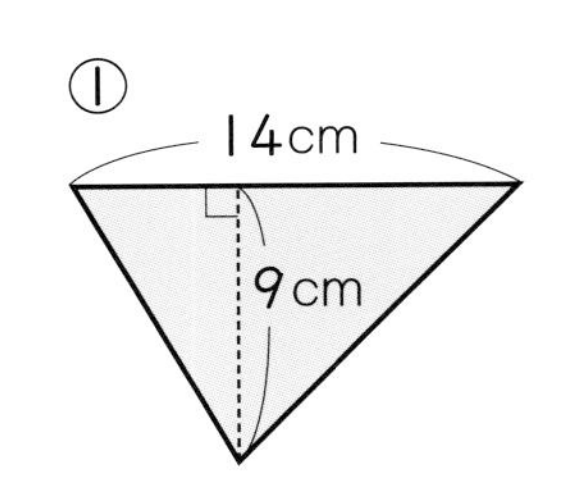

式

答え（　　　）

②

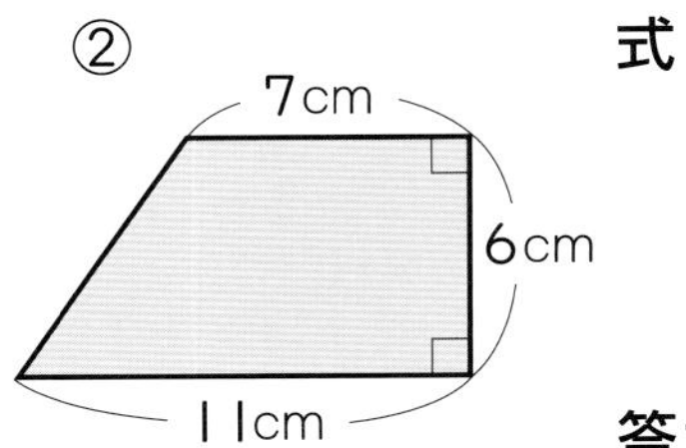

式

答え（　　　）

③

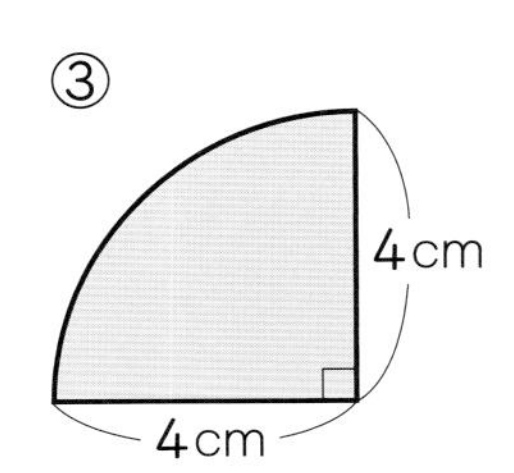

式

答え（　　　）

2 次のような図形の、色がついた部分の面積を求めましょう。

各10点(20点)

①

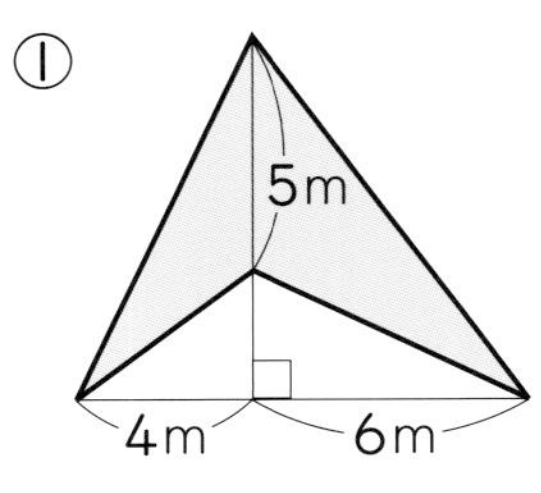

（　　　）

②

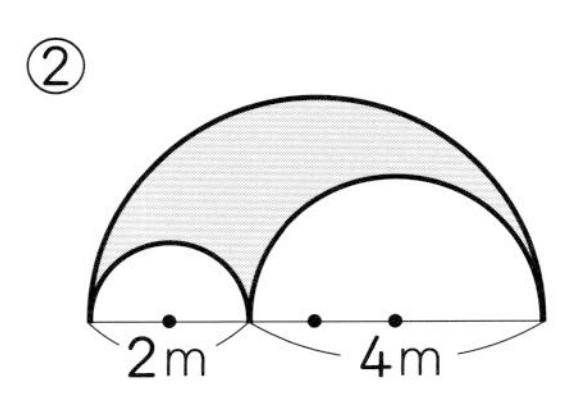

（　　　）

3 面積が 224 m² の長方形の形をした土地があります。この土地の横の長さは 28 m です。

縦(たて)の長さは何 m でしょうか。

式・答え 各5点(10点)

式

答え（　　　）

4 縦 60 cm、横 70 cm、高さ 20 cm の直方体の水そうがあります。

この水そういっぱいに水を入れると、水は何 L 入るでしょうか。 式・答え 各5点(10点)

式

答え（　　　）

5 次のような角柱や円柱の体積を求めましょう。

各10点(30点)

①

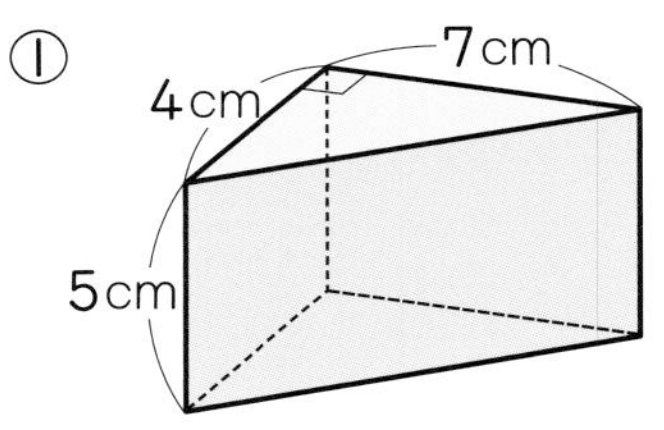

（　　　）

②

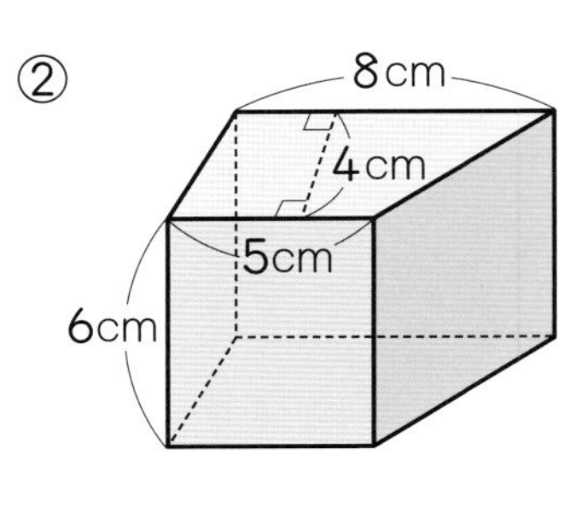

（　　　）

③

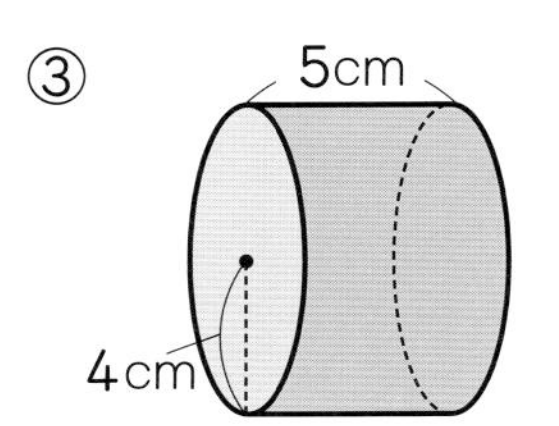

（　　　）

算数のまとめ

量と単位 比例と反比例

学習日　月　日

時間 20 分　／100　合格 80 点

教科書 226〜227 ページ　答え 40 ページ

1 □にあてはまる数を書きましょう。

各4点(32点)

① 20 cm＝□ m

② 3 m^2＝□ cm^2

③ 5 ha＝□ a

④ 200000 m^2＝□ km^2

⑤ 1080 g＝□ kg

⑥ 4 t＝□ kg

⑦ 600 cm^3＝□ L

⑧ 9.7 m^3＝□ cm^3

2 □にあてはまる単位を書きましょう。

各4点(32点)

① 教科書の横の長さ　18 □

② プールの縦の長さ　25 □

③ ビルの高さ　150 □

④ 人口衛星が飛ぶ高さ　400 □

⑤ 500 円玉 1 枚(まい)の重さ　7 □

⑥ 米 1 ふくろの重さ　10 □

⑦ ノートの面積　450 □

⑧ 体育館の面積　900 □

3 下の①、②は、y が x に比例や反比例する関係を表したものです。

表のあいているところに、あてはまる数を書きましょう。　全部できて 各6点(12点)

① 底面積が 25 cm^2 の三角柱の高さ x cm と体積 y cm^3

高さ x(cm)	1	2	3	4	
体積 y(cm^3)					

② 面積が 6 cm^2 のひし形の 1 本の対角線の長さ x cm ともう 1 本の対角線の長さ y cm

対角線 x(cm)	1	2	3	4	
対角線 y(cm)					

4 次の場面について、x と y の関係を式に表し、比例しているか、反比例しているかを答えましょう。

全部できて 各8点(24点)

① 正方形の 1 辺の長さ x cm と周りの長さ y cm

(　　　　)

(　　　　)している。

② 面積が 60 m^2 の長方形の縦の長さ x m と横の長さ y m

(　　　　)

(　　　　)している。

③ 1 個 50 円の消しゴムを x 個買ったときの代金 y 円

(　　　　)

(　　　　)している。

算数のまとめ

数量の変化と関係

教科書 228〜229 ページ　答え 40 ページ

1 かずきさん、ななさん、まなぶさんの3人の算数テストの平均点は 82 点です。

あやかさんの点数が 88 点のとき、4人の算数テストの平均点は何点になるでしょうか。

式・答え 各5点(10点)

式

答え（　　　　）

2 下の表は、A市とB市の人口（じんこう）と面積を表したものです。　式・答え 各5点(20点)

人口と面積

	人口(人)	面積(km^2)
A市	78200	92
B市	89600	108

① A市の人口密度（じんこうみつど）を求めましょう。

式

答え（　　　　）

② B市の人口密度を、四捨五入（ししゃごにゅう）して上から2けたの概数（がいすう）で求めましょう。

式

答え（　　　　）

3 時速 48 km で自動車が走っています。

各5点(10点)

① この自動車の分速は何 m でしょうか。

（　　　　）

② 35 分間では何 km 進むでしょうか。

（　　　　）

4 小数や分数で表された割合（わりあい）を百分率で、百分率で表された割合を小数で表しましょう。

各5点(20点)

① 0.5　　② $\frac{3}{8}$

（　　　　）（　　　　）

③ 9％　　④ 108％

（　　　　）（　　　　）

5 □にあてはまる数を書きましょう。

各5点(20点)

① 8 kg は 20 kg の□％です。

② 400 g の 60％の重さは□g です。

③ 1200 m は□m の 75％です。

④ 850 円の 20％引きの値段（ねだん）は□円です。

6 次の比を簡単（かんたん）にしましょう。　各5点(20点)

① 16：48　　② 1.8：4.5

（　　　　）（　　　　）

③ 3.5：2　　④ 1：$\frac{3}{7}$

（　　　　）（　　　　）

算数のまとめ

表とグラフ

学習日　　月　　日

時間20分　／100　合格80点

教科書 230〜231ページ　答え 41ページ

1 ①から④を表すグラフとして適しているものを下から選びましょう。　各6点(24点)

棒（ぼう）グラフ　折れ線グラフ
帯グラフ　柱状グラフ

① 都道府県別じゃがいもの生産高の割合

(　　　　)

② ある都市の１年間の気温の変化

(　　　　)

③ アジアの国別人口

(　　　　)

④ 日本の年令別人口

(　　　　)

2 下のグラフは、４つの小学校の児童数の割合の変化を表したものです。　各7点(14点)

	0〜				(%)
平成元年（合計2200人）	A小学校 (0〜25)	B小学校 (25〜45)	C小学校 (45〜70)	D小学校 (70〜100)	
平成30年（合計1800人）	A小学校 (0〜25)	B小学校 (25〜50)	C小学校 (50〜80)	D小学校 (80〜100)	

① 平成元年と平成30年では、B小学校の児童数の割合はどのように変わったでしょうか。

(　　　　)

② 平成30年のA小学校の児童数は何人でしょうか。

(　　　　)

3 下の表は、しょうさんが４月から９月までの間に読んだ本の冊数（さっすう）を１か月ごとに記録したものです。
代表値（ち）をそれぞれ求めましょう。　各7点(14点)

月	4	5	6	7	8	9
冊数(冊)	3	2	3	6	8	5

① 平均値　(　　　　)

② 最ひん値　(　　　　)

4 下の表は、しょうさんの学校の６年生が、先週と今週に図書室を利用したかどうかを調べたものです。　①全部できて 各12点(36点)

図書室を利用した人調べ　(人)

		今週 利用した	今週 利用していない	合計
先週	利用した		㋐ 14	43
先週	利用していない	19		28
合計				㋑

① 表のあいているところに、あてはまる数を書きましょう。

② 表の㋐、㋑に入る数は、それぞれ何を表しているでしょうか。

㋐ (　　　　)

㋑ (　　　　)

5 青、赤、黄、白、緑の５種類のペンキの中から４種類を選んで買います。
買う色の組み合わせは、全部で何通りあるでしょうか。　(12点)

(　　　　)

付録の「計算せんもんドリル」20〜32もやってみよう！

数学へのとびら

学習日　　月　　日

方眼にかいた正方形

教科書 233ページ　答え 42ページ

1 右の方眼にかいた四角形について調べましょう。

① 正方形であることを説明します。

□にあてはまる言葉や数を書きましょう。

［説明］ 周りの4つの白い直角三角形は、2つの辺の長さ(1cmと3cm)と、その間の角(90°)の大きさが等しいから ㋐□ です。

合同な三角形の対応(たいおう)する辺の長さは等しいから、右下の図で、AB＝BC＝CD＝DA ……(1)

三角形の3つの角の大きさの和は ㋑□° だから、

あといの角度の和は、

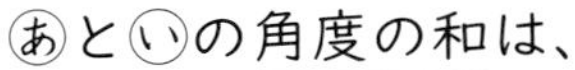

㋒□°−90°＝90°

いの角度とうの角度は等しいから、あとうの角度の和も90°になります。

えの角度は、180°−㋓□°＝90°

同じように調べると、四角形の4つの角はすべて90°になります。 ……(2)

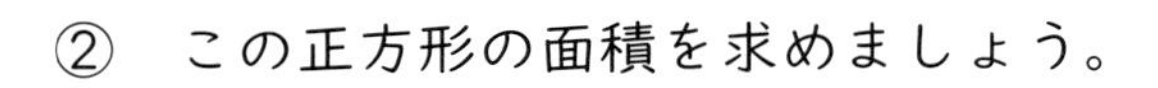

(1)と(2)から、4つの辺の長さがすべて ㋔□、4つの角がすべて直角だから、方眼にかいた四角形は ㋕□ です。

② この正方形の面積を求めましょう。

(　　　　　)

はってん

③ この正方形の1辺の長さを考えます。

1辺の長さが3cmの正方形の面積は、9cm^2 なので、上の正方形の1辺の長さは3cmより少し長そうです。

電たくを使って、同じ数を2回かけて、答えが10に近くなる数を探(さが)しましょう。

(　　　　　)

夏のチャレンジテスト

教科書 11〜87ページ

月　日
名前

時間 40分

合格80点　／100

答え42ページ

知識・技能　／70点

1 下のあからかの式の文字 a は、0でない同じ数を表しています。　各2点(4点)

あ　$a \times 0.8$　　い　$a \times 11$　　う　$a \times 1$

え　$a \div 2.7$　　お　$a \div 0.3$　　か　$a \div 1$

① あからうで、積が a より小さくなるものを選びましょう。

（　　　　）

② えからかで、商が a より大きくなるものを選びましょう。

（　　　　）

2 次の数の逆数を求めましょう。　各2点(4点)

① $\frac{4}{9}$　　② 1.3

（　　　　）　（　　　　）

3 下の図で、線対称（せんたいしょう）な図形はどれでしょうか。また、点対称な図形はどれでしょうか。　各3点(6点)

あ 
い
う 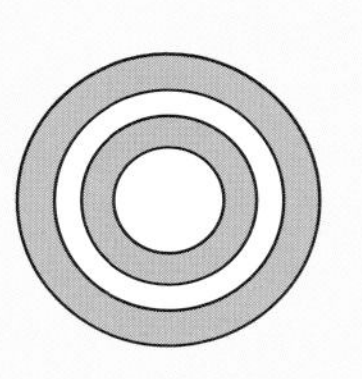

え 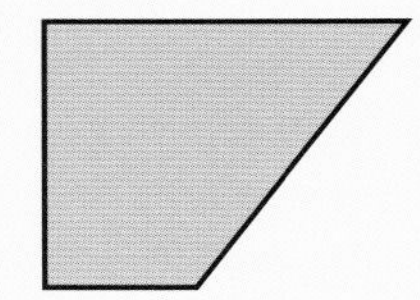
お 
か 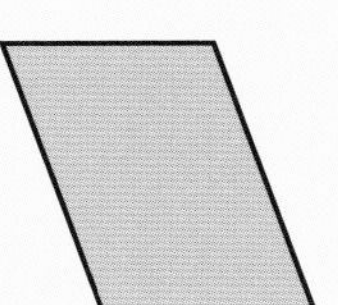

線対称 （　　　　）　点対称 （　　　　）

4 計算をしましょう。　各3点(18点)

① $\frac{3}{7} \times 2$　　② $\frac{4}{15} \times 10$

③ $1\frac{3}{8} \times 6$　　④ $\frac{5}{6} \div 4$

⑤ $\frac{21}{20} \div 14$　　⑥ $1\frac{7}{9} \div 8$

5 計算をしましょう。　各3点(15点)

① $\frac{4}{5} \times \frac{1}{3}$　　② $\frac{3}{8} \times \frac{5}{9}$

③ $1\frac{3}{4} \times 2\frac{2}{7}$　　④ $1.6 \times \frac{5}{6}$

⑤ $\frac{9}{10} \times \frac{5}{2} \times \frac{8}{15}$

うらにも問題があります。

6 計算をしましょう。 各3点(15点)

① $\frac{5}{7}\div\frac{2}{3}$

② $\frac{5}{12}\div\frac{3}{10}$

③ $2\frac{1}{4}\div1\frac{7}{8}$

④ $3.6\div\frac{6}{5}$

⑤ $\frac{9}{14}\div\frac{3}{8}\div\frac{6}{7}$

7 ①は線対称な図形です。対称の軸(じく)をすべてかき入れましょう。

②は点対称な図形です。対称の中心をかき入れましょう。

各2点(4点)

①

②

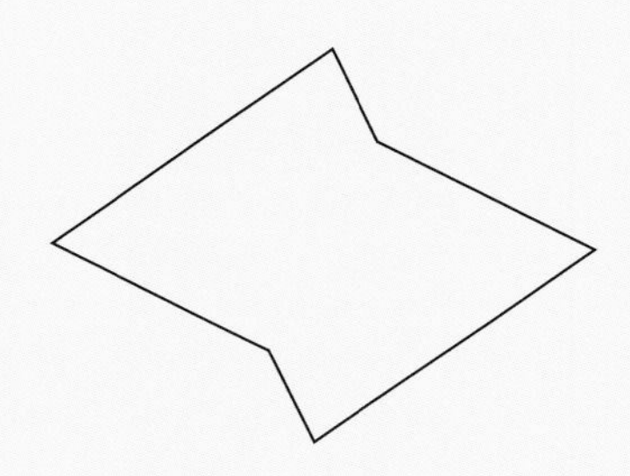

8 直線アイを対称の軸とした線対称な図形と、点Oを対称の中心とした点対称な図形をかきましょう。 各2点(4点)

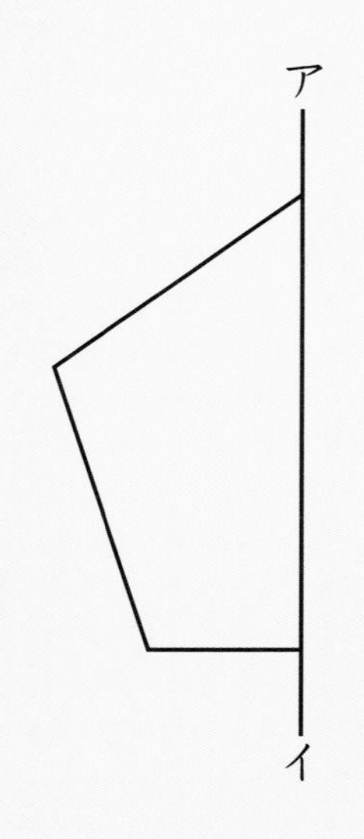

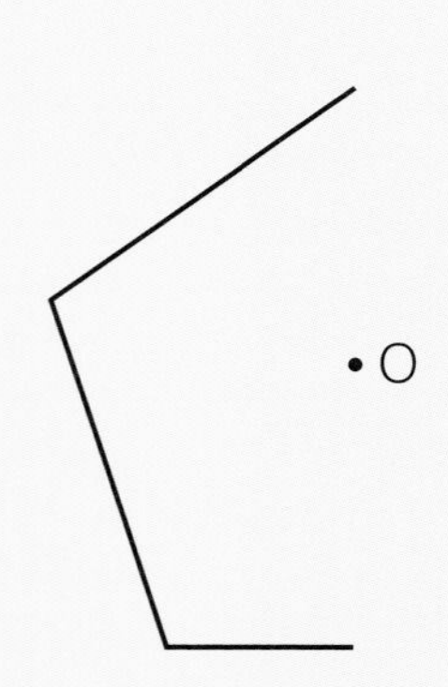

思考・判断・表現 ／30点

9 くしだんごを7本買って1000円だしたら、おつりは440円でした。

くしだんご1本の値段(ねだん)は何円でしょうか。

くしだんご1本の値段をx円として式に表して、答えを求めましょう。 式・答え 各3点(6点)

式

答え（　　　）

10 縦(たて)$1\frac{1}{4}$m、横$1\frac{1}{5}$m、高さ$\frac{2}{3}$mの直方体の体積は何m^3でしょうか。 式・答え 各3点(6点)

式

答え（　　　）

11 畑を$1\frac{7}{8}$ha耕しました。これは、畑全体の$\frac{3}{4}$の面積です。

畑全体の面積は何haでしょうか。 式・答え 各3点(6点)

式

答え（　　　）

12 時速11kmでサイクリングをします。

40分間サイクリングをすると、何km進むでしょうか。

式・答え 各3点(6点)

式

答え（　　　）

13 お茶がやかんに$1\frac{2}{3}$L、水とうに$\frac{5}{6}$L入っています。

やかんのお茶の量は、水とうのお茶の量の何倍でしょうか。

式・答え 各3点(6点)

式

答え（　　　）

冬のチャレンジテスト

教科書 88〜193ページ

月　日

名前

時間 40分

合格80点　／100

答え43ページ

知識・技能　／82点

1 下のあからうで、比例しているものと反比例しているものを選びましょう。　各3点(6点)

あ 面積が$6cm^2$の長方形の、縦(たて)の長さ$x$cmと横の長さ$y$cm

縦 x(cm)	1	2	3	4
横 y(cm)	6	3	2	1.5

い 周りの長さが14cmの長方形の、縦の長さ$x$cmと横の長さ$y$cm

縦 x(cm)	1	2	3	4
横 y(cm)	6	5	4	3

う 縦の長さが6cmの長方形の、横の長さ$x$cmと面積$y\,cm^2$

横 x(cm)	1	2	3	4
面積 $y(cm^2)$	6	12	18	24

比例（　　）　反比例（　　）

2 次の2つの量の割合(わりあい)を比で表しましょう。　各3点(6点)

① 3mと5m　② 15kgと8kg

（　　）　（　　）

3 あの拡大図(かくだいず)、縮図(しゅくず)を、下のいからおの中から選びましょう。　各3点(6点)

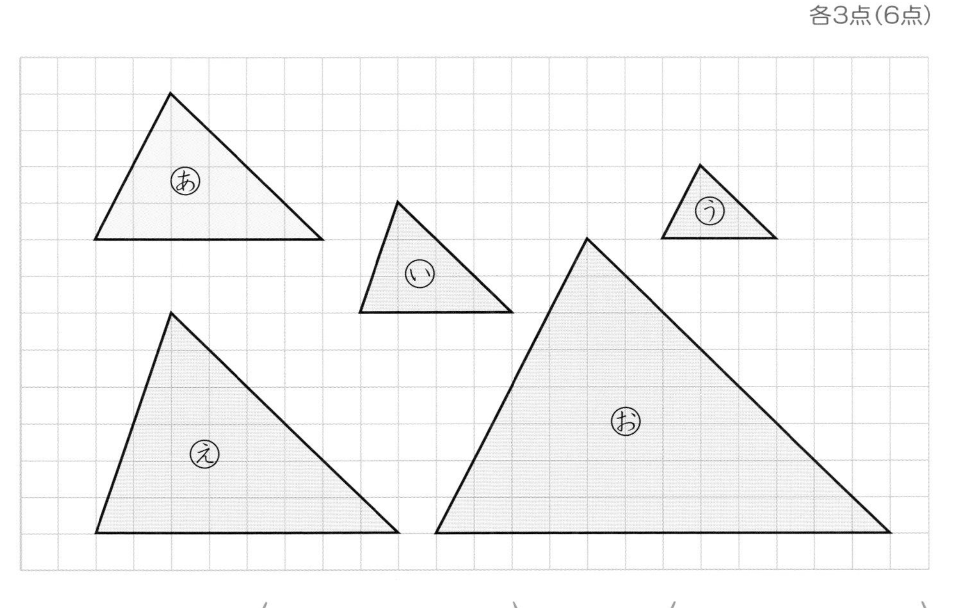

拡大図（　　）　縮図（　　）

4 次のような図形の面積を求めましょう。　式・答え 各3点(12点)

①

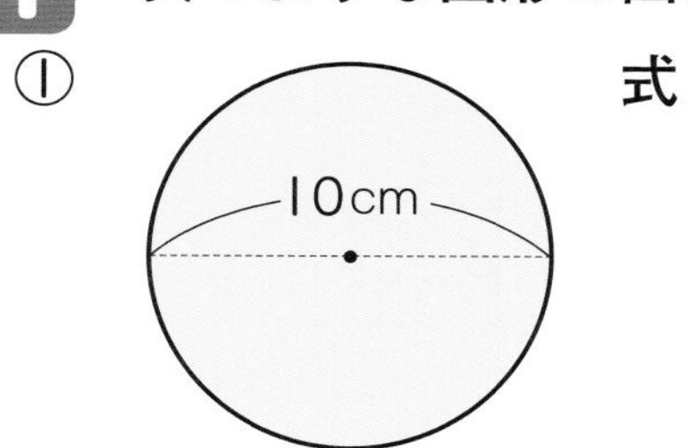

式

答え（　　）

②

8cm

式

答え（　　）

5 正七角形の1辺の長さ$x$cmと周りの長さ$y$cmの関係を調べます。　①全部できて 各3点(9点)

1辺の長さ x(cm)	1	2	3	4	5
周りの長さ y(cm)	7				

① 表のあいているところに、あてはまる数を書きましょう。

② xとyの関係を式に表しましょう。

（　　）

③ xとyの関係をグラフに表しましょう。

y(cm) 正七角形の1辺の長さと周りの長さ

40
30
20
10
0　1　2　3　4　5 x(cm)

6 18mのリボンをx人で等分したときの1人分の長さymの関係を調べます。　①全部できて 各3点(6点)

人数 x(人)	1	2	3	4	5
1人分の長さ y(m)					3.6

① 表のあいているところに、あてはまる数を書きましょう。

② xとyの関係を式に表しましょう。

（　　）

うらにも問題があります。

7 次のような角柱や円柱の体積を求めましょう。

式・答え 各3点(12点)

①

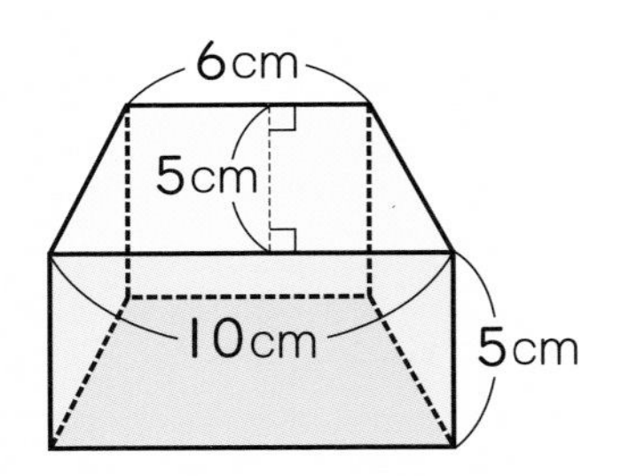

式

答え (　　　　)

②

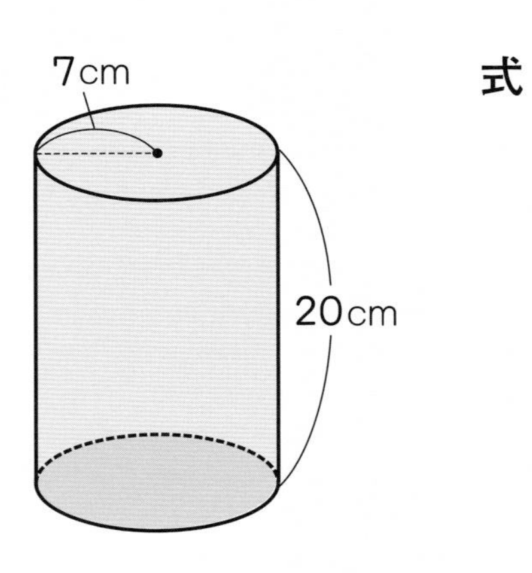

式

答え (　　　　)

8 次の比を簡単(かんたん)にしましょう。

各3点(12点)

① 4：10 (　　　　)

② 35：14 (　　　　)

③ 0.2：0.08 (　　　　)

④ $\frac{5}{6}:\frac{7}{9}$ (　　　　)

9 下の表は、あきらさんの組の男子の握力(あくりょく)測定の記録です。

各4点(8点)

握力測定の記録

番号	握力(kg)	番号	握力(kg)	番号	握力(kg)	番号	握力(kg)
1	21	6	16	11	18	16	20
2	19	7	18	12	25	17	21
3	24	8	23	13	19	18	17
4	17	9	23	14	14	19	18
5	20	10	21	15	22	20	24

① 平均値(ち)を求めましょう。

(　　　　)

② 上のデータを、度数分布表に整理しましょう。

握力測定の記録

握力(kg)	人数(人)
10 以上～15 未満	
15　～20	
20　～25	
25　～30	
合　計	

10 下の三角形ＡＢＣについて、頂点(ちょうてん)Ａを中心にして２倍にした拡大図をかきましょう。

(5点)

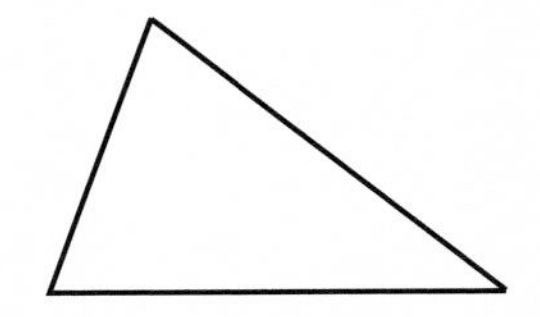

思考・判断・表現　／18点

11 次の問題に答えましょう。

各3点(6点)

① 縦と横の長さの比が３：４の長方形があります。

縦の長さを 24 cm にするとき、横の長さは何 cm にすればよいでしょうか。

(　　　　)

② ひとみさんのクラスの人数は 39 人で、男子と女子の人数の比は６：７です。

ひとみさんのクラスの女子の人数は何人でしょうか。

(　　　　)

12 右のような図形の、色がついた部分の面積を求めましょう。

式・答え 各3点(6点)

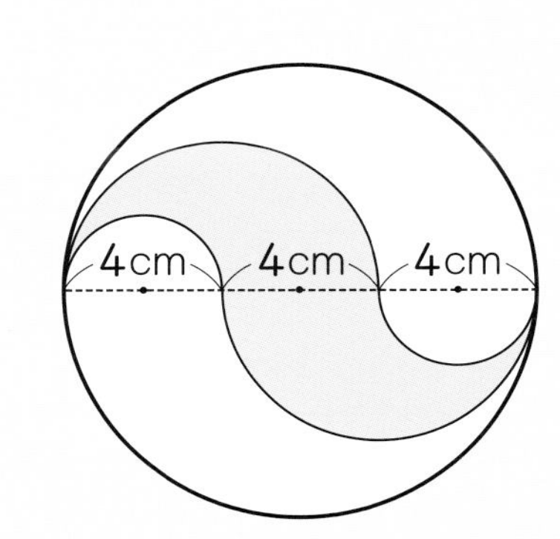

式

答え (　　　　)

13 下のような展開図(てんかいず)を組み立ててできる立体の体積は何 cm^3 でしょうか。

式・答え 各3点(6点)

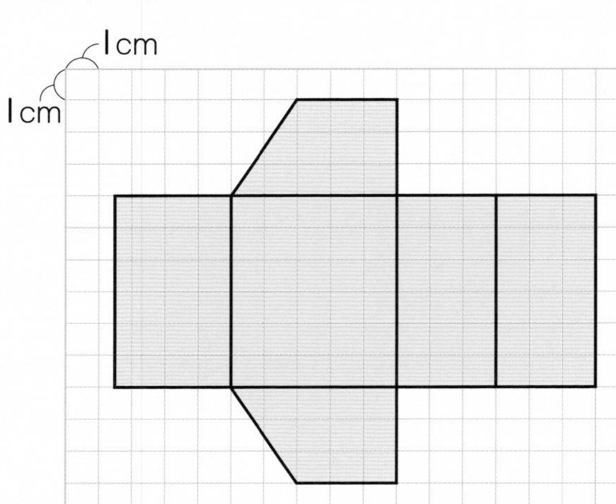

式

答え (　　　　)

（切り取り線）

春のチャレンジテスト

教科書 194～245ページ

月　日

名前

時間 40分

合格80点　／100

答え45ページ

知識・技能　／50点

1 さつきさん、しおりさん、すみれさん、せりなさんの4人が1列に並(なら)びます。

4人の名前をⓢ、ⓛ、ⓢ、ⓢとして、並び方をすべて書きましょう。（5点）

（　　）

2 たつきさん、なおやさん、はるとさん、まさしさんの4人でうでずもうをします。

全員と1回ずつうでずもうをするとき、4人の名前をⓣ、ⓝ、ⓗ、ⓜとして、2人の組み合わせをすべて書きましょう。（5点）

（　　）

3 **3**、**5**、**8**の3枚(まい)の数字カードがあります。

次の方法で整数をつくるとき、それぞれ全部で何通りあるでしょうか。各5点(10点)

① 2枚のカードを使って、2けたの整数をつくる

（　　）

② 3枚のカードを使って、3けたの整数をつくる

（　　）

4 メダルを投げて、表と裏(うら)の出方を調べます。各5点(10点)

① 2回続けて投げるとき、表と裏の出方は全部で何通りあるでしょうか。

（　　）

② 3回続けて投げるとき、表と裏の出方は全部で何通りあるでしょうか。

（　　）

5 いちご、もも、ぶどう、オレンジ、パイナップルの5種類のくだものの中から何種類かを選んで、フルーツポンチを作ります。各5点(10点)

① くだものの名前をⓘ、ⓜ、ⓑ、ⓞ、ⓟとして、2種類選ぶときの組み合わせをすべて書きましょう。

（　　）

② 4種類選ぶときの組み合わせは全部で何通りあるでしょうか。

（　　）

6 A、B、C、D、Eの5人の中から、次の選び方をするとき、それぞれ全部で何通りあるでしょうか。各5点(10点)

① 班長(はんちょう)と会計を選ぶ（　　）

② 当番を2人選ぶ（　　）

うらにも問題があります。

（切り取り線）

思考・判断・表現 ／50点

7

[0]、[2]、[3]、[5]の４枚の数字カードがあります。

全部できて 各7点(14点)

① この数字カードから２枚を使って、２けたの整数をつくります。
できる２けたの整数をすべて書きましょう。全部で何通りあるでしょうか。

(　　　　　　　　)

(　　　　)通り

② この数字カードから４枚を使って、４けたの整数をつくります。
できる４けたの整数をすべて書きましょう。全部で何通りあるでしょうか。

(　　　　　　　　)

(　　　　)通り

8

１円玉、５円玉、10円玉、50円玉、100円玉、500円玉が１枚(まい)ずつあります。

各6点(12点)

① この中から２枚を取り出してできる金額をすべて書きましょう。

(　　　　　　　　)

② この中から５枚を取り出してできる金額をすべて書きましょう。

(　　　　　　　　)

9

りかこさんは、お姉さんとハンバーガーショップに来ています。
バーガーとサイドメニューとドリンクをそれぞれ１品ずつ注文することにしました。

各6点(24点)

バーガー		
ハンバーガー、	チーズバーガー、	フィッシュバーガー
160円	210円	300円
サイドメニュー		
ポテト、	サラダ、	ナゲット
180円	250円	200円
ドリンク		
コーラ、	オレンジジュース、	ウーロン茶
130円	150円	120円

① ポテトをサイドメニューにするとき、どのような選び方があるでしょうか。
それぞれのメニューを、㋩、㋠、㋫、㋭、㋚、㋤、㋙、㋔、㋒としてすべて書きましょう。

(　　　　　　　　)

② メニューの選び方は、全部で何通りあるでしょうか。

(　　　　)

③ 代金がいちばん安くなるのは、どのような選び方ですか。

(　　　　　　　　)

④ お姉さんは、代金が500円以下になるように選んでいます。
代金が500円以下になる選び方は全部で何通りあるでしょうか。

(　　　　)

6年 算数のまとめ 学力診断テスト

月　日

名前

時間 40分

合格80点　／100

答え48ページ

1 次の計算をしましょう。

各3点(18点)

① $\frac{4}{5}\times\frac{7}{6}$　② $3\times\frac{2}{9}$

③ $\frac{12}{5}\div\frac{4}{3}$　④ $0.3\div\frac{3}{20}$

⑤ $\frac{6}{7}\times\frac{3}{4}\times\frac{8}{9}$　⑥ $\frac{3}{8}\div\frac{5}{6}\times\frac{4}{5}$

2 次の表は、ある棒の重さ y kg が長さ x m に比例するようすを表したものです。

表のあいているところに、あてはまる数を書きましょう。

各3点(9点)

x (m)	①	2	5	6	
y (kg)	0.6	②	3	③	

3 右のような形をした池があります。この池のおよその面積を求めるためには池をおよそどんな形とみなせばよいですか。次のあ～えの中から1つ選んで、記号で答えましょう。

(3点)

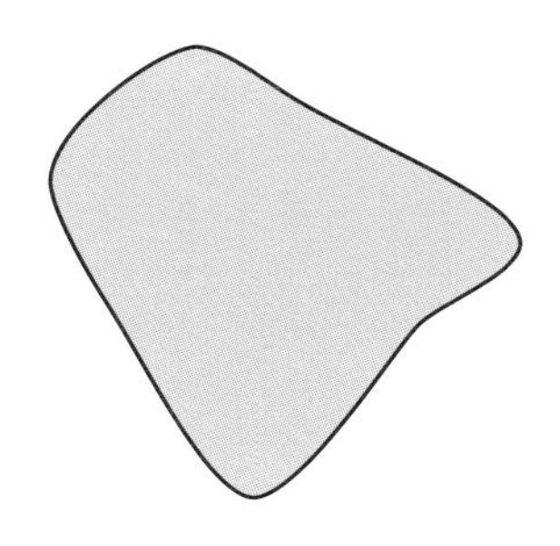

あ 三角形　い 正方形

う ひし形　え 台形

（　　　）

4 色をつけた部分の面積を求めましょう。

(3点)

（　　　）

5 次のような立体の体積を求めましょう。

式・答え 各3点(12点)

① 6cm　4cm　5cm　5cm　12cm

式

答え（　　　）

② 10cm　16cm

式

答え（　　　）

6 次のあ～えの中で、線対称な形はどれですか。また、点対称な形はどれですか。すべて選んで、記号で答えましょう。

全部できて 各3点(6点)

線対称（　　　）　点対称（　　　）

7 下のあ～かの比の中で、2：3 と等しい比をすべて選んで、記号で答えましょう。

(全部できて 3点)

あ 3：2　い 12：18　う 4：9

え 14：21　お 6：8　か 15：10

（　　　）

8 面積が 36 cm^2 の長方形があります。

各3点(6点)

① 縦の長さを x cm、横の長さを y cm として、x と y の関係を、式に表しましょう。

（　　　）

② x と y は反比例しているといえますか。

（　　　）

うらにも問題があります。

9 右の三角形ABCは、三角形DBEの縮図です。 各3点(6点)

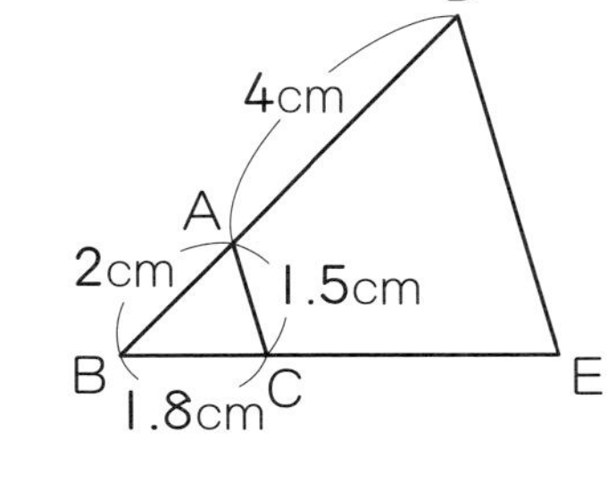

① 三角形ABCの角Cに対応する角を答えましょう。

( )

② 辺DEの長さは何cmですか。

( )

10 赤、青、黄、緑の4種類の紙があります。この中から2種類の紙を選びます。全部で何通りの組み合わせがありますか。 (3点)

( )

11 下の図は、あるクラスの1週間に読んだ本の冊数を調べて、ドットプロットに表したものです。①各2点、②〜⑤各3点(16点)

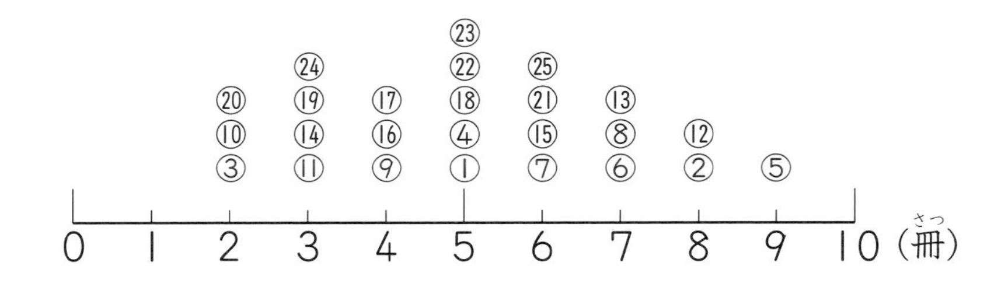

① このクラスの1週間に読んだ本の冊数の中央値と最頻値を求めましょう。

中央値( ) 最頻値( )

② このクラスの1週間に読んだ本の冊数の合計は、125冊です。平均値を求めましょう。 ( )

③ このクラスの1週間に読んだ本の冊数を、右の方眼を使ってヒストグラムに表しましょう。

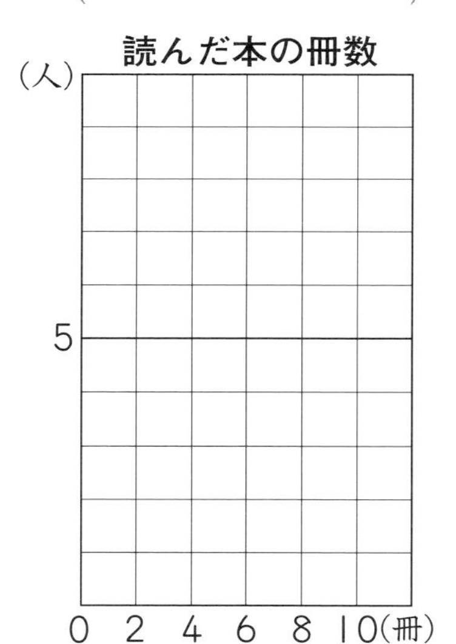

④ 読んだ本の冊数が多いほうから10番目の児童は、右のヒストグラムの何冊以上何冊未満の階級に入っていますか。

( )

⑤ 最頻値は右上のヒストグラムの何冊以上何冊未満の階級に入っていますか。 ( )

活用力をみる

12 あおいさんは、水の大切さについて、作文を書きました。 各3点(15点)

> 私の家のおふろのシャワーからは、1分間に12Lの水が出ます。私の家は5人家族です。全員がおふろに入るときに15分間シャワーを出しっぱなしにすると、私の家の浴そうの容積の3倍の水を使うことになります。
> 毎日シャワーを出しっぱなしにすると、たくさんの水がむだになってしまうので、これからはシャワーを出しっぱなしにせず、水を大切にしたいと思います。

① シャワーを出しっぱなしにした時間をx分、出た水の量をyLとして、xとyの関係を式に表しましょう。

( )

② あおいさんの家族5人全員が、15分間ずつシャワーを出しっぱなしにすると、シャワーで1日に何Lの水を使うことになりますか。

( )

③ あおいさんの家の浴そうの容積は、何cm^3ですか。

( )

④ 右の図は、あおいさんの家の浴そうの図です。この浴そうの深さは何cmですか。

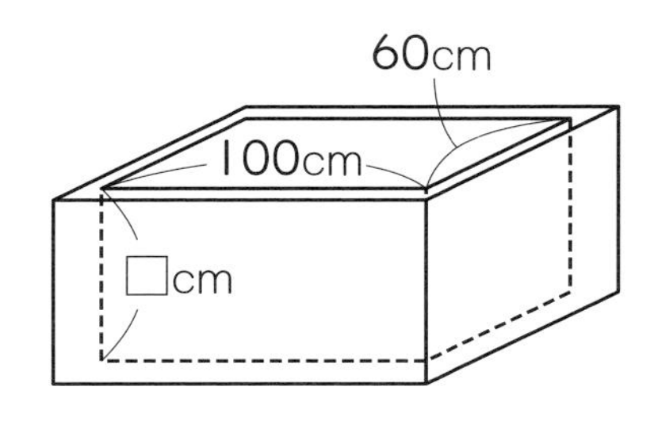

( )

⑤ ゆうまさんは、あおいさんの作文を読んで次のようにいっています。

あおいさんの家の場合、浴そうに水を200Lためて使いながら、シャワーを1人15分間使うよりも、シャワーを使う時間を1人20分間にして、浴そうに水をためないほうが、水の節約になります。

ゆうまさんの意見は正しくありません。正しくないわけを説明しましょう。

わけ( )

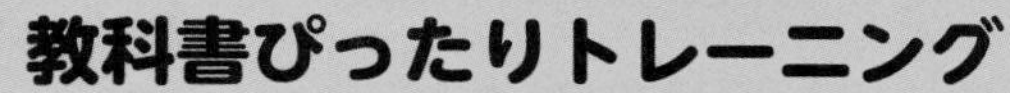

教科書ぴったりトレーニング

答えとてびき

教育出版版　算数６年

問題がとけたら…
①まずは答え合わせをしましょう。
②次にてびきを読んでかくにんしましょう。

おうちのかたへ では、次のようなものを示しています。
- 学習のねらいやポイント
- 他の学年や他の単元の学習内容とのつながり
- まちがいやすいことやつまずきやすいところ

お子様への説明や、学習内容の把握などにご活用ください。

しあげの5分レッスン では、
学習の最後に取り組む内容を示しています。
学習をふりかえることで学力の定着を図ります。

答え合わせの時間短縮に 丸つけラクラク解答 デジタルもご活用ください！

右の QR コードをスマートフォンなどで読み取ると、
赤字解答の入った本文紙面を見ながら簡単に答え合わせができます。

丸つけラクラク解答デジタルは以下の URL からも確認できます。
https://www.shinko-keirinwebshop.com/shinko/2024pt/rakurakudegi/MKS6da/index.html

※丸つけラクラク解答デジタルは無料でご利用いただけますが、通信料金はお客様のご負担となります。
※QR コードは株式会社デンソーウェーブの登録商標です。

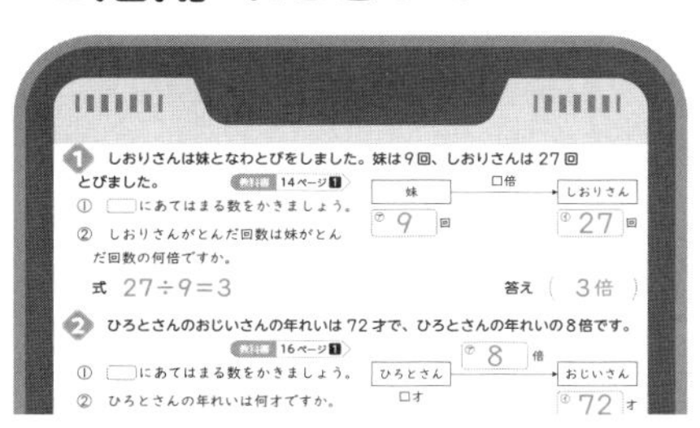

1 文字を使った式

ぴったり1 準備　2ページ

1 572－485、87、87
2 650－480、170、170

ぴったり2 練習　3ページ

1 式　$63+x=117$　答え　54人
2 式　$250-x=65$　答え　185枚
3 式　$x\times6=960$　答え　160円
4 式　$95\times8+x=940$　答え　180円

てびき

1 $63+x=117$　$x=117-63=54$
2 $250-x=65$　$x=250-65=185$
3 $x\times6=960$　$x=960\div6=160$
4 $95\times8+x=940$　$760+x=940$
$x=940-760=180$

しあげの5分レッスン まちがえた問題は、問題文をよく読んで、もう１回やってみよう。

ぴったり1 準備　4ページ

1 (1)x、y　(2)4、12、12
2 6、4、2

ぴったり2 練習　5ページ

1 ①$a+b=9$（$(a+b)\times2=18$）　②5cm

てびき

1 ①縦の長さと横の長さの和は、周りの長さの半分です。$a+b=18\div2=9$
②$a+4=9$　$a=9-4=5$　5cm

❷ ①$18 \div 3=6$
$(18 \times 2) \div (3 \times 2)=36 \div 6=6$
等しくなるから成り立ちます。
②$18 \div 3=6$
$(18 \times 10) \div (3 \times 10)=180 \div 30=6$
等しくなるから成り立ちます。

❸ ①色えんぴつの本数　②810円
③810、940、60　　答え　4本

❷ 次のわり算のきまりがいつでも成り立つことを確かめています。
わり算では、わられる数とわる数に、同じ数をかけても商は変わりません。

❸ ②$420 \times 1+130 \times 3=420+390=810$
810円

しあげの5分レッスン　最後に、文字を使った式の表し方を確かめよう。

ぴったり3　確かめのテスト　6〜7ページ　てびき

❶ ①式　$42+x=90$　答え　48人
②式　$8-a=2$　答え　6m
③式　$a \div 8=3$　答え　24個
④式　$a \div 4=9$　答え　36cm
⑤式　$x \times 3.14=94.2$　答え　30cm
⑥式　$x+240 \times 2=630$　答え　150円

❷ ①$6 \times 10 \times x=y$　②210cm^3　③5cm

❸ ①$a \times 4=b$　②20cm　③7cm

❹ ①あ、え　②か、き

❶ ①$42+x=90$　$x=90-42=48$
②$8-a=2$　$a=8-2=6$
③$a \div 8=3$　$a=3 \times 8=24$
④$a \div 4=9$　$a=9 \times 4=36$
⑤円周＝直径×円周率　$x \times 3.14=94.2$
$x=94.2 \div 3.14=30$
⑥$x+240 \times 2=630$　$x+480=630$
$x=630-480=150$

❷ ①直方体の体積＝縦(たて)×横×高さ
②式の x に3.5をあてはめます。
$6 \times 10 \times 3.5=210$　210cm^3
③式の y に300をあてはめます。
$6 \times 10 \times x=300$　$60 \times x=300$
$x=300 \div 60=5$

❸ ②$a \times 4=b$ に、$a=5$ をあてはめます。
$5 \times 4=b$　$b=20$
③$a \times 4=b$ に、$b=28$ をあてはめます。
$a \times 4=28$　$a=28 \div 4=7$

❹ ①かけ算では、1より小さい数をかけると、積はかけられる数より小さくなります。
②わり算では、1より小さい数でわると、商はわられる数より大きくなります。

おうちのかたへ　x や y などの文字を使って式をつくることが難しい場合は、わからない数を○、△、□などの記号として式をつくってみましょう。式をつくった後で、記号を文字に置きかえます。

2 分数と整数のかけ算、わり算

ぴったり1　準備　8ページ

1 (1)2、4　(2)①5　②3　③$\frac{15}{7}\left(2\frac{1}{7}\right)$

2 (1)3　(2)5、5、$\frac{25}{3}\left(8\frac{1}{3}\right)$　(3)13、13、$\frac{13}{2}\left(6\frac{1}{2}\right)$

ぴったり2 練習 9ページ

1 ① $\frac{4}{9}$ ② $\frac{12}{7}\left(1\frac{5}{7}\right)$ ③ $\frac{8}{5}\left(1\frac{3}{5}\right)$

④ $\frac{35}{8}\left(4\frac{3}{8}\right)$ ⑤ $\frac{5}{2}\left(2\frac{1}{2}\right)$ ⑥ $\frac{14}{3}\left(4\frac{2}{3}\right)$

⑦ $\frac{25}{2}\left(12\frac{1}{2}\right)$ ⑧27 ⑨ $\frac{20}{7}\left(2\frac{6}{7}\right)$

⑩ $\frac{95}{6}\left(15\frac{5}{6}\right)$ ⑪16 ⑫ $\frac{44}{3}\left(14\frac{2}{3}\right)$

2 ① $\frac{8}{5}\left(1\frac{3}{5}\right)$ ② $\frac{2}{3}$

3 $\frac{15}{8}$L$\left(1\frac{7}{8}\text{L}\right)$

てびき

1 $\frac{b}{a}\times c=\frac{b\times c}{a}$ と計算します。

⑤ $\frac{5}{18}\times 9=\frac{5\times \overset{1}{\cancel{9}}}{\underset{2}{\cancel{18}}}=\frac{5}{2}\left(=2\frac{1}{2}\right)$

⑪ $1\frac{3}{5}\times 10=\frac{8}{5}\times 10=\frac{8\times \overset{2}{\cancel{10}}}{\underset{1}{\cancel{5}}}=\frac{16}{1}=16$

2 ① $x=\frac{4}{5}\times 2=\frac{4\times 2}{5}=\frac{8}{5}\left(=1\frac{3}{5}\right)$

② $x=\frac{2}{9}\times 3=\frac{2\times \overset{1}{\cancel{3}}}{\underset{3}{\cancel{9}}}=\frac{2}{3}$

3 $\frac{5}{8}\times 3=\frac{5\times 3}{8}=\frac{15}{8}\left(=1\frac{7}{8}\right)$ $\frac{15}{8}$L$\left(1\frac{7}{8}\text{L}\right)$

しあげの5分レッスン 分数×整数の計算のしかたを確かめてみよう。

ぴったり1 準備 10ページ

1 (1)3、3 (2)①3 ②5 ③15

2 (1)3 (2)13、13、13 (3) $\frac{2}{5}$

ぴったり2 練習 11ページ

1 ① $\frac{5}{21}$ ② $\frac{7}{36}$ ③ $\frac{1}{8}$ ④ $\frac{3}{80}$

⑤ $\frac{1}{24}$ ⑥ $\frac{2}{15}$

⑦ $\frac{7}{78}$ ⑧ $\frac{5}{72}$ ⑨ $\frac{11}{30}$ ⑩ $\frac{8}{27}$

⑪ $\frac{2}{9}$ ⑫ $\frac{1}{5}$

2 ① $\frac{3}{20}$ ② $\frac{2}{7}$

3 $\frac{4}{45}$m

てびき

1 $\frac{b}{a}\div c=\frac{b}{a\times c}$ として計算します。

⑦ $\frac{14}{13}\div 12=\frac{\overset{7}{\cancel{14}}}{13\times \underset{6}{\cancel{12}}}=\frac{7}{78}$

⑪ $1\frac{5}{9}\div 7=\frac{14}{9}\div 7=\frac{\overset{2}{\cancel{14}}}{9\times \underset{1}{\cancel{7}}}=\frac{2}{9}$

2 ① $x=\frac{3}{4}\div 5=\frac{3}{4\times 5}=\frac{3}{20}$

② $x=\frac{6}{7}\div 3=\frac{\overset{2}{\cancel{6}}}{7\times \underset{1}{\cancel{3}}}=\frac{2}{7}$

3 $\frac{4}{9}\div 5=\frac{4}{9\times 5}=\frac{4}{45}$ $\frac{4}{45}$m

しあげの5分レッスン 分数÷整数の計算のしかたを確かめてみよう。

ぴったり3 確かめのテスト 12～13ページ

1 ①㋐4 ㋑2 ㋒8 ②㋐8 ㋑2 ㋒16

2 ① $\frac{3}{5}$ ② $\frac{20}{9}\left(2\frac{2}{9}\right)$ ③ $\frac{21}{4}\left(5\frac{1}{4}\right)$

④ $\frac{17}{3}\left(5\frac{2}{3}\right)$ ⑤55 ⑥ $\frac{15}{2}\left(7\frac{1}{2}\right)$

てびき

2 ③ $\frac{7}{8}\times 6=\frac{7\times \overset{3}{\cancel{6}}}{\underset{4}{\cancel{8}}}=\frac{21}{4}\left(=5\frac{1}{4}\right)$

⑤ $2\frac{3}{4}\times 20=\frac{11}{4}\times 20=\frac{11\times \overset{5}{\cancel{20}}}{\underset{1}{\cancel{4}}}=\frac{55}{1}=55$

3 ① $\frac{5}{63}$ ② $\frac{23}{10}\left(2\frac{3}{10}\right)$ ③ $\frac{6}{7}$
④ $\frac{9}{34}$ ⑤ $\frac{11}{18}$ ⑥ $\frac{5}{24}$

3 ① $\frac{5}{9}\div 7=\frac{5}{9\times 7}=\frac{5}{63}$

③ $\frac{48}{7}\div 8=\frac{\overset{6}{\cancel{48}}}{7\times \underset{1}{\cancel{8}}}=\frac{6}{7}$

⑤ $2\frac{4}{9}\div 4=\frac{22}{9}\div 4=\frac{\overset{11}{\cancel{22}}}{9\times \underset{2}{\cancel{4}}}=\frac{11}{18}$

4 ①式 $\frac{2}{7}\times 5=\frac{10}{7}\left(1\frac{3}{7}\right)$

答え $\frac{10}{7}$kg $\left(1\frac{3}{7}\text{kg}\right)$

②式 $\frac{7}{12}\div 5=\frac{7}{60}$ 答え $\frac{7}{60}$m

4 ①1mの重さが$\frac{2}{7}$kgだから、5mの重さは

$\frac{2}{7}\times 5=\frac{2\times 5}{7}=\frac{10}{7}\left(=1\frac{3}{7}\right)$(kg)

②$\frac{7}{12}$mのテープを5等分するから、1つ分の長さは $\frac{7}{12}\div 5=\frac{7}{12\times 5}=\frac{7}{60}$(m)

5 式 $6\frac{2}{5}\div 4=\frac{8}{5}\left(1\frac{3}{5}\right)$

答え $\frac{8}{5}$m² $\left(1\frac{3}{5}\text{m}^2\right)$

5 4ひきで$6\frac{2}{5}$m²だから、1ぴきあたりの面積は、

$6\frac{2}{5}\div 4=\frac{32}{5}\div 4=\frac{\overset{8}{\cancel{32}}}{5\times \underset{1}{\cancel{4}}}=\frac{8}{5}\left(=1\frac{3}{5}\right)$(m²)

6 ①式 $\frac{5}{6}\times 9=\frac{15}{2}\left(7\frac{1}{2}\right)$

答え $\frac{15}{2}$L $\left(7\frac{1}{2}\text{L}\right)$

②式 $\frac{15}{2}\div 10=\frac{3}{4}$ 答え $\frac{3}{4}$L

6 ①$\frac{5}{6}$Lの牛乳(ぎゅうにゅう)びんが9本あるから、

$\frac{5}{6}\times 9=\frac{5\times \overset{3}{\cancel{9}}}{\underset{2}{\cancel{6}}}=\frac{15}{2}\left(=7\frac{1}{2}\right)$(L)

②10人に等しく分けるから、1人分の牛乳の量は、

$\frac{15}{2}\div 10=\frac{\overset{3}{\cancel{15}}}{2\times \underset{2}{\cancel{10}}}=\frac{3}{4}$(L)

7 式 $\frac{3}{4}\times 8=6$ 答え 6m

7 もとの長さを□mとして、このロープを8等分すると、1つ分の長さが$\frac{3}{4}$mになったから、

□÷8＝$\frac{3}{4}$、□＝$\frac{3}{4}\times 8=\frac{3\times \overset{2}{\cancel{8}}}{\underset{1}{\cancel{4}}}=6$(m)

おうちのかたへ 分数と整数のかけ算、わり算は、これから学習する分数のかけ算、わり算につながります。繰り返し練習して、計算のしかたを身につけさせましょう。

3 対称な図形

ぴったり1 準備 14ページ

1 F、HG、B
2 D、EF、C

ぴったり2 練習 15ページ

てびき

1 線対称(せんたいしょう)な図形…㋑、㋒
点対称な図形…㋐

2 ①頂点(ちょうてん)H ②辺GF ③角F

2 直線アイを折りめとして2つに折ったとき、頂点Bと、辺CDと、角Dがそれぞれぴったりと重なる頂点、辺、角を答えます。

3 ①頂点F　②辺ED　③角G

3 点Oを中心にして180°回転させたとき、頂点Bと、辺AHと、角Cがそれぞれぴったりと重なる頂点、辺、角を答えます。

しあげの5分レッスン　線対称な図形と点対称な図形のちがいを確かめよう。

ぴったり1 準備　16ページ

1 (1)2、2.5、2.5　(2)BE

2 垂直、等しい

ぴったり2 練習　17ページ

1 ①垂直に交わる。　②6cm

③

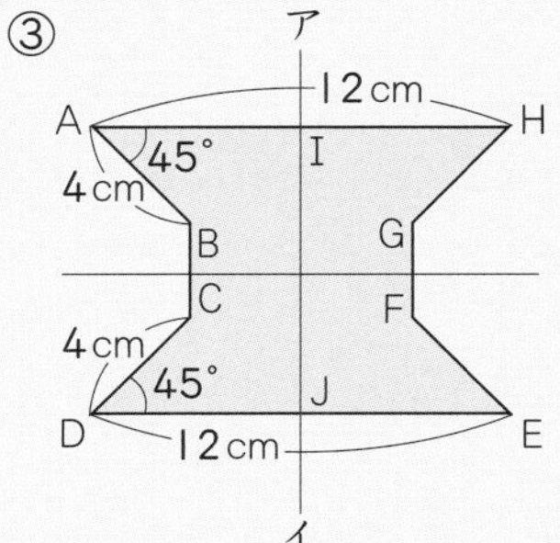

2

3 ①　②

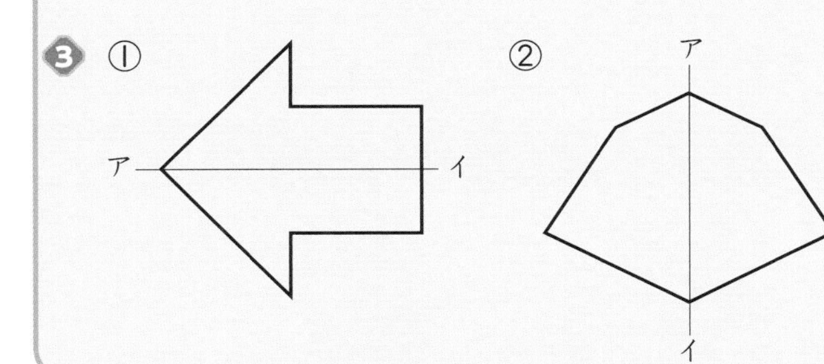

てびき

1 ①点Cと点Fは対応する点です。対応する2つの点を結ぶ直線CFは、対称の軸の直線アイと垂直に交わります。

②点Iは、対応する2つの点A、Hを結ぶ直線と、対称の軸アイが交わる点です。
点Iから、点A、Hまでの長さは等しいから、
直線AIの長さは、12÷2＝6　　6cm

2 各頂点から対称の軸アイに垂直な直線をひき、対称の軸までの長さと等しくなるように、対応する点をとります。

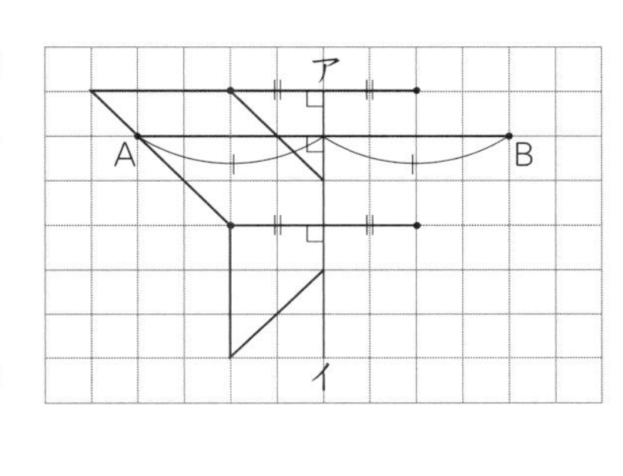

しあげの5分レッスン　線対称な図形の性質を、もう一度確かめよう。

ぴったり1 準備　18ページ

1 (1)(例)　　(2)OE

2 等しい

ぴったり2 練習 19ページ

てびき

❶ ①(例)

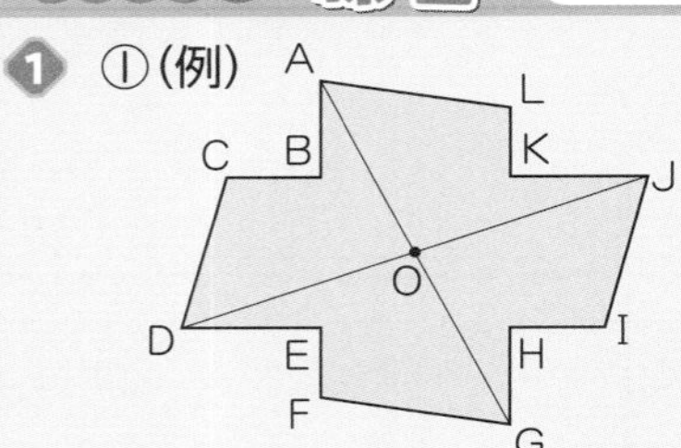

②直線OJ　③直線OF

❷

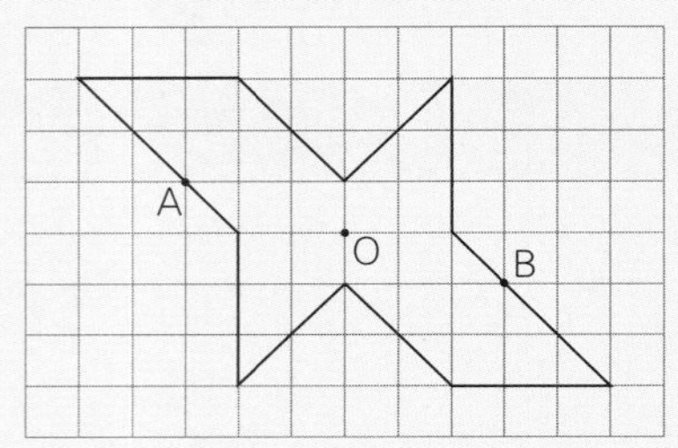

❸ ①

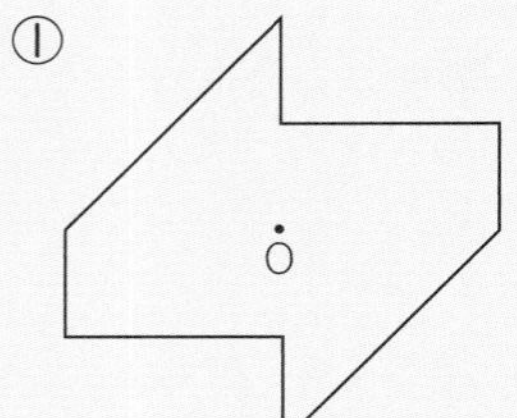

②

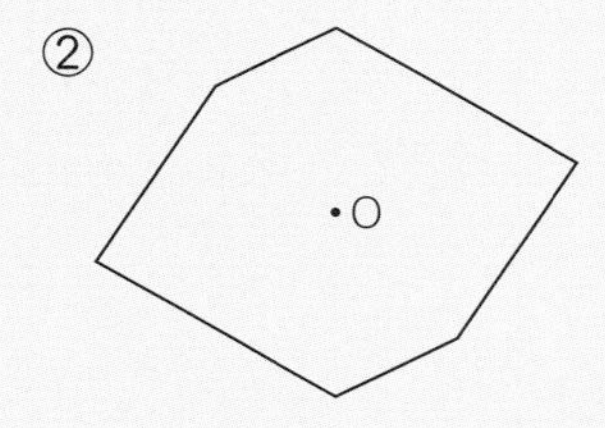

❶ ①対応する2つの点を結ぶ直線のうち、2本をひき、その交わる点をOとします。

②点対称(てんたいしょう)な図形では、対称の中心から、対応する2つの点までの長さは等しくなっています。

点Dと対応する点は点Jです。

③点Lと対応する点は点Fです。

❷ 各頂点(ちょうてん)から対称の中心Oを通る直線をひき、中心Oまでの長さが等しくなるように対応する点をとります。

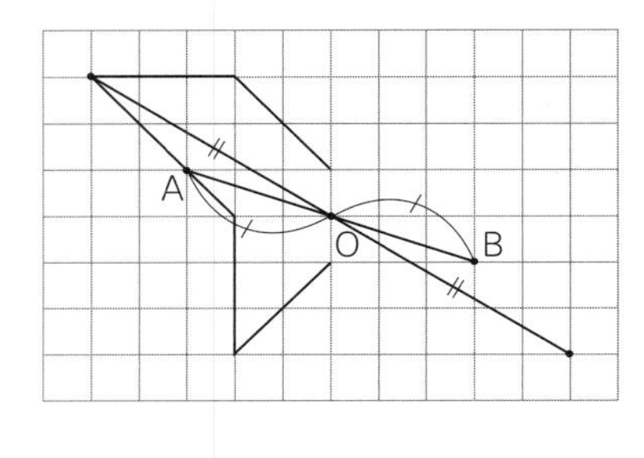

❸ 等しい長さは、コンパスを使ってはかるといいでしょう。

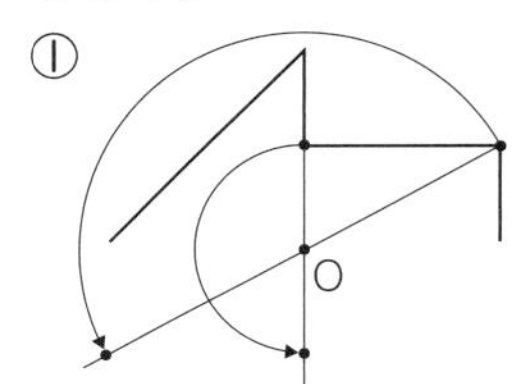

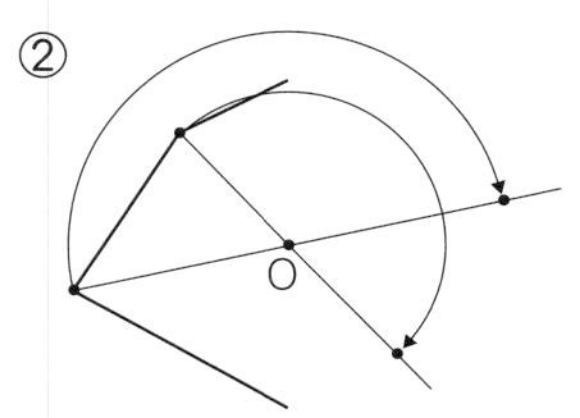

しあげの5分レッスン　点対称な図形の性質を、もう一度確かめよう。

ぴったり1 準備 20ページ

1 (1)②　(2)③　(3)③　(4)③　(5)④

2 (1)5、6　(2)正六角形

ぴったり2 練習 21ページ

てびき

❶ ①長方形(対称の軸(じく)…2本)、正三角形(3本)、二等辺三角形(1本)、ひし形(2本)

②長方形、平行四辺形、ひし形

③長方形、ひし形

❷

	線対称	対称の軸の数	点対称
正方形	○	4	○
正五角形	○	5	×
正六角形	○	6	○
正七角形	○	7	×

❶ ①

(長方形)

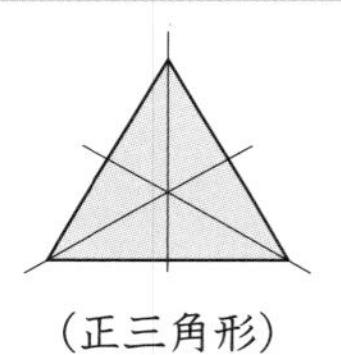

(正三角形)

(二等辺三角形)　(ひし形)

❷ 正五角形、正七角形は、180°回転させてももとの形に重ならないから、点対称な図形ではありません。

また、正七角形の対称の軸は、各頂点を通る7本あります。

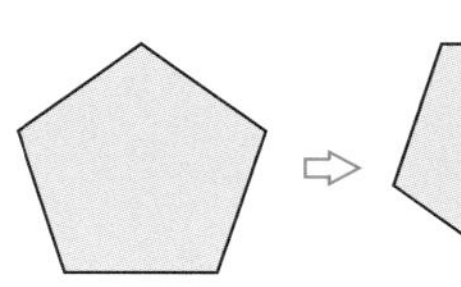

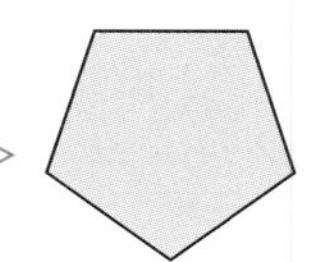

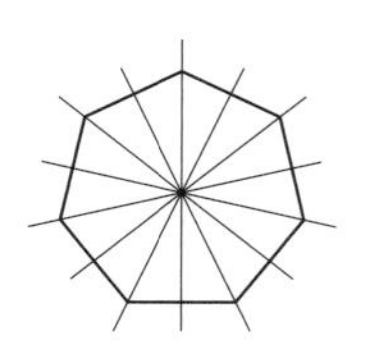

❸ ①直径　②線　③中心　④点

❸ 円を線対称な図形とみると、対称の軸は直径で、無数にあります。

しあげの5分レッスン　どんな正多角形が点対称な図形なのか、確かめよう。

ぴったり3　確かめのテスト　22～23ページ

❶ ①あ、い、お　②い、え、お

❷ ①

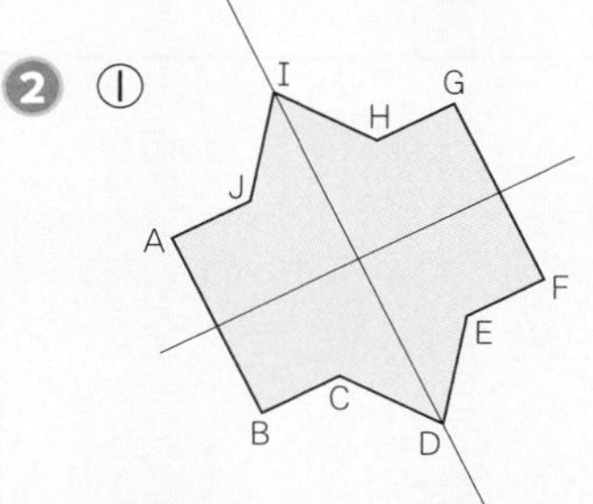

②

③辺ED、辺HI、辺JI

❸ ①　②

❹ ①

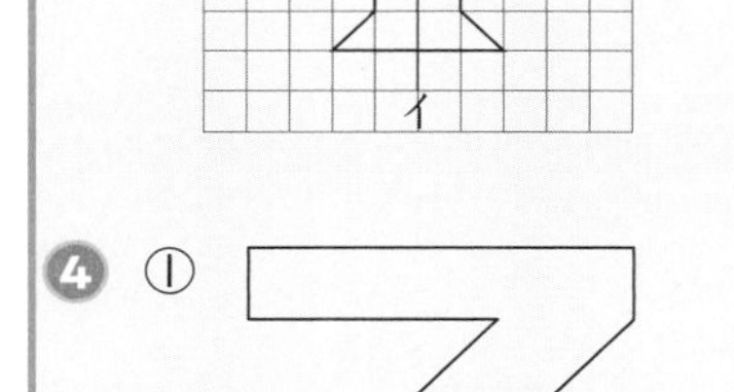

②

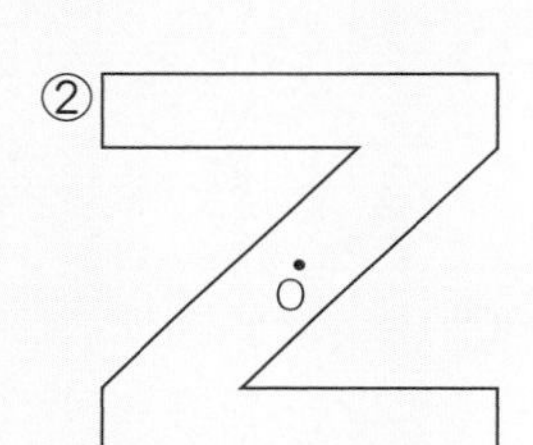

❺

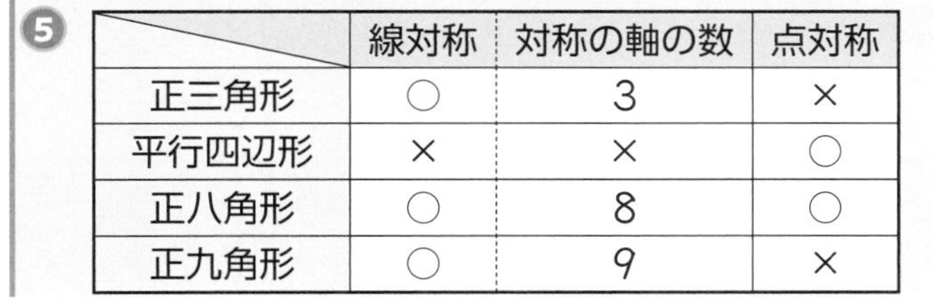

	線対称	対称の軸の数	点対称
正三角形	○	3	×
平行四辺形	×	×	○
正八角形	○	8	○
正九角形	○	9	×

てびき

❶ 対称の軸、対称の中心は次のようになっています。

あ　い　え　お

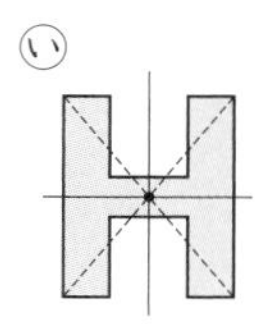

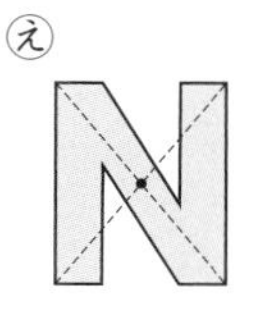

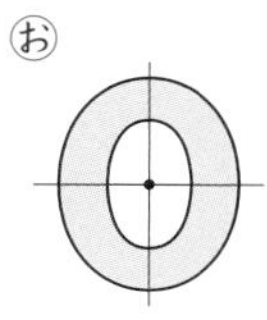

❷ ①図のように、2本あります。

②対応する2つの頂点を結ぶ直線を2本ひいて、その交わる点をOとします。①の2つの対称の軸の交わる点をOとしてもよいでしょう。

③線対称な図形だから、辺CDに対応する辺EDは1.3cmです。また、点対称な図形だから辺CDに対応する辺HIも1.3cmです。

さらに、線対称な図形だから辺HIに対応する辺JIも1.3cmです。

❸ 下のようにして、対応する点をとります。

①

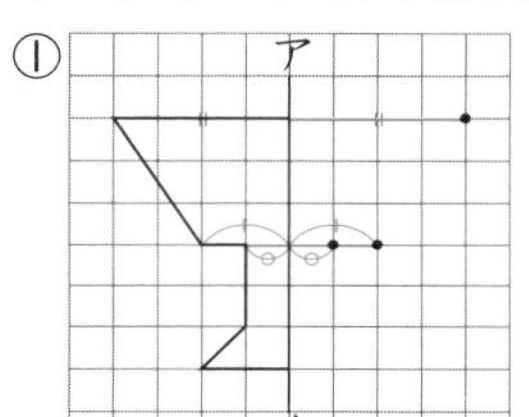

②

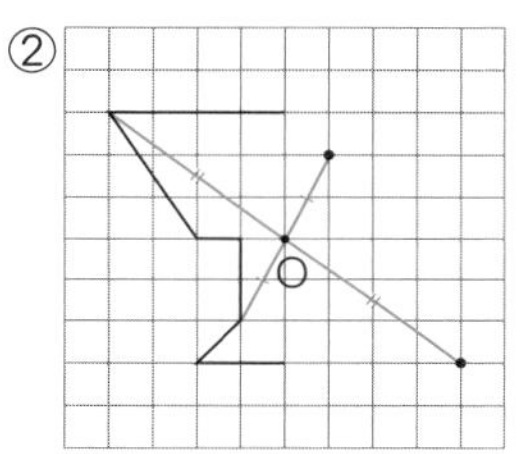

❹ 等しい長さは、コンパスを使ってはかるとよいでしょう。

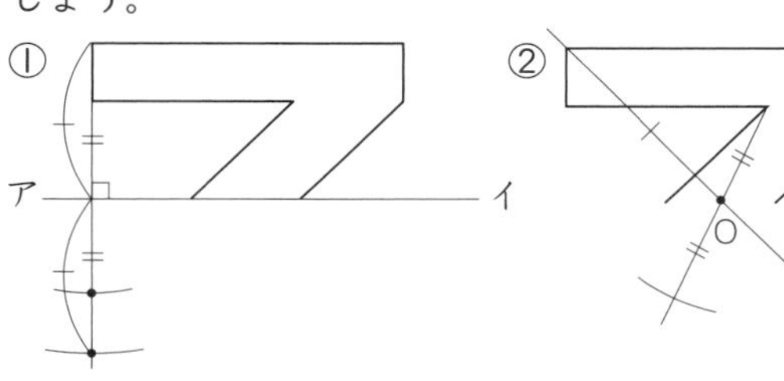

❺ 正多角形はすべて線対称な図形です。

辺の数と同じ数だけ対称の軸があります。

また、辺の数が偶数の正多角形は、点対称な図形でもあります。

6 ①あ、い、う、お　②あ、え　③あ

6 対称の軸、対称の中心は次のようになっています。

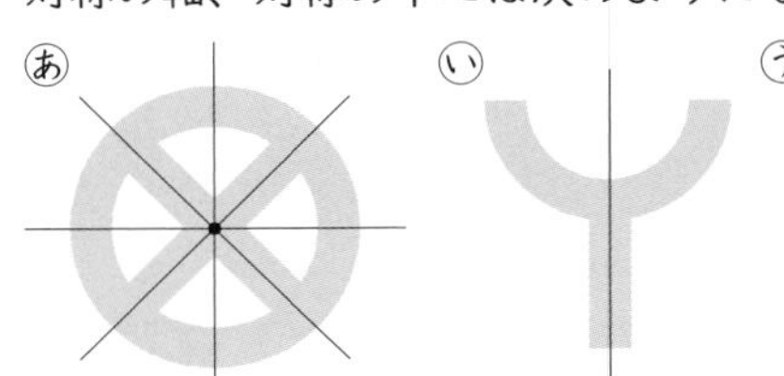

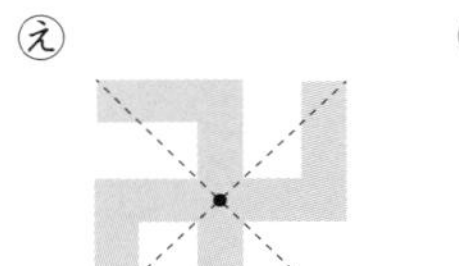

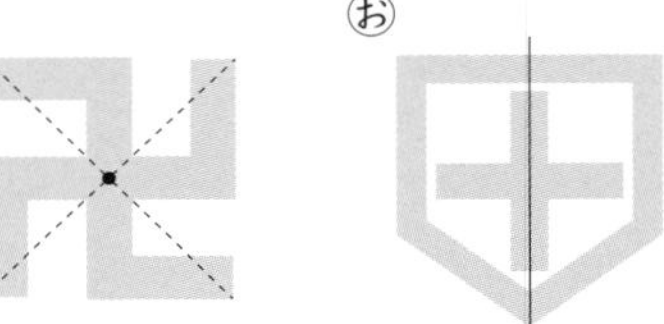

4 分数のかけ算

ぴったり1 準備　24ページ

1 5、$\frac{2}{15}$

2 3、$\frac{8}{21}$

3 $\frac{3}{4}$

ぴったり2 練習　25ページ

1 $\frac{5}{24}$kg

2 $\frac{4}{21}$kg

3 ① $\frac{3}{20}$　② $\frac{8}{15}$　③ $\frac{45}{32}\left(1\frac{13}{32}\right)$

④ $\frac{49}{12}\left(4\frac{1}{12}\right)$

4 ① $\frac{5}{9}$　② $\frac{9}{28}$　③ $\frac{5}{12}$　④ $\frac{10}{9}\left(1\frac{1}{9}\right)$

⑤ $\frac{21}{2}\left(10\frac{1}{2}\right)$　⑥12

てびき

1 $\frac{5}{6}\times\frac{1}{4}=\frac{5}{6}\div4=\frac{5}{6\times4}=\frac{5}{24}$　$\frac{5}{24}$kg

2 $\frac{2}{7}\times\frac{2}{3}=\frac{2\times2}{7\times3}=\frac{4}{21}$　$\frac{4}{21}$kg

3 ① $\frac{1}{4}\times\frac{3}{5}=\frac{1\times3}{4\times5}=\frac{3}{20}$

③ $\frac{5}{8}\times\frac{9}{4}=\frac{5\times9}{8\times4}=\frac{45}{32}\left(=1\frac{13}{32}\right)$

4 途中で約分してから計算します。

① $\frac{2}{3}\times\frac{5}{6}=\frac{\overset{1}{\cancel{2}}\times5}{3\times\underset{3}{\cancel{6}}}=\frac{5}{9}$

⑤ $\frac{15}{4}\times\frac{14}{5}=\frac{\overset{3}{\cancel{15}}\times\overset{7}{\cancel{14}}}{\underset{2}{\cancel{4}}\times\underset{1}{\cancel{5}}}=\frac{21}{2}\left(=10\frac{1}{2}\right)$

しあげの5分レッスン　分数×分数の計算の形を確かめよう。

ぴったり1 準備　26ページ

1 (1) $\frac{3}{2}\left(1\frac{1}{2}\right)$　(2)6

2 ①5　②7　③5　④7　⑤ $\frac{35}{6}\left(5\frac{5}{6}\right)$

3 (1)10、$\frac{7}{45}$　(2)10、$\frac{3}{4}$

ぴったり2 練習 27ページ

1 ① $\frac{3}{5}$ ② $\frac{3}{2}\left(1\frac{1}{2}\right)$ ③ $\frac{15}{4}\left(3\frac{3}{4}\right)$
④4 ⑤ $\frac{15}{2}\left(7\frac{1}{2}\right)$ ⑥ $\frac{44}{7}\left(6\frac{2}{7}\right)$

2 ① $\frac{35}{12}\left(2\frac{11}{12}\right)$ ② $\frac{39}{10}\left(3\frac{9}{10}\right)$

3 ① $\frac{7}{30}$ ② $\frac{4}{35}$ ③ $\frac{3}{4}$ ④ $\frac{3}{5}$
⑤ $\frac{1}{4}$ ⑥4

てびき

1 整数は１を分母とする分数で表します。

④ $14\times\frac{2}{7}=\frac{14}{1}\times\frac{2}{7}=\frac{\overset{2}{\cancel{14}}\times2}{1\times\underset{1}{\cancel{7}}}=4$

⑤ $9\times\frac{5}{6}=\frac{9}{1}\times\frac{5}{6}=\frac{\overset{3}{\cancel{9}}\times5}{1\times\underset{2}{\cancel{6}}}=\frac{15}{2}\left(=7\frac{1}{2}\right)$

2 帯分数を仮分数になおして計算します。

① $1\frac{1}{4}\times2\frac{1}{3}=\frac{5}{4}\times\frac{7}{3}=\frac{35}{12}\left(=2\frac{11}{12}\right)$

② $2\frac{2}{5}\times1\frac{5}{8}=\frac{12}{5}\times\frac{13}{8}=\frac{\overset{3}{\cancel{12}}\times13}{5\times\underset{2}{\cancel{8}}}=\frac{39}{10}\left(=3\frac{9}{10}\right)$

3 小数は10を分母とする分数で表します。

③ $0.3\times\frac{5}{2}=\frac{3}{10}\times\frac{5}{2}=\frac{3\times\overset{1}{\cancel{5}}}{\underset{2}{\cancel{10}}\times2}=\frac{3}{4}$

⑥ $3.6\times\frac{10}{9}=\frac{36}{10}\times\frac{10}{9}=\frac{\overset{4}{\cancel{36}}\times\overset{1}{\cancel{10}}}{\underset{1}{\cancel{10}}\times\underset{1}{\cancel{9}}}=4$

しあげの5分レッスン 整数や小数を分数で表すことについて、確かめよう。

ぴったり1 準備 28ページ

1 $\frac{1}{8}$

2 $\frac{4}{7}$、$\frac{8}{35}$、$\frac{8}{35}$

3 $\frac{3}{4}$、$\frac{1}{3}$、$\frac{5}{24}$、$\frac{5}{24}$

ぴったり2 練習 29ページ

1 ① $\frac{7}{30}$ ② $\frac{1}{32}$ ③ $\frac{5}{9}$ ④ $\frac{5}{3}\left(1\frac{2}{3}\right)$

2 式 $\frac{5}{8}\times\frac{3}{5}=\frac{\overset{1}{\cancel{5}}\times3}{8\times\underset{1}{\cancel{5}}}=\frac{3}{8}$

答え $\frac{3}{8}$ m²

3 式 $\frac{9}{10}\times\frac{1}{3}\times\frac{2}{9}=\frac{\overset{1}{\cancel{9}}\times1\times\overset{1}{\cancel{2}}}{\underset{5}{\cancel{10}}\times3\times\underset{1}{\cancel{9}}}=\frac{1}{15}$

答え $\frac{1}{15}$ cm³

てびき

1 ３つの分数のかけ算も同じしかたで計算します。

① $\frac{2}{3}\times\frac{1}{5}\times\frac{7}{4}=\frac{\overset{1}{\cancel{2}}\times1\times7}{3\times5\times\underset{2}{\cancel{4}}}=\frac{7}{30}$

④ $\frac{4}{9}\times\frac{3}{8}\times10=\frac{\overset{1}{\cancel{4}}\times\overset{1}{\cancel{3}}\times\overset{5}{\cancel{10}}}{\underset{3}{\cancel{9}}\times\underset{\underset{1}{\cancel{2}}}{\cancel{8}}\times1}=\frac{5}{3}\left(=1\frac{2}{3}\right)$

2 長方形の面積＝縦（たて）×横 の公式にあてはめて計算します。

3 直方体の体積＝縦×横×高さ の公式にあてはめて計算します。

❹ 式 $\frac{5}{6}\times\frac{5}{6}\times\frac{5}{6}=\frac{5\times5\times5}{6\times6\times6}=\frac{125}{216}$

答え $\frac{125}{216}$ cm^3

❹ 立方体の体積＝１辺×１辺×１辺 の公式にあてはめて計算します。

しあげの5分レッスン 面積や体積の公式を確かめよう。

ぴったり1 準備 30ページ

1 (1) $\frac{3}{5}$、2、$\frac{12}{7}\left(1\frac{5}{7}\right)$ (2) $\frac{9}{4}$、$\frac{5}{4}$、$\frac{19}{12}\left(1\frac{7}{12}\right)$

2 (1)①5 ②2 ③$\frac{5}{2}\left(2\frac{1}{2}\right)$ (2)①1 ②4 ③$\frac{1}{4}$

(3)①10 ②10 ③$\frac{10}{7}\left(1\frac{3}{7}\right)$

ぴったり2 練習 31ページ

てびき

❶ ①$\frac{1}{7}$ 答え $\frac{3}{35}$ ②$\frac{8}{9}$ 答え $\frac{38}{27}\left(1\frac{11}{27}\right)$

③$\frac{4}{5}$、$\frac{7}{10}$ 答え $\frac{1}{3}$ ④$\frac{7}{8}$、$\frac{3}{4}$ 答え $\frac{5}{48}$

❶ ①$\left(\frac{1}{7}\times\frac{4}{5}\right)\times\frac{3}{4}=\frac{1}{7}\times\left(\frac{\cancel{4}^{1}}{5}\times\frac{3}{\cancel{4}_{1}}\right)=\frac{1}{7}\times\frac{3}{5}=\frac{3}{35}$

②$\frac{5}{6}\times\left(\frac{8}{9}+\frac{4}{5}\right)=\frac{5}{\cancel{6}_{3}}\times\frac{\cancel{8}^{4}}{9}+\frac{\cancel{5}^{1}}{\cancel{6}_{3}}\times\frac{\cancel{4}^{2}}{\cancel{5}_{1}}$

$=\frac{20}{27}+\frac{2}{3}=\frac{38}{27}\left(=1\frac{11}{27}\right)$

③$\frac{4}{5}\times\frac{2}{9}+\frac{7}{10}\times\frac{2}{9}=\left(\frac{4}{5}+\frac{7}{10}\right)\times\frac{2}{9}$

$=\frac{\cancel{3}^{1}}{\cancel{2}_{1}}\times\frac{\cancel{2}^{1}}{\cancel{9}_{3}}=\frac{1}{3}$

④$\frac{7}{8}\times\frac{5}{6}-\frac{3}{4}\times\frac{5}{6}=\left(\frac{7}{8}-\frac{3}{4}\right)\times\frac{5}{6}$

$=\frac{1}{8}\times\frac{5}{6}=\frac{5}{48}$

❷ ①㋐4 ㋑3 ②㋐1 ㋑7 ③㋐10 ㋑19

❷ 逆数をかけると、積は１になります。

③$1.9=\frac{19}{10}$ だから、逆数は $\frac{10}{19}$ です。

❸ ①$\frac{8}{5}\left(1\frac{3}{5}\right)$ ②$\frac{13}{28}$ ③$\frac{7}{9}$ ④6 ⑤$\frac{10}{21}$

⑥$\frac{1}{9}$

❸ ③は帯分数を仮分数になおし、⑤、⑥は小数や整数を分数で表してから、分母と分子を入れかえます。

しあげの5分レッスン まちがえた計算の答えの確かめをしてみよう。

ぴったり3 確かめのテスト 32～33ページ

てびき

❶ ㋐5 ㋑4 ㋒7

❷ ①$\frac{7}{8}$ ②$\frac{1}{10}$ ③$\frac{10}{9}\left(1\frac{1}{9}\right)$

❸ ①$\frac{1}{30}$ ②$\frac{9}{28}$ ③$\frac{10}{27}$ ④$\frac{35}{6}\left(5\frac{5}{6}\right)$ ⑤$\frac{3}{10}$

⑥$\frac{21}{20}\left(1\frac{1}{20}\right)$ ⑦$\frac{2}{3}$ ⑧$\frac{8}{3}\left(2\frac{2}{3}\right)$

❷ ③$0.9=\frac{9}{10}$ だから、逆数は $\frac{10}{9}$ です。

❸ 途中(とちゅう)で約分できれば、約分してから計算します。

⑤$\frac{4}{5}\times\frac{3}{8}=\frac{\cancel{4}^{1}\times3}{5\times\cancel{8}_{2}}=\frac{3}{10}$

⑥$\frac{9}{10}\times\frac{7}{6}=\frac{\cancel{9}^{3}\times7}{10\times\cancel{6}_{2}}=\frac{21}{20}\left(=1\frac{1}{20}\right)$

④ ① $\frac{25}{2}\left(12\frac{1}{2}\right)$ ② $\frac{35}{2}\left(17\frac{1}{2}\right)$ ③ $\frac{24}{5}\left(4\frac{4}{5}\right)$
④18 ⑤ $\frac{3}{10}$ ⑥ $\frac{8}{5}\left(1\frac{3}{5}\right)$ ⑦ $\frac{1}{10}$ ⑧3

⑤ ①1 ② $\frac{12}{13}$

⑥ 式 $\frac{4}{7}\times1\frac{5}{9}\times\frac{3}{5}=\frac{8}{15}$ 答え $\frac{8}{15}$ m³

⑦ 式 $\left(\frac{6}{5}+\frac{4}{3}\right)\times15=38$ 答え 38 L

おうちのかたへ 分数のかけ算は、これから学習する分数のわり算へつながります。何度も繰り返し練習して、計算のしかたをしっかり身につけさせましょう。

⑦ $\frac{3}{4}\times\frac{8}{9}=\frac{\overset{1}{\cancel{3}}\times\overset{2}{\cancel{8}}}{\underset{1}{\cancel{4}}\times\underset{3}{\cancel{9}}}=\frac{2}{3}$

⑧ $\frac{12}{5}\times\frac{10}{9}=\frac{\overset{4}{\cancel{12}}\times\overset{2}{\cancel{10}}}{\underset{1}{\cancel{5}}\times\underset{3}{\cancel{9}}}=\frac{8}{3}\left(=2\frac{2}{3}\right)$

④ ① $10\times\frac{5}{4}=\frac{10}{1}\times\frac{5}{4}=\frac{25}{2}\left(=12\frac{1}{2}\right)$

③ $2\frac{2}{3}\times1\frac{4}{5}=\frac{8}{3}\times\frac{9}{5}=\frac{24}{5}\left(=4\frac{4}{5}\right)$

⑥ $2.8\times\frac{4}{7}=\frac{28}{10}\times\frac{4}{7}=\frac{8}{5}\left(=1\frac{3}{5}\right)$

⑤ ① $\left(\frac{5}{6}-\frac{4}{9}\right)\times\frac{18}{7}=\frac{5}{6}\times\frac{18}{7}-\frac{4}{9}\times\frac{18}{7}$

$=\frac{15}{7}-\frac{8}{7}=1$

② $\frac{3}{8}\times\frac{15}{13}+\frac{3}{8}\times\frac{17}{13}=\frac{3}{8}\times\left(\frac{15}{13}+\frac{17}{13}\right)$

$=\frac{3}{8}\times\frac{32}{13}=\frac{12}{13}$

⑥ 直方体の体積＝縦（たて）×横×高さ

$\frac{4}{7}\times1\frac{5}{9}\times\frac{3}{5}=\frac{4}{7}\times\frac{14}{9}\times\frac{3}{5}=\frac{8}{15}$ $\frac{8}{15}$ m³

⑦ 1分間に、$\left(\frac{6}{5}+\frac{4}{3}\right)$ L の水が入ります。

$\left(\frac{6}{5}+\frac{4}{3}\right)\times15=\frac{6}{5}\times15+\frac{4}{3}\times15$

$=18+20=38$ 38 L

5 分数のわり算

ぴったり1 準備 34ページ

1 2、$\frac{4}{3}\left(1\frac{1}{3}\right)$

2 ① $\frac{7}{3}$ ②7 ③3 ④ $\frac{28}{15}\left(1\frac{13}{15}\right)$

3 ①2 ②3 ③ $\frac{5}{9}$

ぴったり2 練習 35ページ

① $\frac{6}{7}$ kg

② $\frac{21}{20}$ m² $\left(1\frac{1}{20}\text{ m}^2\right)$

てびき

① $x\times\frac{1}{3}=\frac{2}{7}$

$x=\frac{2}{7}\div\frac{1}{3}$

$=\frac{2}{7}\times3=\frac{6}{7}$

重さ 0 $\frac{2}{7}$ x (kg)
長さ 0 $\frac{1}{3}$ 1 (m)

② $x\times\frac{4}{7}=\frac{3}{5}$

$x=\frac{3}{5}\div\frac{4}{7}$

$=\frac{3}{5}\times\frac{7}{4}$

$=\frac{21}{20}\left(=1\frac{1}{20}\right)$

面積 0 $\frac{3}{5}$ x (m²)
量 0 $\frac{4}{7}$ 1 (dL)

❸ ① $\frac{3}{8}$　② $\frac{10}{27}$　③ $\frac{35}{48}$　④ $\frac{40}{63}$

❸ わる数の逆数をかけます。

① $\frac{1}{4}\div\frac{2}{3}=\frac{1}{4}\times\frac{3}{2}=\frac{3}{8}$

② $\frac{2}{9}\div\frac{3}{5}=\frac{2}{9}\times\frac{5}{3}=\frac{10}{27}$

❹ ① $\frac{6}{5}\left(1\frac{1}{5}\right)$　② $\frac{14}{15}$　③ $\frac{1}{8}$　④ $\frac{9}{10}$

❹ 途中で約分できれば、約分してから計算します。

① $\frac{3}{4}\div\frac{5}{8}=\frac{3}{4}\times\frac{8}{5}=\frac{3\times\overset{2}{\cancel{8}}}{\underset{1}{\cancel{4}}\times5}=\frac{6}{5}\left(=1\frac{1}{5}\right)$

③ $\frac{5}{12}\div\frac{10}{3}=\frac{5}{12}\times\frac{3}{10}=\frac{\overset{1}{\cancel{5}}\times\overset{1}{\cancel{3}}}{\underset{4}{\cancel{12}}\times\underset{2}{\cancel{10}}}=\frac{1}{8}$

しあげの5分レッスン　分数のわり算の計算のしかたを確かめよう。

ぴったり1 準備　36ページ

1 (1)① 1　② 1　③ 3　④ 2　⑤ $\frac{15}{2}\left(7\frac{1}{2}\right)$

(2)① 10　② 10　③ 7　④ 4　⑤ $\frac{49}{40}\left(1\frac{9}{40}\right)$

2 ① 7　② 7　③ 4　④ 3　⑤ $\frac{14}{9}\left(1\frac{5}{9}\right)$

3 ① 7　② 4　③ $\frac{7}{30}$

ぴったり2 練習　37ページ

てびき

❶ ① $\frac{14}{3}\left(4\frac{2}{3}\right)$　② $\frac{10}{3}\left(3\frac{1}{3}\right)$　③ 18

❶ 整数は分母が1の分数になおして計算します。

② $6\div\frac{9}{5}=\frac{6}{1}\div\frac{9}{5}=\frac{6}{1}\times\frac{5}{9}=\frac{10}{3}\left(=3\frac{1}{3}\right)$

③ $14\div\frac{7}{9}=\frac{14}{1}\div\frac{7}{9}=\frac{14}{1}\times\frac{9}{7}=18$

❷ ① $\frac{9}{16}$　② $\frac{10}{27}$　③ $\frac{3}{2}\left(1\frac{1}{2}\right)$

❷ 帯分数を仮分数になおして計算します。

① $1\frac{1}{2}\div\frac{8}{3}=\frac{3}{2}\div\frac{8}{3}=\frac{3}{2}\times\frac{3}{8}=\frac{9}{16}$

② $1\frac{5}{9}\div\frac{21}{5}=\frac{14}{9}\div\frac{21}{5}=\frac{14}{9}\times\frac{5}{21}=\frac{10}{27}$

❸ ① $\frac{21}{20}\left(1\frac{1}{20}\right)$　② $\frac{2}{3}$　③ $\frac{32}{5}\left(6\frac{2}{5}\right)$

❸ 小数は10を分母とする分数になおして計算します。

① $0.3\div\frac{2}{7}=\frac{3}{10}\div\frac{2}{7}=\frac{3}{10}\times\frac{7}{2}$

$=\frac{21}{20}\left(=1\frac{1}{20}\right)$

③ $2.4\div\frac{3}{8}=\frac{24}{10}\div\frac{3}{8}=\frac{24}{10}\times\frac{8}{3}$

$=\frac{32}{5}\left(=6\frac{2}{5}\right)$

❹ ① $\frac{3}{8}$　② 16　③ $\frac{13}{12}\left(1\frac{1}{12}\right)$

❹ わる数は逆数にして、かけ算だけの式にします。

① $\frac{2}{5}\times\frac{5}{6}\div\frac{8}{9}=\frac{2}{5}\times\frac{5}{6}\times\frac{9}{8}=\frac{3}{8}$

③ $\frac{5}{8}\div\frac{3}{4}\div\frac{10}{13}=\frac{5}{8}\times\frac{4}{3}\times\frac{13}{10}$

$=\frac{13}{12}\left(=1\frac{1}{12}\right)$

5 ① $\frac{16}{9}\left(1\frac{7}{9}\right)$ ② $\frac{5}{4}\left(1\frac{1}{4}\right)$ ③ $\frac{25}{6}\left(4\frac{1}{6}\right)$

5 整数、小数、分数のまじったかけ算、わり算は、分数のかけ算になおして計算することができます。

①$8\times\frac{3}{5}\div2.7=\frac{8}{1}\times\frac{3}{5}\div\frac{27}{10}=\frac{8}{1}\times\frac{3}{5}\times\frac{10}{27}$

$=\frac{16}{9}\left(=1\frac{7}{9}\right)$

③$56\div4.2\div3.2=\frac{56}{1}\div\frac{42}{10}\div\frac{32}{10}$

$=\frac{56}{1}\times\frac{10}{42}\times\frac{10}{32}=\frac{25}{6}\left(=4\frac{1}{6}\right)$

しあげの5分レッスン まちがえた問題をもう1回やってみよう。

ぴったり1 準備 38ページ

1 ①< ②小さい ③> ④大きい ⑤㋒

2 ①< ②大きい ③> ④小さい ⑤㋒

ぴったり2 練習 39ページ

てびき

1 ① $\frac{5}{2}$ ② $\frac{2}{5}$ ③ $\frac{2}{5}$ ④ $\frac{5}{2}$

1 ②積がかけられる数 10 より小さくなるから、かける数は1より小さい $\frac{2}{5}$ です。

③商がわられる数 10 より大きくなるから、わる数は1より小さい $\frac{2}{5}$ です。

2 ①> ②< ③< ④>

2 ②1より小さい分数をかけると、積はかけられる数より小さくなります。

④1より小さい分数でわると、商はわられる数より大きくなります。

3 ㋑、㋓

3 かける数が1より小さい式を選びます。

4 ㋐、㋓

4 わる数が1より小さい式を選びます。

しあげの5分レッスン かけられる数と積の関係、わられる数と商の関係を確かめよう。

ぴったり1 準備 40ページ

1 $\frac{5}{4}$、$\frac{8}{15}$、$\frac{8}{15}$

2 $\frac{7}{4}\left(1\frac{3}{4}\right)$、$\frac{7}{4}\left(1\frac{3}{4}\right)$

3 6、6

ぴったり2 練習 41ページ

てびき

1 ① $\frac{10}{9}$ 倍 $\left(1\frac{1}{9}\text{倍}\right)$ ② $\frac{9}{10}$ 倍

1 ①縦(たて)の長さをもとにします。

$\frac{5}{6}\div\frac{3}{4}=\frac{5}{6}\times\frac{4}{3}=\frac{10}{9}\left(=1\frac{1}{9}\right)$

②横の長さをもとにします。

$\frac{3}{4}\div\frac{5}{6}=\frac{3}{4}\times\frac{6}{5}=\frac{9}{10}$

2 10 m

2 $8\times\frac{5}{4}=10$ 10 m

③ $\frac{5}{4}$ha$\left(1\frac{1}{4}\text{ha}\right)$

④ $\frac{2}{3}$m²

⑤ 60ページ

③ 畑全体の面積を x ha とすると、

$x\times\frac{3}{10}=\frac{3}{8}$

$x=\frac{3}{8}\div\frac{3}{10}=\frac{3}{8}\times\frac{10}{3}=\frac{5}{4}\left(=1\frac{1}{4}\right)$

④ 板全体の面積を x m² とすると、

$x\times\frac{4}{5}=\frac{8}{15}$　　$x=\frac{8}{15}\div\frac{4}{5}=\frac{8}{15}\times\frac{5}{4}=\frac{2}{3}$

⑤ 全部のページ数を1としたとき、読んでいないページ数は、$1-\frac{5}{9}=\frac{4}{9}$

$135\times\frac{4}{9}=\frac{135}{1}\times\frac{4}{9}=60$　　60ページ

しあげの5分レッスン　問題の中で、どれがもとにする量で、どれが何倍かした量なのか、確かめよう。

ぴったり3 確かめのテスト 42～43ページ　てびき

① ①い、う　②あ、え

② ① $\frac{27}{4}\left(6\frac{3}{4}\right)$　② $\frac{15}{16}$　③ $\frac{4}{15}$　④ $\frac{5}{8}$

③ ① $\frac{3}{4}$　② 10　③ $\frac{8}{15}$　④ $\frac{10}{3}\left(3\frac{1}{3}\right)$　⑤ $\frac{21}{40}$　⑥ $\frac{5}{8}$

④ ① $\frac{2}{5}$　② $\frac{3}{14}$　③ $\frac{25}{72}$　④ 1　⑤ $\frac{1}{10}$　⑥ $\frac{6}{13}$

⑤ 式　$2\frac{2}{5}\times\frac{2}{3}=\frac{8}{5}\left(1\frac{3}{5}\right)$　答え　$\frac{8}{5}$m$\left(1\frac{3}{5}\text{m}\right)$

⑥ 式　$\frac{9}{4}\div\frac{3}{8}=6$　答え　6L

① ①かける数が1より小さい式を選びます。
②わる数が1より小さい式を選びます。

② ③ $\frac{2}{9}\div\frac{5}{6}=\frac{2}{9}\times\frac{6}{5}=\frac{4}{15}$

④ $\frac{3}{14}\div\frac{12}{35}=\frac{3}{14}\times\frac{35}{12}=\frac{5}{8}$

③ ② $16\div\frac{8}{5}=\frac{16}{1}\div\frac{8}{5}=\frac{16}{1}\times\frac{5}{8}=10$

③ $1\frac{2}{5}\div\frac{21}{8}=\frac{7}{5}\div\frac{21}{8}=\frac{7}{5}\times\frac{8}{21}=\frac{8}{15}$

⑤ $0.9\div\frac{12}{7}=\frac{9}{10}\div\frac{12}{7}=\frac{9}{10}\times\frac{7}{12}=\frac{21}{40}$

④ ① $\frac{2}{3}\times\frac{4}{5}\div\frac{4}{3}=\frac{2}{3}\times\frac{4}{5}\times\frac{3}{4}=\frac{2}{5}$

④ $7\times\frac{2}{5}\div2.8=\frac{7}{1}\times\frac{2}{5}\div\frac{28}{10}$

$=\frac{7}{1}\times\frac{2}{5}\times\frac{10}{28}=1$

⑤ $4.5\div12\times\frac{4}{15}=\frac{45}{10}\div\frac{12}{1}\times\frac{4}{15}$

$=\frac{45}{10}\times\frac{1}{12}\times\frac{4}{15}=\frac{1}{10}$

⑥ $0.3\div1.04\div\frac{5}{8}=\frac{3}{10}\div\frac{104}{100}\div\frac{5}{8}$

$=\frac{3}{10}\times\frac{100}{104}\times\frac{8}{5}=\frac{6}{13}$

⑤ 使ったリボンの長さはもとのリボンの長さの $\frac{2}{3}$ 倍なので、

$2\frac{2}{5}\times\frac{2}{3}=\frac{12}{5}\times\frac{2}{3}=\frac{8}{5}\left(=1\frac{3}{5}\right)$

⑥ 求める量を x として、かけ算の式に表すと、

$x\times\frac{3}{8}=\frac{9}{4}$

$x=\frac{9}{4}\div\frac{3}{8}=\frac{9}{4}\times\frac{8}{3}=6$

❼ 式　$10\frac{4}{5} \div 18 = \frac{3}{5}$

$\frac{3}{5} = 3 \div 5 = 0.6$　　答え　60 %

❼ 18 m^2 のかべをもとにする量と考えます。答えは百分率で表します。

$10\frac{4}{5} \div 18 = \frac{54}{5} \div \frac{18}{1} = \frac{54}{5} \times \frac{1}{18} = \frac{3}{5}$

おうちのかたへ　倍の計算の問題で、言葉や数字だけではわかりにくい場合は、数直線を使って考えるとよいことを伝えてあげましょう。

6 データの見方

ぴったり1 準備　44ページ

1 ①39.6　②16　③39.5　④1

2 2、2

ぴったり2 練習　45ページ

❶ ①14.5 点　②約 14.9 点　③2組

❷ ①

点	7	8	9	10	11	12	13	14	15	16	17	18	19	20
					3	13	2, 8, 15, 18	7, 10, 17	1, 5, 16	9, 14	12	4	6	11

②1組

てびき

❶ ①232÷16＝14.5(点)
②268÷18＝14.88…→約 14.9 点
③平均値で比べます。

❷ ②1組は8点から 20 点のはん囲、2組は 11 点から 20 点のはん囲に散らばっています。

しあげの5分レッスン　平均値の求め方を確かめよう。

ぴったり1 準備　46ページ

1 1組…10分、2組…15分

2 1組…11 分、2組…12.5 分

ぴったり2 練習　47ページ

❶ ①46 点　②41 点　③43 点　④41.5 点

❷

	1組	2組
平均値　(点)	42.4	43
最ひん値(点)	46	41
中央値　(点)	43	41.5

❸ 平均値、最ひん値、中央値

てびき

❶ ③1組の記録を大きさの順に並べると、
32　36　37　39　40　40　41　43　45
46　46　46　47　48　50
④2組の記録を大きさの順に並べると、
34　37　39　40　40　41　41　41　42
44　44　45　46　49　51　54
(41＋42)÷2＝83÷2＝41.5

❷ 1組の平均値は、
(32＋36＋37＋39＋40＋40＋41＋43＋45＋46＋46＋46＋47＋48＋50)÷15
＝636÷15＝42.4
2組の平均値は、
(34＋37＋39＋40＋40＋41＋41＋41＋42＋44＋44＋45＋46＋49＋51＋54)÷16
＝688÷16＝43

しあげの5分レッスン　最ひん値、中央値の意味を確かめよう。

ぴったり1 準備 48ページ

1 (1) 1組…35、40
2組…40、45
(2) 35 kg 以上 40 kg 未満

2

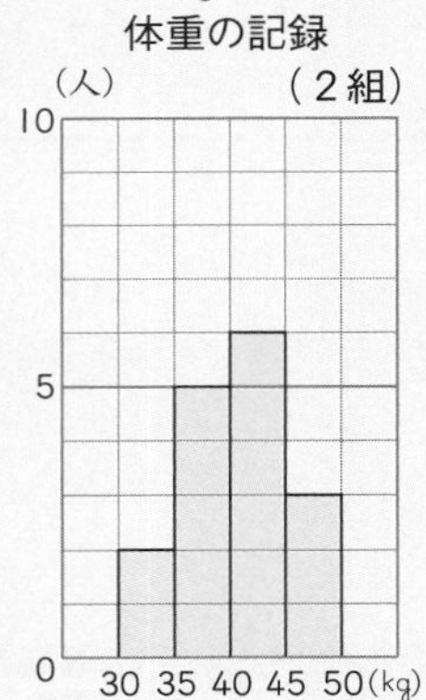

しあげの5分レッスン 度数や階級が何を指すのか、確かめよう。

ぴったり2 練習 49ページ

1 ①

握力測定の記録

握力(kg)	人数(人)
以上 未満 5 ～10	1
10 ～15	3
15 ～20	5
20 ～25	6
25 ～30	1
合計	16

② 3人　③ 15 kg 以上 20 kg 未満
④ 11 人、約 69 %

2 ①

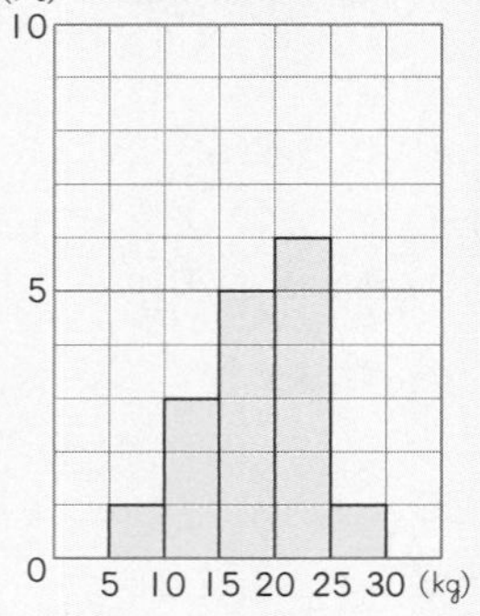

② 20 kg 以上 25 kg 未満
③ 15 kg 以上 20 kg 未満

てびき

1 ①番号1から順に、「正」の字を使って、正確に数えます。20 kg は「20～25」(20 kg 以上 25 kg 未満)の階級に入ります。
②～④は度数分布表を見て考えます。
③握力が小さいほうから階級ごとに人数をたしていって調べます。5番めの人は、
1、1+3=4(まだ)、1+3+5=9
だから、3番めの階級に入ります。
④15 kg 以上 20 kg 未満が5人、20 kg 以上 25 kg 未満が6人です。
5+6=11(人)　11÷16=0.687…(7を9に切り上げ)
→約 69 %

2 ③握力の平均値は、**1**の番号1から番号16までの値を使って求めます。
(16+20+23+17+13+21+22+18+14+19+9+24+14+27+19+24)÷16
=300÷16=18.75(kg)
15 kg 以上 20 kg 未満の階級に入ります。

ぴったり1 準備 50ページ

1 2、2
2 20、30、20 才以上 30 才未満の階級

ぴったり2 練習 51ページ

てびき

❶ ①7.3、7.9、8.1、8.2、8.2、8.4、8.4、8.5、8.6、8.6、8.8、8.9、9.0、9.4、10.1

②(例)速いほう

はやとさんの記録は、中央値の8.5秒よりも速いから。

❷ ①ウ

②約17%

てびき

❶ ②中央値よりも速いということは、クラスの記録を速いほうとおそいほうの半分に分けたとき、速いほうにふくまれます。

❷ ①50才は、50才以上60才未満の階級にふくまれます。

②40万÷230万=0.173…→約17%

ぴったり3 確かめのテスト 52〜53ページ

てびき

❶ ①1組

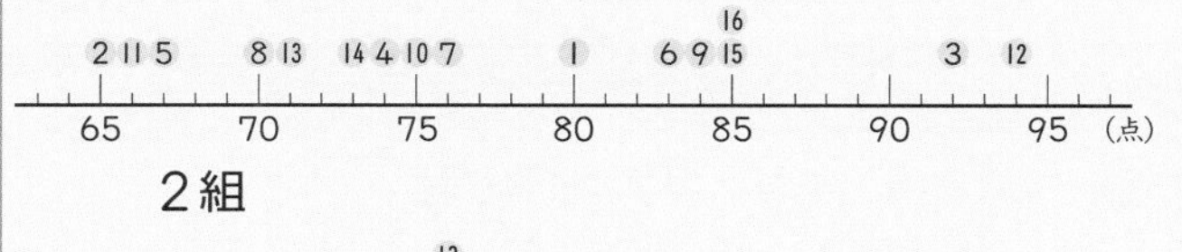

2組

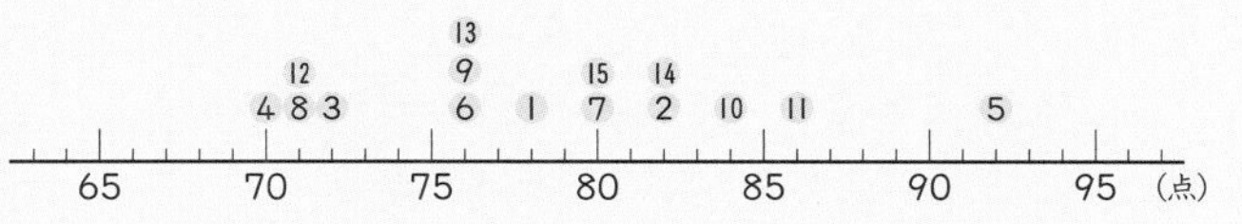

②1組 77.5点、85点、75.5点

2組 78.4点、76点、78点

❷ 理科テストの記録 (2組)

得点(点)	人数(人)
以上 未満 65 〜70	0
70 〜75	4
75 〜80	4
80 〜85	5
85 〜90	1
90 〜95	1
合計	15

❸ 理科テストの記録(2組)

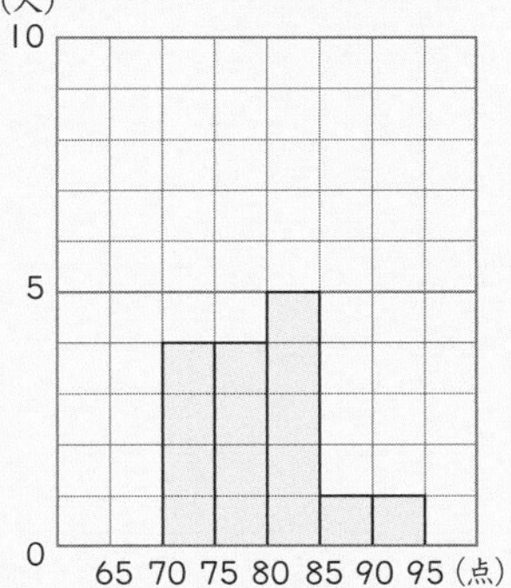

❹ ①1組…85点以上90点未満

2組…80点以上85点未満

②約38%

③75点以上80点未満

❺ ①60才以上70才未満 ②約18%

てびき

❶ ②1組の平均値は、

(80+65+92+74+67+83+76+70+84+75+66+94+71+73+85+85)÷16

=1240÷16=77.5(点)

2組の平均値は、

(78+82+72+70+92+76+80+71+76+84+86+71+76+82+80)÷15

=1176÷15=78.4(点)

❷ 2組の表で、番号1から順に、「正」の字を使って、落ちや重なりがないように、正確に数えましょう。

70点は「70〜75」(70点以上75点未満)、

80点は「80〜85」(80点以上85点未満)の階級に入ります。

❹ ②70点以上75点未満の階級に4人、75点以上80点未満の階級に2人います。

(4+2)÷16=0.375→約38%

③平均値は、❶②で求めた78.4点です。

❺ ①男の年令別人口でも、女の年令別人口でも、いちばん人口が多い階級は、60才以上70才未満の階級だから、男女を合わせた人口も、この階級の人口がいちばん多くなります。

②50 万÷280 万＝0.178…→約 18％

おうちのかたへ　最頻値や中央値は新しく学習する言葉です。意味をまちがえて覚えてしまわないように、しっかり確認させましょう。最頻値はデータの中で最も多く出てくる値、中央値はデータの中央にある値です。

7 円の面積

ぴったり1 準備　54ページ

1 (1)4、4　(2)3、3、3
2 ①20　②20　③314　④314
3 1、1、1

ぴったり2 練習　55ページ

1 ①78.5 cm^2　②254.34 cm^2
2 7.065 cm^2
3 ①28.26 cm^2　②76.93 cm^2　③235.5 cm^2
4 ①150.72 cm^2　②628 cm^2

てびき

1 円の面積＝半径×半径×円周率
①5×5×3.14＝78.5
②18÷2＝9　9×9×3.14＝254.34

2 この円の半径の長さは 1.5 cm だから、
1.5×1.5×3.14＝7.065

3 ①$6\times6\times3.14\times\frac{1}{4}=28.26$(cm²)
②14÷2＝7　$7\times7\times3.14\times\frac{1}{2}=76.93$(cm²)
③$10\times10\times3.14\times\frac{3}{4}=235.5$(cm²)

4 ①半径 8 cm の大きい円の面積から、半径 4 cm の小さい円の面積をひけば、色がついた部分の面積が求められます。
8×8×3.14−4×4×3.14
＝(8×8−4×4)×3.14
＝48×3.14
＝150.72
②半径 15 cm の大きい円の面積から、半径 5 cm の小さい円の面積をひけば、色がついた部分の面積が求められます。
15×15×3.14−5×5×3.14
＝(15×15−5×5)×3.14
＝200×3.14
＝628

しあげの5分レッスン　円の面積を求める公式を確かめよう。

てびき

❶ ①113.04 cm² ②7850 cm²

❷ ①㋒ ②㋐

❸ ①39.25 cm² ②339.12 cm²

❹ 314 cm²

❺ ①25.12 cm² ②628 cm²

❻ ①46.17 cm² ②344 cm² ③98 cm²

❶ ①半径6cmの円の面積を求めます。
$6\times6\times3.14=113.04$(cm²)
②$50\times50\times3.14=7850$(cm²)

❷ 円を等分して並(なら)びかえてできた長方形の、縦(たて)の長さは円の半径と等しく、横の長さは円周の半分の長さと等しくなります。

❸ ①半径5cmの円の$\frac{1}{2}$の面積を求めます。
$5\times5\times3.14\times\frac{1}{2}=39.25$(cm²)
②$12\times12\times3.14\times\frac{3}{4}=339.12$(cm²)

❹ 円周＝直径×円周率
直径を$x$cmとすると、$x\times3.14=62.8$
$x=20$　$20\div2=10$
$10\times10\times3.14=314$

❺ ①半径8cmの円の$\frac{1}{4}$から、半径4cmの円の$\frac{1}{2}$をひいた図形です。
1つの式に表して、計算のきまりを使うと、
$8\times8\times3.14\times\frac{1}{4}-4\times4\times3.14\times\frac{1}{2}$
$=16\times3.14-8\times3.14$
$=(16-8)\times3.14$
$=8\times3.14=25.12$
②右の図のように動かすと、半径が20cmの円の$\frac{1}{2}$の図形になります。

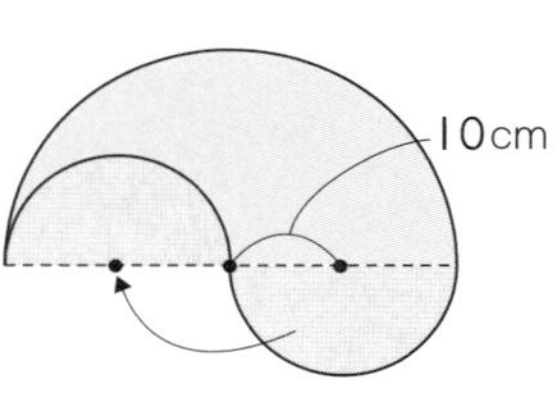

$20\times20\times3.14\times\frac{1}{2}=628$

❻ ①半径9cmの円の$\frac{1}{2}$の面積から、底辺が18cmで高さが9cmの三角形の面積をひきます。
$9\times9\times3.14\times\frac{1}{2}=127.17$
$18\times9\div2=81$
$127.17-81=46.17$
②白い部分を4つあわせると、半径20cmの円になります。
$40\times40=1600$
$20\times20\times3.14=1256$
$1600-1256=344$
③右の図のように動かすと、底辺の長さ、高さがともに14cmの三角形になります。

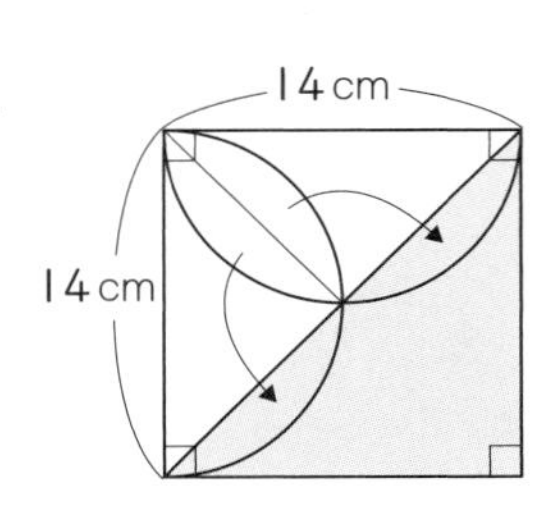

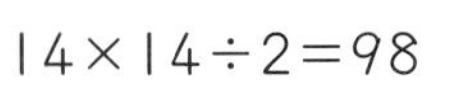
$14\times14\div2=98$

はってん

1 ①360、8
②㋐12　㋑8　㋒56.52　㋓56.52

1 円の中心の角度に目をつけると、円全体の面積のどれだけにあたるかがわかります。

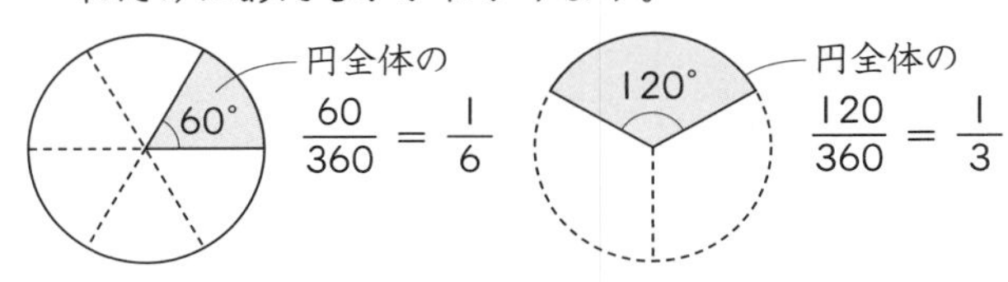

2 9.42 cm²

2 $6\times6\times3.14\times\frac{1}{12}=9.42$

算数ワールド

ピザの面積を比べよう　58～59ページ

1 ①式　48÷2＝24
24×24×3.14＝1808.64
答え　1808.64 cm²
②式　48÷2÷2＝12
12×12×3.14＝452.16
答え　452.16 cm²
③1808.64 cm²
④2、2、2、2、24、24

2 ①式　48÷3÷2＝8
8×8×3.14＝200.96
答え　200.96 cm²
②1808.64 cm²
③3、3、3、3、24、24

3 40°

てびき

1 ①円の面積＝半径×半径×円周率
半径＝直径÷2
48÷2＝24　24×24×3.14＝1808.64
②いのピザは、1辺48 cmの正方形の箱に2×2の4枚(まい)ぴったり入っているので、いのピザの直径は48÷2で24 cmです。
24÷2＝12　12×12×3.14＝452.16

2 ①うのピザは、1辺48 cmの正方形の箱に3×3の9枚(まい)ぴったり入っているので、うのピザの直径は48÷3で16 cmです。
16÷2＝8　8×8×3.14＝200.96

3 あのピザ1枚分とうのピザ9枚分の面積は等しいので、あのピザを9等分すると、その1切れの面積がうのピザ1枚分の面積と等しくなります。
360÷9＝40(°)

8 比例と反比例

ぴったり1 準備　60ページ

1 (1)23、23
(2)4.2×x、4.2×x、966÷4.2

ぴったり2 練習　61ページ

1 ①針金(はりがね)の長さが2倍、3倍になると、針金の重さも2倍、3倍になるから。
②38倍、76 m
③式　17.5×x＝y、長さ　76 m

てびき

1 ①

長さ　x(m)	2	4	6	…	?
重さ　y(g)	35	70	105	…	1330

②1330÷35＝38(倍)　2×38＝76(m)
③35÷2＝17.5　70÷4＝17.5　105÷6＝17.5
17.5がきまった数で、式は17.5×x＝y
この式の文字yに1330をあてはめると、
17.5×x＝1330、x＝1330÷17.5＝76

❷ 900枚

❷

枚数　x(枚)	20	40	60	…	
厚さ　y(mm)	4	8	12	…	180

$180\div4=45$
枚数も45倍になり、$20\times45=900$　900枚
または、xとyの関係を表す式を求めます。
$4\div20=0.2$　$0.2\times x=y$
この式の文字yに180をあてはめると、
$0.2\times x=180$　$x=180\div0.2=900$

❸ 160 cm²

❸ 厚紙の重さは面積に比例すると考えられます。
Ⓘの正方形の面積は、$8\times8=64$(cm²)です。
$15\div6=2.5$
Ⓐの面積は、
$64\times2.5=160$
160 cm²

2.5倍

面積(cm²)	64	
重さ(g)	6	15
	Ⓘ	Ⓐ

しあげの5分レッスン　まちがえた問題をもう１回やってみよう。

ぴったり1　準備　62ページ

1 (1)4、4　(2)4、40
2 (1)120、120、$120\times x$　(2)120、120

ぴったり2　練習　63ページ

てびき

❶ ①㋐6　㋑18　㋒24　㋓36
②$y=6\times x$　③90 cm²

❶ ①長方形の面積＝縦×横　の公式を使って、
㋐$6\times1=6$　㋑$6\times3=18$
③$y=6\times x$の文字xに15をあてはめると、
$y=6\times15=90$

❷ ①㋐6.6　㋑26.4　㋒5　㋓8
②$y=6.6\times x$　③35分後

❷ ①きまった数は、$13.2\div2=6.6$
㋐$6.6\times1=6.6$　㋑$6.6\times4=26.4$
㋒$33\div6.6=5$　㋓$52.8\div6.6=8$
③水の量はyなので、②で求めた式の文字yに231をあてはめます。
$231=6.6\times x$　$x=231\div6.6=35$

❸ Ⓐ$y=70\times x$　Ⓘ$y=0.6\times x$
Ⓤ$y=20\times x$　Ⓔ$y=350\times x$

しあげの5分レッスン　比例するxとyの関係を表す式について、確かめよう。

ぴったり1　準備　64ページ

1 4

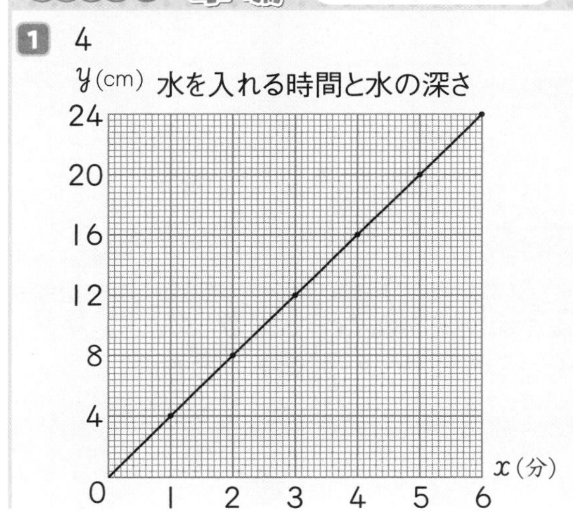

2 (1)80、1.5 (2)120、40

ぴったり2 練習 65ページ

てびき

❶ ①

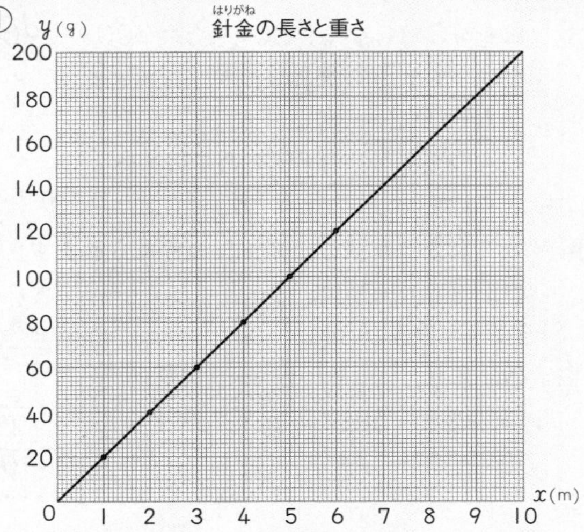

②140 g ③9 m

❷ ①40 km ②3時間

③Aさん…時速 20 km、Bさん…時速 15 km

❶ ①xの値(あたい)とyの値の組を表す点をとります。

xの値が1のとき、yの値は20

xの値が2のとき、yの値は40

xの値が3のとき、yの値は60

⋮ ⋮

グラフは、これらの点と0の点を通る直線になります。

②グラフから、xの値が7のとき、yの値は140。

〔別の解き方〕 xとyの関係は、$y=20\times x$です。

xの値が7のとき、$y=20\times7=140$

③グラフから、yの値が180のとき、xの値は9。

❷ ①Aさんのグラフから、xの値が2のとき、yの値は40。

②Bさんのグラフから、yの値が45のとき、xの値は3。

③Aさんのグラフから、xの値が1のとき、yの値は20。Aさんの時速は20 km。Bさんのグラフから、xの値が1のとき、yの値は15。

Bさんの時速は15 km。

しあげの5分レッスン 比例のグラフのかき方を確かめよう。

ぴったり1 準備 66ページ

1 $\frac{1}{2}$、$\frac{1}{3}$、反比例

2 12、12、12÷x

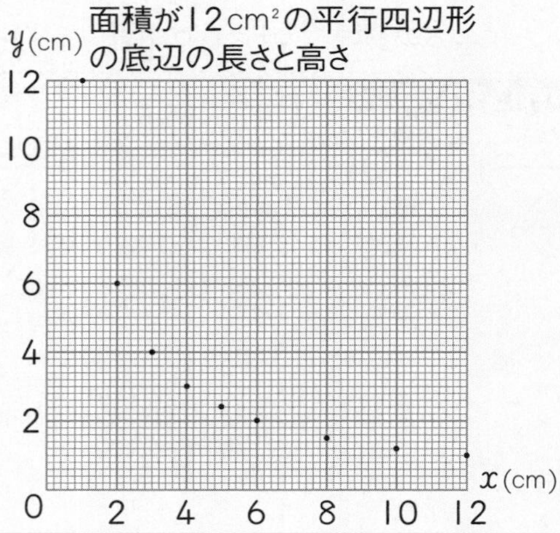

ぴったり2 練習 67ページ

てびき

❶ ①反比例していない。

②反比例している。

❶ xの値が2倍、3倍、……になると、それにともなってyの値が$\frac{1}{2}$倍、$\frac{1}{3}$倍、……になれば、2つの数量は反比例しています。

2 ①㋐18　㋑9　㋒4.5　㋓3
②$y=18\div x$　③12 時間

3

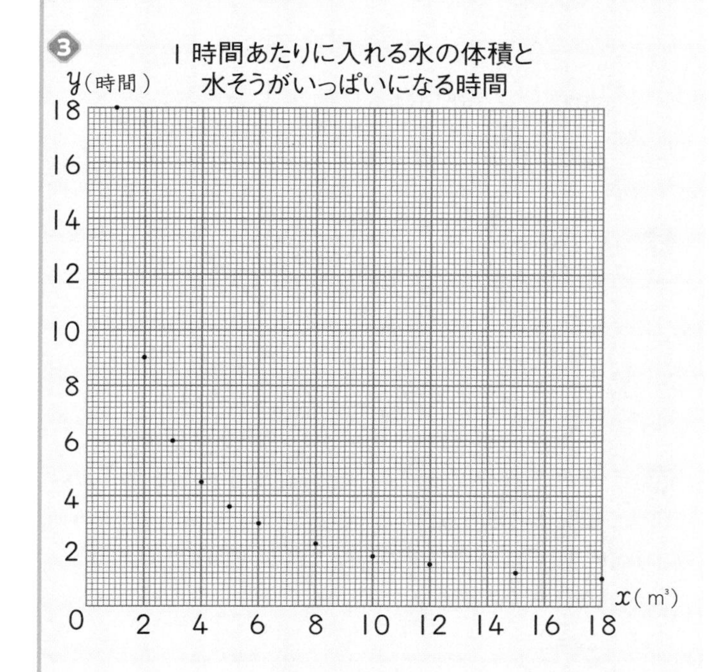

しあげの5分レッスン　反比例する x と y の関係を表す式について、確かめよう。

2 ①㋐$18\div1=18$　㋑$18\div2=9$
㋒$18\div4=4.5$　㋓$18\div6=3$
②きまった数は 18 です。
③$y=18\div x$ の式の文字 x に 1.5 をあてはめます。
$y=18\div1.5=12$

3

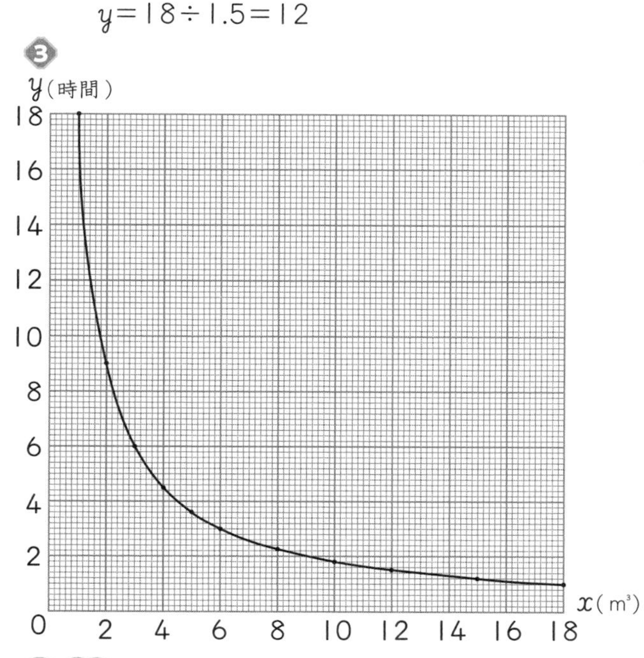

はってん
グラフにかいた点を、なめらかな曲線で結ぶと上のようになります。反比例する2つの数量の関係を表すグラフは、このような曲線になります。

ぴったり3 確かめのテスト　68～69ページ

1 ①㋐4　㋑8　㋒12　㋓16　㋔20
②$y=4\times x$

2 比例…㋒　反比例…㋐

3 ①$y=8\times x$　②72 cm²　③7.5 cm
④

高さと面積

y(cm²)　64, 56, 48, 40, 32, 24, 16, 8, 0
x(cm)　0, 1, 2, 3, 4, 5, 6, 7, 8

てびき

1 ①㋐本数が $\frac{1}{6}$ になると、重さも $\frac{1}{6}$ になるから
$24\times\frac{1}{6}=4$
㋑$4\times2=8$　㋒$4\times3=12$　㋓$4\times4=16$
㋔$4\times5=20$
②きまった数は4だから、$y=4\times x$

3 ①$8\div1=8$、$16\div2=8$、$24\div3=8$、……
きまった数は8だから、$y=8\times x$
②$y=8\times x$ の文字 x に9をあてはめると、
$y=8\times9=72$
③$y=8\times x$ の文字 y に 60 をあてはめると、
$60=8\times x$　$x=60\div8=7.5$
④表の、x の値（あたい）と y の値の組を表す点をとり、これらの点と0の点を通る直線をかきます。

4 ①㋐36　㋑18　㋒12　㋓9　㋔7.2
②9 m³

4 ①㋐水の体積が $\frac{1}{6}$ になると、時間は6倍になります。6×6＝36
㋑36×$\frac{1}{2}$＝18　㋒36×$\frac{1}{3}$＝12
㋓36×$\frac{1}{4}$＝9　㋔36×$\frac{1}{5}$＝7.2
②時間が36時間から4時間に $\frac{1}{9}$ 倍になると、体積は9倍になります。
1×9＝9　9 m³

5 ①y＝30÷x　②3 cm　③2.4 cm

5 ①1×30＝30　2×15＝30　3×10＝30
きまった数は30だから、y＝30÷x
②y＝30÷x の文字 x に10をあてはめると、
y＝30÷10＝3
③y＝30÷x の文字 y に12.5をあてはめると、
12.5＝30÷x　x＝30÷12.5＝2.4

6 ①リボンA…150円、リボンB…100円
②1 m

6 ①それぞれのグラフの、x の値が1のときの y の値をよみ取ります。
②それぞれのグラフの、y の値が300のときの x の値をよみ取ります。
3－2＝1（m）

9 角柱と円柱の体積

ぴったり1 準備　70ページ

1 4、6、5
2 8、3、12、12、4
3 5、5、10

ぴったり2 練習　71ページ

1 ①㋐3　㋑4　㋒12　㋓3　㋔12　㋕3
㋖36
②30 cm³　③168 cm³　④650 cm³
⑤96 cm³

2 ①㋐2　㋑2　㋒12.56　㋓5　㋔12.56
㋕5　㋖62.8
②113.04 cm³　③2034.72 cm³

てびき

1 ②底面積は、5×4÷2＝10（cm²）、高さは3 cmだから、体積は、10×3＝30（cm³）
③6×8÷2×7＝168（cm³）
（6×8÷2：底面積、7：高さ）
④(8＋12)×5÷2×13＝650（cm³）
⑤(6×3÷2＋6×5÷2)×4＝96（cm³）

2 ①底面が半径2 cmの円、高さが5 cmの円柱です。
②底面の円の半径は3 cmです。
3×3×3.14×4＝113.04（cm³）
③9×9×3.14×8＝2034.72（cm³）

しあげの5分レッスン　角柱と円柱の体積を求める公式を、確かめよう。

ぴったり3 確かめのテスト　72～73ページ

1 ①底面積、高さ　②6、12
③50.24、502.4

てびき

1 ②底面積　4×3÷2＝6（cm²）
体積　6×2＝12（cm³）
③底面積　4×4×3.14＝50.24（cm²）
体積　50.24×10＝502.4（cm³）

2 ①280 cm^3　②252 cm^3　③216 cm^3
④120 cm^3　⑤1695.6 cm^3　⑥471 m^3

2 ①8×5÷2×14＝280(cm^3)
②底面は平行四辺形です。
7×3×12＝252(cm^3)
③底面は2つの三角形をあわせた形です。
(9×4÷2＋9×2÷2)×8＝216(cm^3)
④底面はひし形です。
(8×6÷2)×5＝120(cm^3)
⑤6×6×3.14×15＝1695.6(cm^3)
⑥底面の円の半径は5mです。
単位に注意しましょう。
5×5×3.14×6＝471(m^3)

3 ①374 cm^3　②18.84 cm^3　③678.24 cm^3

3 ①4×10－(10－6)×(4－1)÷2＝34(cm^2)
34×11＝374(cm^3)
②$2×2×3.14×\frac{1}{4}$＝3.14(cm^2)
3.14×6＝18.84(cm^3)
③6×6×3.14－3×3×3.14＝84.78(cm^2)
84.78×8＝678.24(cm^3)

4 ①45 cm^3　②37.68 cm^3

4 ①展開図(てんかいず)を組み立てると、底面が底辺6cm、高さ3cmの三角形で、高さ5cmの三角柱ができます。
6×3÷2×5＝45(cm^3)
②底面の半径が2cmで、高さが3cmの円柱ができます。
2×2×3.14×3＝37.68(cm^3)

はってん

1 ①52 cm^2　②62.8 cm^2

1 ①右の図で、黒色の長方形の面積は、
2×3＝6(cm^2)
赤色の長方形の面積は、
4×(3＋2＋3＋2)
＝40(cm^2)

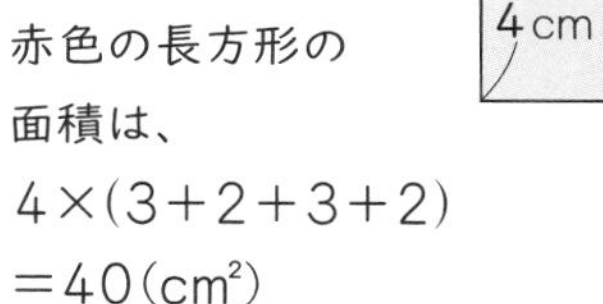

四角柱の表面積は、6×2＋40＝52(cm^2)
②問題の図で、円の面積は、
2×2×3.14＝12.56(cm^2)
長方形の面積は、3×4×3.14＝37.68(cm^2)
表面積は、12.56×2＋37.68＝62.8(cm^2)

10 比

ぴったり1 準備 74ページ

1 10、7、10
2 (1)3　(2)2　(3)3　(4)2

ぴったり2 練習 75ページ

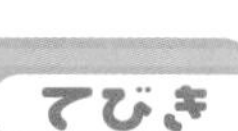

1 ①8：3　②7：11　③20：27
④199：211

1 ①記号：を使って、8：3と表します。

❷ ①$\frac{6}{7}$　②$\frac{5}{8}$　③$\frac{1}{3}$　④$\frac{3}{8}$　⑤$\frac{5}{4}$　⑥3

❷ $a:b$の比の値（あたい）→$a\div b$の商

①$6\div7=\frac{6}{7}$

③$5\div15=\frac{5}{15}=\frac{1}{3}$

⑥$36\div12=\frac{36}{12}=3$

❸ ①う、え　②い、え

❸ 2つの比が等しいとき、比の値も等しくなります。

①3：4の比の値は$\frac{3}{4}$　あからえの比の値は

あ$\frac{4}{3}$　い$\frac{4}{5}$　う$\frac{3}{4}$　え$\frac{3}{4}$

しあげの5分レッスン　比の値の求め方を確かめよう。

ぴったり1 準備　76ページ

1 ①5　②16　③24　④30

2 (1)3、5、4　(2)4、3、7

3 (1)10、36、9　(2)15、10、9

ぴったり2 練習　77ページ

てびき

❶ ①8　②25　③9　④3

❶ ①$3:4=6:8$（×2）　②$5:7=25:35$（×5）

③$20:36=5:9$（÷4）　④$27:63=3:7$（÷9）

❷ ①5：2、20：8、30：12など
②3：8、12：32、18：48など

❷ ①$10:4=5:2$（÷2）　$10:4=20:8$（×2）

$10:4=30:12$（×3）

等しい比はほかにもたくさんあります。

❸ ①4：1　②3：5　③4：3　④7：8

❸ $a:b$のaとbを、それらの最大公約数でわります。

①$12:3=(12\div3):(3\div3)=4:1$

②$18:30=(18\div6):(30\div6)=3:5$

③$32:24=(32\div8):(24\div8)=4:3$

④$49:56=(49\div7):(56\div7)=7:8$

❹ ①3：5　②1：5　③5：2　④20：21

❹ まず、整数の比で表します。

①$1.8:3=(1.8\times10):(3\times10)$
$=18:30=(18\div6):(30\div6)$
$=3:5$

②$0.14:0.7=(0.14\times100):(0.7\times100)$
$=14:70$
$=(14\div14):(70\div14)$
$=1:5$

③$\frac{1}{2}:\frac{1}{5}=\left(\frac{1}{2}\times10\right):\left(\frac{1}{5}\times10\right)=5:2$

④$\frac{5}{6}:\frac{7}{8}=\left(\frac{5}{6}\times24\right):\left(\frac{7}{8}\times24\right)=20:21$

しあげの5分レッスン　比の性質や、比を簡単（かんたん）にするしかたを確かめよう。

ぴったり1 準備 78ページ

1 6、18、18

2 3、80

3 ①8　②7　③15

ぴったり2 練習 79ページ

1 100 mL

2 60 cm

3 250 g

4 ①あ、え、か　②123 cm

てびき

1 みりんの量を x mL とすると、

$5:4=x:80$（×20）　$x=5\times20=100$

2 縦（たて）の長さを x cm とすると、

$2:3=x:90$（×30）　$x=2\times30=60$

3 牛肉の重さと全部の肉の重さの比は、

$5:(5+4)=5:9$

牛肉の重さを x g とすると、

$5:9=x:450$（×50）　$x=5\times50=250$

4 はやとさんが6才の時の身長を x cm とします。

①写真の中のはやとさんの身長　←か

　：写真の中のものの長さ

$=x$：写真の中のものの実物の長さ

と考えられます。

写真にうつっていて、実物の長さも調べられるのは、ふすまの縦の長さです。→あ、え

②$8.2:12=x:180$（×□）

$180\div12=15$ だから、

$x=8.2\times15=123$

しあげの5分レッスン　まちがえた問題をもう1回やってみよう。

ぴったり3 確かめのテスト 80～81ページ

1 ①4：9　②8：5　③113：127

2 ①$\frac{1}{3}$　②$\frac{4}{3}$　③5

3 ①2：3、8：12、12：18など

②7：4、28：16、42：24など

③3：1、6：2、9：3など

4 ①3：4　②5：2　③1：4　④1：8

⑤9：4　⑥5：3

てびき

1 ③$113:(240-113)=113:127$

2 ①$14\div42=\frac{14}{42}=\frac{1}{3}$

②$48\div36=\frac{48}{36}=\frac{4}{3}$

③$20\div4=5$

3 ①$(4\div2):(6\div2)$、$(4\times2):(6\times2)$、$(4\times3):(6\times3)$　など。

$4:6=2:3$だから、

$(2\times3):(3\times3)=6:9$なども等しくなります。

③$(18\div6):(6\div6)$、$(18\div3):(6\div3)$、$(18\div2):(6\div2)$　など。

4 ①$9:12=(9\div3):(12\div3)=3:4$

②$75:30=(75\div15):(30\div15)=5:2$

③$0.4:1.6=(0.4\times10):(1.6\times10)$
$=4:16$
$=(4\div4):(16\div4)=1:4$

④$0.25:2=(0.25\times100):(2\times100)$
$=25:200$
$=(25\div25):(200\div25)=1:8$

⑤$\frac{3}{8}:\frac{1}{6}=\left(\frac{3}{8}\times24\right):\left(\frac{1}{6}\times24\right)=9:4$

⑥$1:\frac{3}{5}=(1\times5):\left(\frac{3}{5}\times5\right)=5:3$

5 ①20 ②105 ③5 ④2

5 ③$3:x=4.8:8$ （÷1.6） $x=8\div1.6=5$

④$x:9=0.2:0.9$ （×10） $x=0.2\times10=2$

6 ①450 mL ②91 個

6 ①スープの量を x mL とすると、

$3:5=270:x$ （×90） $x=5\times90=450$

②お姉さんが x 個もらえるとすると、

$5:7=65:x$ （×13） $x=7\times13=91$

7 ①72 cm ②80 m²

7 ①長いほうのテープとテープ全体の長さの比は、
$8:(8+3)=8:11$
長いほうのテープの長さを x cm とすると、

$8:11=x:99$ （×9） $x=8\times9=72$

②縦（たて）の長さと、縦＋横の長さの比は、
$4:(4+5)=4:9$
縦＋横の長さは、$36\div2=18$(m)だから、縦の長さを x m とすると、

$4:9=x:18$ （×2） $x=4\times2=8$

横の長さは、$18-8=10$(m)だから、面積は、
$8\times10=80$(m²)

おうちのかたへ　比を簡単にする問題では、最大公約数を使います。「18 と 24 はどんな数でわれる？」「2と3と4と…」というように問いかけてみましょう。繰り返し練習することで、頭の中に数字が浮かんでくるようになります。

11 拡大図と縮図

ぴったり1 準備　82 ページ

1 2、等しく、2
2 ①2 ②60 ③2 ④60

ぴったり2 練習 83ページ

てびき

❶ 拡大図…㋕　縮図…㋓

❶ 対応する辺の長さの比が等しく、対応する角の大きさも等しくなっているかどうかを調べます。
㋕の図は、㋐の図の2倍の拡大図です。
㋓の図は、㋐の図の $\frac{1}{2}$ の縮図です。

❷ $\frac{1}{3}$ の縮図
㋚の図は、㋑の図の3倍の拡大図です。

❷ ㋚の図の辺ウエの長さ、㋑の図の辺CDの長さをはかると、それぞれ4.5cm、1.5cmです。
辺ウエ：辺CD＝4.5：1.5＝3：1となります。

❸ ①2cm　②3cm　③2.5cm　④1.5cm
⑤65°

❸ 対応する辺の長さを $\frac{1}{4}$ にします。対応する角の大きさは、もとの図と同じになります。

しあげの5分レッスン 拡大図と縮図の意味を確かめよう。

ぴったり1 準備 84ページ

1 アウ、A
2 AC、AE

ぴったり2 練習 85ページ

てびき

❶

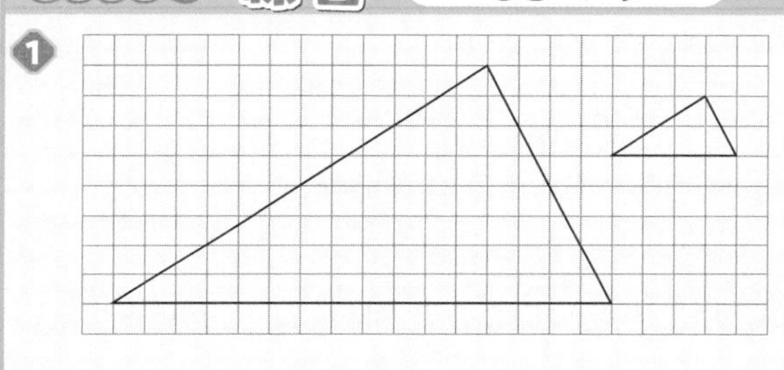

❶ はじめに、辺イウに対応する辺をかきます。
2倍の拡大図は長さを2倍に、$\frac{1}{2}$ の縮図は長さを $\frac{1}{2}$ にします。

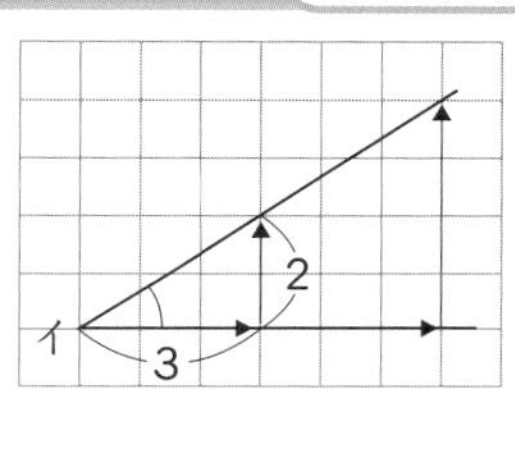

次に、角イに対応する角は、上の図のように考えてかくといいでしょう。対応する角の大きさは、拡大図でも縮図でも同じです。

❷

❷ 2つの三角形に分けて、それぞれ2倍の拡大図をかきます。
三角形イウエ、三角形アイエの順に拡大します。

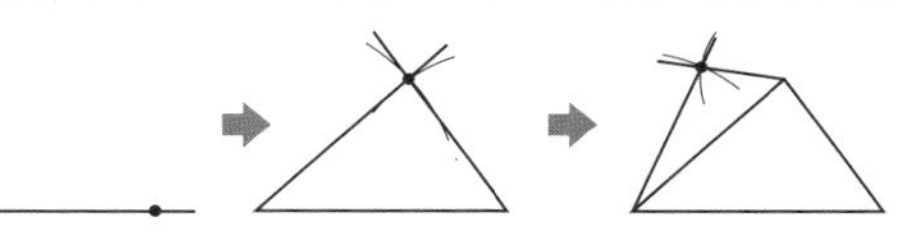

または、三角形アイウ、三角形アウエの順に拡大します。

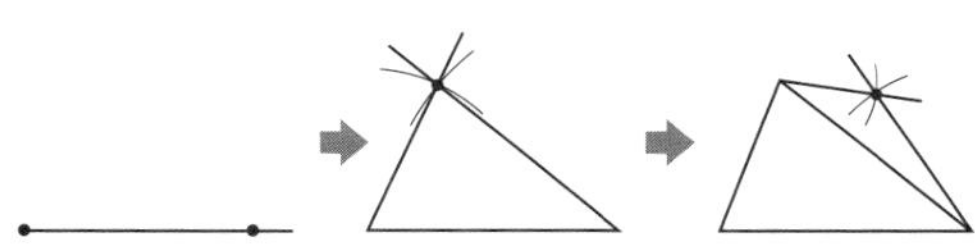

❸

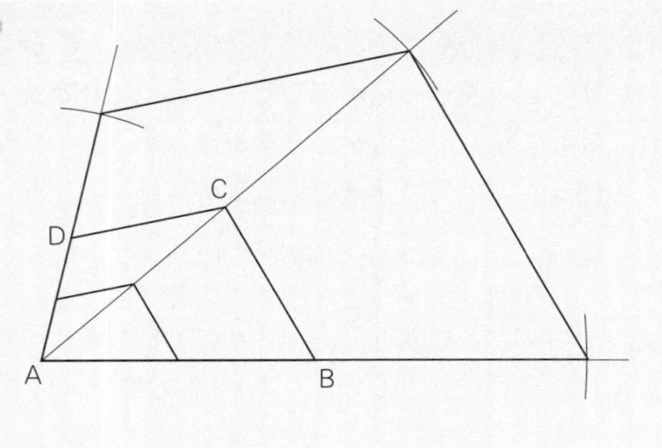

❸ 対角線ACで、2つの三角形ABC、ACDに分けてかきます。

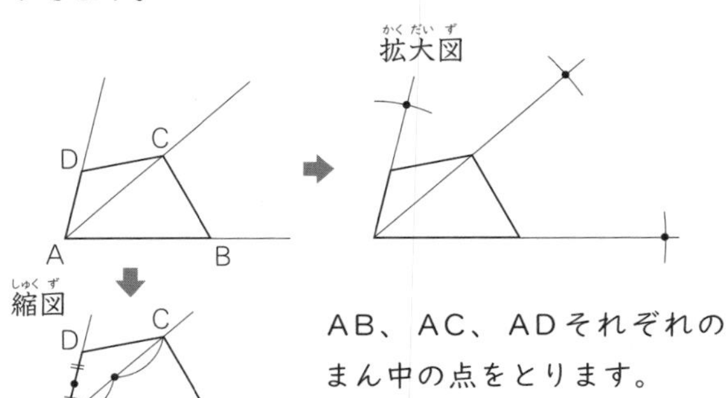

AB、AC、ADそれぞれのまん中の点をとります。

❹ ㋑、㋒、㋔

❹ 二等辺三角形やひし形は、角の大きさがいろいろで、いつも拡大図と縮図の関係になるとはかぎりません。

しあげの5分レッスン 拡大図と縮図のかき方を確かめよう。

ぴったり1 準備 86ページ

❶ 2000、16000、160

❷ ①280 ②280 ③120 ④400 ⑤4

ぴったり2 練習 87ページ

てびき

❶ ①3cm ②12km

❶ ①150m＝15000cm

$15000\times\frac{1}{5000}=3$ (cm)

②6×200000＝1200000(cm)

1200000cm＝12km

❷ ① $\frac{1}{2000}$

②AB…80m、AC…140m

③1.8cm

❷ ①縮図で、校舎の横の長さをはかると、4cmです。

80m＝8000cm、$\frac{4}{8000}=\frac{1}{2000}$

②縮図で、ABは4cm、ACは7cmです。

実際の長さは、AB＝4×2000＝8000(cm)

AC＝7×2000＝14000(cm)

③36m＝3600cm、$3600\times\frac{1}{2000}=1.8$ (cm)

❸ 14m

❸ 三角形ABCの $\frac{1}{400}$ の縮図、三角形アイウを、イウを5cm、角イを90°、角ウを35°としてかくと、次の図のようになります。

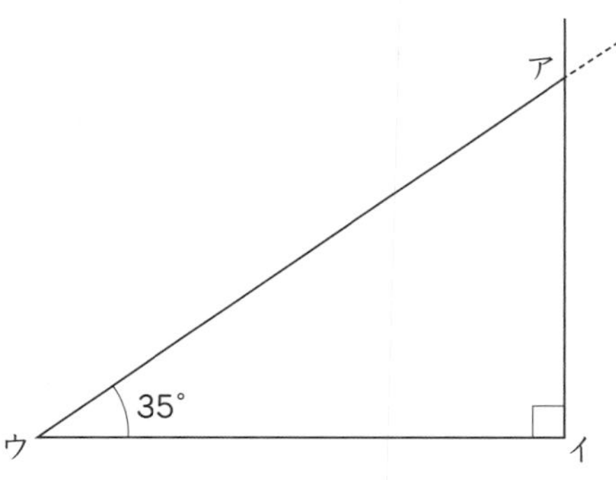

この図で、アイの長さをはかると、3.5cmだから、AとBの実際のきょりは、

3.5×400÷100＝14(m)

しあげの5分レッスン 縮図を使った実際の長さの求め方を確かめよう。

ぴったり3 確かめのテスト 88〜89ページ

てびき

❶ 拡大図…㋔、㋖　縮図…㋒

❶ ㋔は、㋐を1.5倍に拡大したものです。

❷ 辺AB…2cm、辺AD…2.8cm
角A…110°、角B…70°

❷ 辺AB、辺ADに対応する辺の長さはそれぞれ

$10\times\frac{1}{5}=2$(cm)　$14\times\frac{1}{5}=2.8$(cm)

角A、角Bに対応する角の大きさは、それぞれ、角A、角Bに等しくなっています。

❸ 拡大図

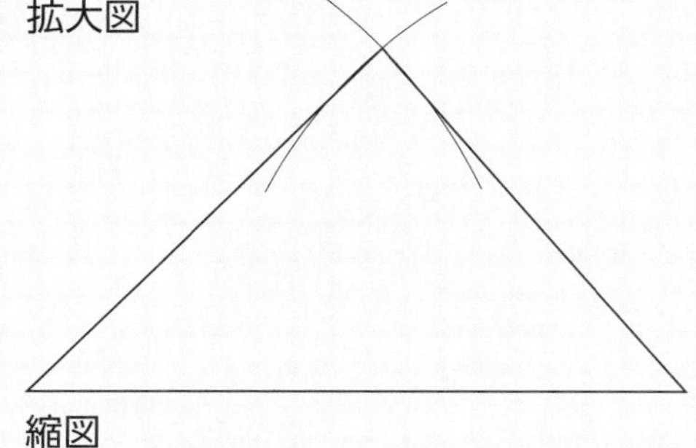

縮図

❸ 三角形の2倍の拡大図のかき方には、次の3通りの方法があります。

●3辺の長さをどれも2倍にする。

●2辺の長さを2倍にし、その間の角度はもとの三角形と等しくなるようにかく。

●1辺の長さを2倍にし、その両はしの角度はもとの三角形と等しくなるようにかく。

❹

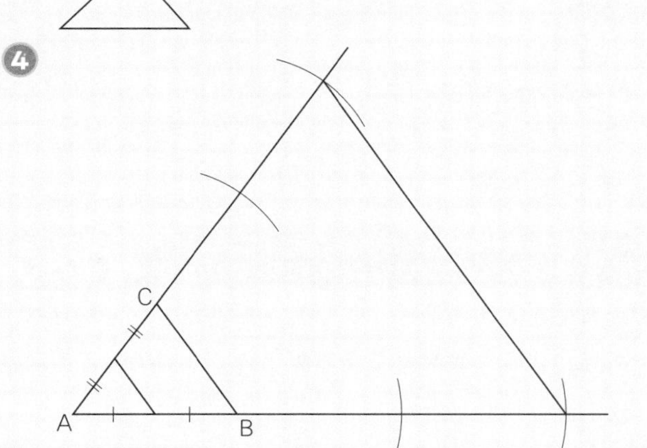

❹ 3倍の拡大図

辺AB、辺ACをそれぞれB、Cのほうへのばし、AB、ACの長さを3倍にして、点B、点Cと対応する点をとります。

長さを2倍、3倍にするときは、コンパスを使うと便利です。

$\frac{1}{2}$の縮図

辺AB、辺ACそれぞれのまん中の点をとります。

❺ ①$\frac{1}{2000}$　②9600㎡

③縦の長さ…1.6cm、横の長さ…2.2cm

❺ ①縮図でADの長さをはかると、5cmです。

100m＝10000cmだから $\frac{5}{10000}=\frac{1}{2000}$

②しき地は台形の形をしています。縮図で、
BC＝7cm、AB＝4cmだから、実際の長さは、
BC＝7×2000÷100＝140(m)
AB＝4×2000÷100＝80(m)
ADの実際の長さは100mだから、しき地の面積は、(100＋140)×80÷2＝9600(㎡)

③縦　$32\times100\times\frac{1}{2000}=1.6$(cm)

横　$44\times100\times\frac{1}{2000}=2.2$(cm)

はってん

1 ①$\frac{1}{4}$　②4：1：16

1 ①㋑は㋐の$\frac{1}{2}$の縮図、㋐は㋒の$\frac{1}{2}$の縮図になっています。㋑は㋒の$\frac{1}{2}\times\frac{1}{2}=\frac{1}{4}$の縮図です。

②あの面積は、$2\times4=8$
いの面積は、$1\times2=2$
うの面積は、$4\times8=32$
よって、$8:2:32=4:1:16$

およその面積と体積

およその面積／およその体積　90〜91ページ

1 ①約 608 km^2　②約 615 km^2

2 約 1062000 m^3

3 約 510000 m^3

てびき

1 ①底辺をACとみます。ACの長さは 38 km、Bからひいた高さは 32 km です。
面積は、$38\times32\div2=608(km^2)$
②半径は 14 km とします。
面積は、$14\times14\times3.14=615.\cancel{44}(km^2)$

2 $60\times60\times295=1062000$

3 $180\div2=90$
$90\times90\times3.14\times20=5\cancel{08680}$ （10000）

12 並べ方と組み合わせ

ぴったり1 準備　92ページ

1 ①4　②2　③3　④3　⑤2　⑥6　⑦24
⑧24

2 ①E　②D　③E　④A　⑤B　⑥C　⑦D
⑧20　⑨20

ぴったり2 練習　93ページ

1 あ―か―さ、あ―さ―か、か―あ―さ、
か―さ―あ、さ―あ―か、さ―か―あ
6通り

2 24通り

てびき

1 左はしが、あのとき、かのとき、さのとき、それぞれ順序よく、重なりや落ちがないように調べます。

2 ア　イ　ウ　エ　ア　イ　ウ　エ

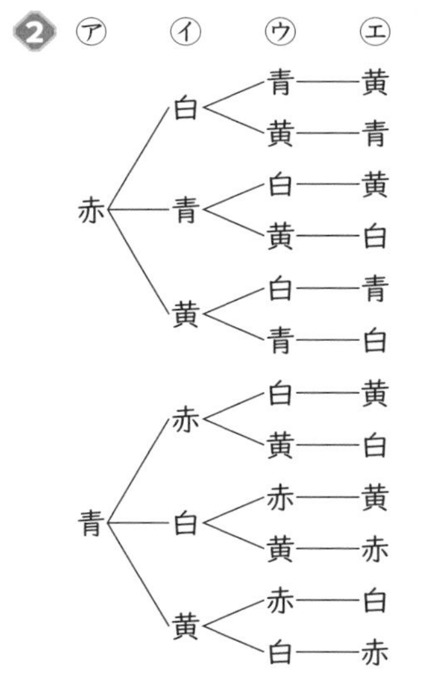

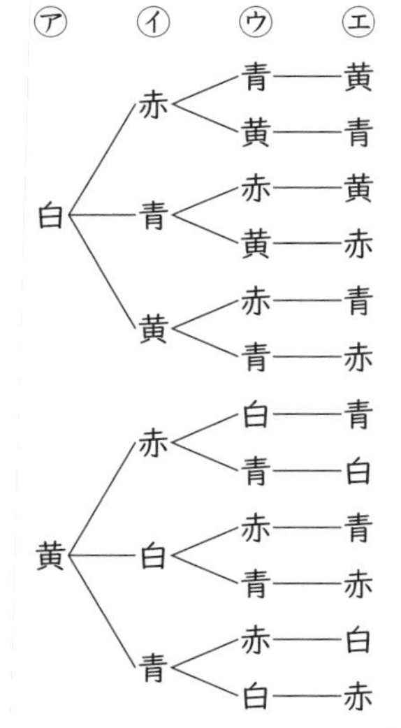

❸ ①12通り　②24通り

❸ ①選び方は、下のようになります。

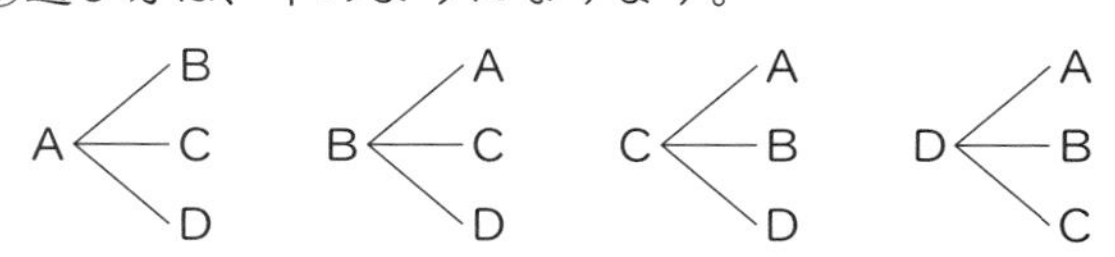

②1番め 2番め 3番め　1番め 2番め 3番め

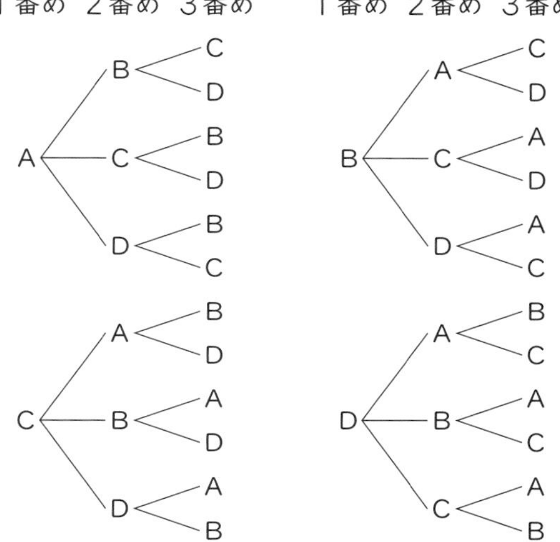

❹ 102、103、120、123、130、132、
201、203、210、213、230、231、
301、302、310、312、320、321
18通り

❹ 012や031などは、3けたの整数とはいえません。
百の位は1、2、3のどれかです。
百の位が1のとき、十、一の位には、残りの3枚のカード0、2、3から2枚を選んで並べます。数字の小さい順にという規則をつくって、順序よく調べると、落ちや重なりをなくすことができます。

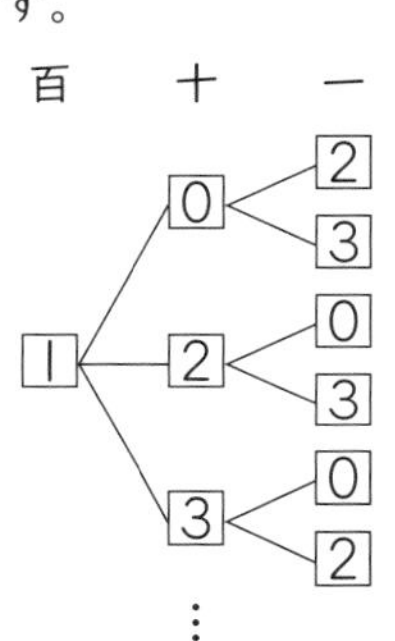

しあげの5分レッスン　並べ方を調べるときの図のかき方を確かめよう。

ぴったり1 準備　94ページ

❶ 10、10

❷ (1)

A	B	C	D
○	○	○	
○	○		○
○		○	○
	○	○	○

(2)4、4

ぴったり2 練習　95ページ

てびき

❶ 3通り

❶ 表や図をかいて調べます。

A	B	C
○	○	
○		○
	○	○

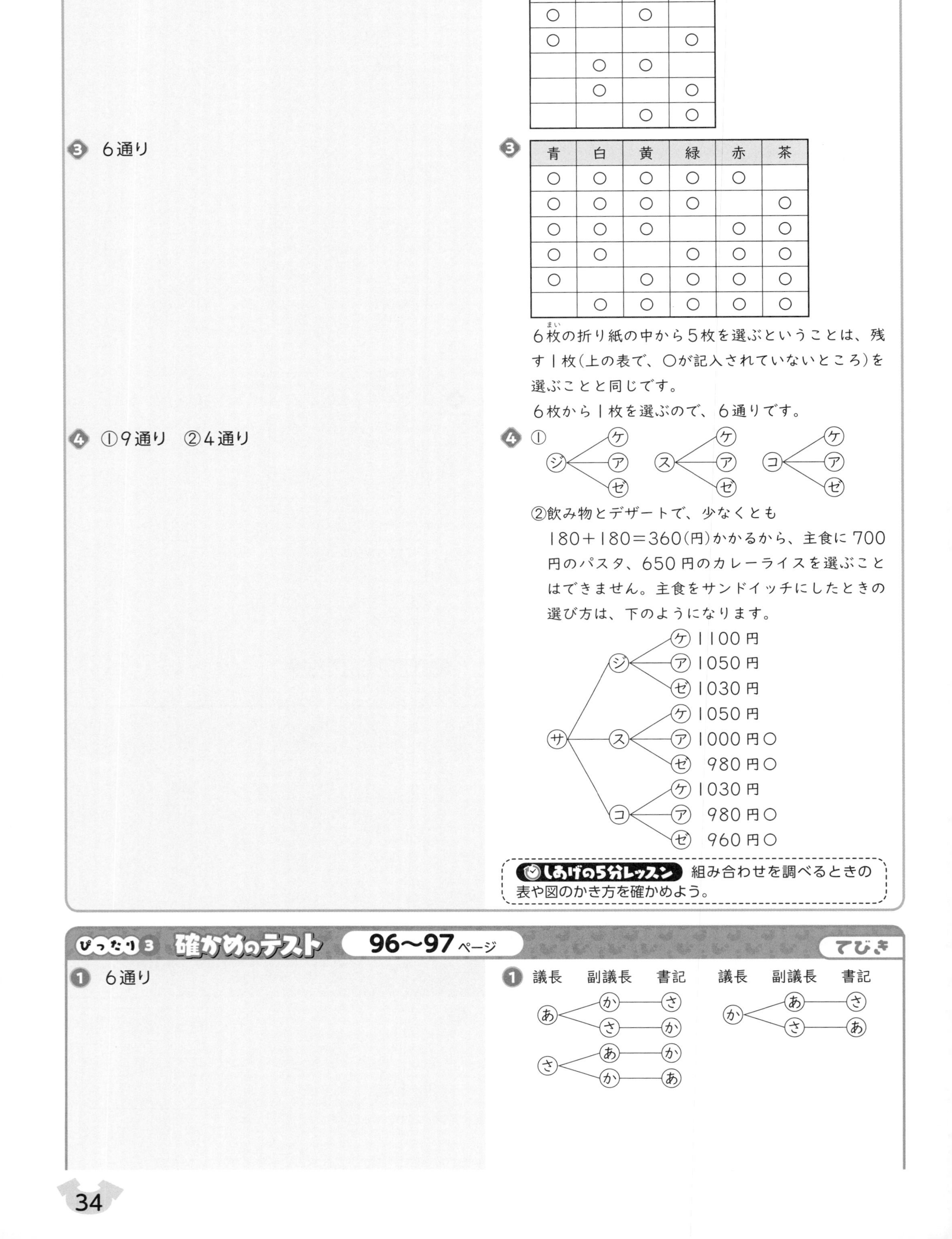

❷ 6通り

❷

あい	かな	さや	たみ
○	○		
○		○	
○			○
	○	○	
	○		○
		○	○

❸ 6通り

❸

青	白	黄	緑	赤	茶
○	○	○	○	○	
○	○	○	○		○
○	○	○		○	○
○	○		○	○	○
○		○	○	○	○
	○	○	○	○	○

6枚(まい)の折り紙の中から5枚を選ぶということは、残す|枚(上の表で、○が記入されていないところ)を選ぶことと同じです。

6枚から|枚を選ぶので、6通りです。

❹ ①9通り　②4通り

❹ ①

②飲み物とデザートで、少なくとも|80+|80=360(円)かかるから、主食に700円のパスタ、650円のカレーライスを選ぶことはできません。主食をサンドイッチにしたときの選び方は、下のようになります。

しあげの5分レッスン 組み合わせを調べるときの表や図のかき方を確かめよう。

ぴったり3 確かめのテスト 96～97ページ　てびき

❶ 6通り

❶ 議長　副議長　書記　議長　副議長　書記

❷ ①30通り　②15通り

❷ ①１番め　２番め

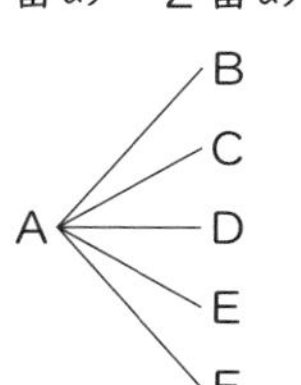

B、C、D、E、Fが１番めのときも、それぞれ5通りあるから、全部で、
5×6＝30(通り)

②順番を決めるとき、A—BとB—Aはちがう並べ方ですが、当番を選ぶとき、順番は関係ないので、A—BとB—Aは同じ組み合わせです。
順番では2通りと数えたものが、組み合わせでは1通りになります。ほかの順番についても同じです。当番の選び方は、30÷2＝15(通り)

❸ ①24通り　②643

❸ ①できる整数は、下のようになります。

百の位　十の位　一の位　　百の位　十の位　一の位

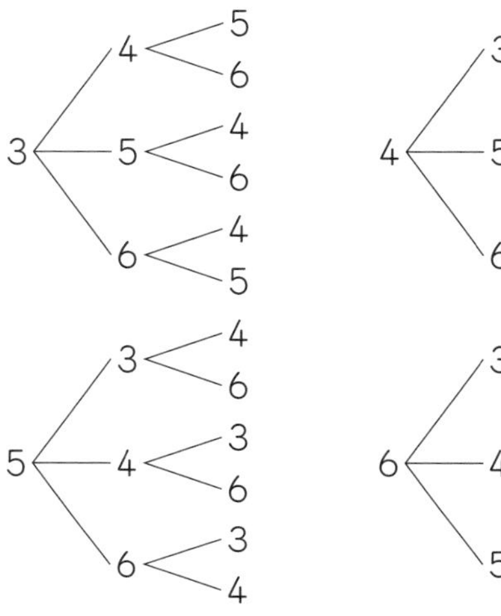

②上の図は、数の小さい順に整理されているから、４番めに大きいのは○をつけた整数です。

❹ ①4通り　②8通り

❹ 表の場合を○、裏の場合を×として、表を使って調べると、下のようになります。
また、樹形図を使って調べることもできます。

①

1回め	2回め
○	○
○	×
×	○
×	×

②

1回め	2回め	3回め
○	○	○
○	○	×
○	×	○
○	×	×
×	○	○
×	○	×
×	×	○
×	×	×

❺ ㋟㋤㋩㋮、
㋟㋤㋩㋳、
㋟㋤㋮㋳、
㋟㋩㋮㋳、
㋤㋩㋮㋳
5通り

❺ 表を使って調べると、右のようになります。また、5人から、テーブルを運ばない1人を選ぶと考えてもよいです。

㋟	㋤	㋩	㋮	㋳
○	○	○	○	
○	○	○		○
○	○		○	○
○		○	○	○
	○	○	○	○

6 ①10通り　②7通り

6 ①下の表のように、10通りあります。

グ 100	ポ 150	チ 200	ク 200	パ 300	代金
○	○	○			450 ○
○	○		○		450 ○
○	○			○	550 ○
○		○	○		500 ○
○		○		○	600 ○
○			○	○	600 ○
	○	○	○		550 ○
	○	○		○	650
	○		○	○	650
		○	○	○	700

②上の表の右側で○をつけた7通りあります。

活用　算数を使って考えよう

算数を使って考えよう―(1)　98～99ページ

1 ①平均値(ち)…6.5点　最ひん値…8点
中央値…7点
②点数が高いといえるとき…平均値
点数が低いといえるとき…最ひん値
③6、5、3、14、14、34

2 ①㋐40　㋑20　㋒20　㋓20
㋔20　㋕40　㋖40
②400、1600、400、1200、400

3 ①18人　②81個

てびき

1 ①平均値＝データの合計÷データの個数
(1×1＋3×3＋4×4＋5×5＋6×2＋7×5＋8×6＋9×5＋10×3)÷34＝221÷34
＝6.5(点)
データの個数が偶数(ぐうすう)の場合は、中央の2つの値(あたい)の平均値が中央値になります。
(7＋7)÷2＝14÷2＝7(点)

3 ①90個作るのにかかる時間は、
6×90＝540(分)
30分で作るので、540÷30＝18(人)
②今できているメダル全部の重さは、
867－300＝567(g)
メダル1個の重さは、35÷5＝7(g)だから、
567÷7＝81(個)

算数を使って考えよう―(2)　100～101ページ

1 ①校庭　②ねんざを体育の時間にした人数
③㋒

2 ①(例)
②6枚(まい)　③8枚　④できない。　⑤㋑、㋒

てびき

1 ①㋑のグラフをよみます。
③表の□の部分は、けがの種類別の人数の合計です。

2 ②板の面積は、3×4＝12(cm²)、カードの面積は、1×2＝2(cm²)だから、板にカードをすきまなくしきつめるには、カードは、12÷2＝6(枚)必要です。
③板の面積は、4×4＝16(cm²)だから、カードは、16÷2＝8(枚)必要です。

④板の面積は、$5\times5=25$(cm²)
$25\div2=12$ あまり 1 でわりきれないので、カードをすきまなくしきつめることはできません。
⑤カードをしきつめられないのは、面積が奇数(きすう)になる板です。

算数のまとめ

まとめのテスト 102ページ

1 ①㋐5 ㋑6 ㋒0 ㋓2
②㋐4 ㋑0 ㋒7 ㋓9
③㋐0 ㋑0 ㋒3 ㋓8

2 ①9400000000000
②50000000000
③9 ④0.103

3

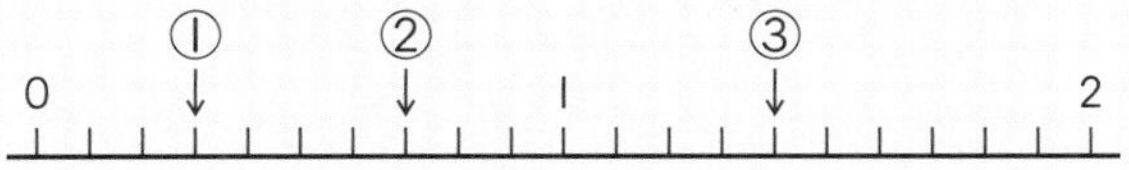

4 ①91700 ②37000 ③180000
④5000000 ⑤75000000

てびき

1 ①5602 は、1000 を5個、100 を6個、1 を2個合わせた数です。

2 ③小数点を右へ2けた移します。
④小数点を左へ1けた移します。

3 めもりは $0.1\left(\frac{1}{10}\right)$ ごとにあります。
③$1\frac{2}{5}=\frac{14}{10}$ なので、14 番めのめもりに↓をかきます。

4 ②百の位で四捨五入(ししゃごにゅう)します。
37~~296~~ → 37000
④一万の位で四捨五入します。
50
~~4950128~~ → 5000000

まとめのテスト 103ページ

1 ①15 ②60

2 ①6 ②9

3 ①13、21、23、31、41、43
②12、14、24、32、34、42
③123 ④4312

4 ①$\frac{1}{2}$ ②$\frac{5}{7}$ ③$\frac{3}{4}$ ④$2\frac{3}{5}$

5 ①$\left(\frac{5}{10}、\frac{7}{10}\right)$ ②$\left(\frac{5}{30}、\frac{4}{30}\right)$
③$\left(\frac{9}{24}、\frac{22}{24}\right)$ ④$\left(\frac{8}{12}、\frac{9}{12}、\frac{10}{12}\right)$

6 ①> ②> ③< ④>

てびき

3 1の位が1か3なら奇数です。1の位が2か4なら偶数(ぐうすう)です。

5 分母の最小公倍数を共通の分母とします。

6 通分して比べます。
①$\frac{3}{5}=\frac{21}{35}$　$\frac{4}{7}=\frac{20}{35}$
③$0.8=\frac{8}{10}=\frac{4}{5}=\frac{24}{30}$　$\frac{5}{6}=\frac{25}{30}$

まとめのテスト 104ページ

てびき

1 ①846 ②326 ③30770 ④1209300
⑤14 ⑥15

❷ ①8.38　②2.39　③17.604　④5.863
⑤3.5　⑥20.8

❸ ①15　②3.4

❹ 4本できて、0.6 m あまる。

❺ 小数…1.5 m、分数…$\frac{3}{2}$m$\left(1\frac{1}{2}\text{m}\right)$

❻ ①$\frac{43}{40}\left(1\frac{3}{40}\right)$　②$3\frac{17}{18}\left(\frac{71}{18}\right)$　③$1\frac{7}{12}\left(\frac{19}{12}\right)$
④$\frac{35}{18}\left(1\frac{17}{18}\right)$

❷ 小数点をそろえて筆算をします。

① 2.98 + 5.4 = 8.38
② 3 − 0.61 = 2.39

❸ ①5.93÷0.4＝14.8…（5に切り上げ）
②9.45÷2.8＝3.37…（4に切り上げ）

❹ 15.4÷3.7 の商を一の位まで求めて、あまりも求めます。

❺ 9÷6＝1.5
$9\div6=\frac{9}{6}=\frac{3}{2}\left(=1\frac{1}{2}\right)$

❻ ②$2\frac{1}{9}+1\frac{5}{6}=2\frac{2}{18}+1\frac{15}{18}=3\frac{17}{18}\left(=\frac{71}{18}\right)$
③$3\frac{1}{4}-1\frac{2}{3}=3\frac{3}{12}-1\frac{8}{12}=2\frac{15}{12}-1\frac{8}{12}$
$=1\frac{7}{12}\left(=\frac{19}{12}\right)$
④$2\frac{7}{18}-1\frac{1}{3}+\frac{8}{9}=\frac{43}{18}-\frac{24}{18}+\frac{16}{18}$
$=\frac{35}{18}\left(=1\frac{17}{18}\right)$

まとめのテスト　105ページ

❶ ①$\frac{7}{10}$　②3　③$\frac{10}{9}\left(1\frac{1}{9}\right)$　④$\frac{3}{5}$

❷ ①$\frac{12}{5}\left(2\frac{2}{5}\right)$　②$\frac{1}{3}$

❸ ①㋑　②㋓

❹ ①4　②36

❺ ①㋒　②㋐

❻ ①式　1000－x＝780　　x＝220
答え　220 mL
②式　a×0.7＝980　　a＝1400
答え　1400円

てびき

❶ ②$1\frac{1}{9}\times2\frac{7}{10}=\frac{10}{9}\times\frac{27}{10}=3$
④$\frac{3}{4}\times1\frac{5}{7}\div2\frac{1}{7}=\frac{3}{4}\times\frac{12}{7}\div\frac{15}{7}$
$=\frac{3}{4}\times\frac{12}{7}\times\frac{7}{15}=\frac{3}{5}$

❷ ①$1\frac{1}{3}\times1.8=\frac{4}{3}\times\frac{18}{10}=\frac{12}{5}\left(=2\frac{2}{5}\right)$
②$\frac{6}{7}\div5.4\times2.1=\frac{6}{7}\div\frac{54}{10}\times\frac{21}{10}$
$=\frac{6}{7}\times\frac{10}{54}\times\frac{21}{10}=\frac{1}{3}$

❸ ①1より小さい数をかけると、積はかけられる数より小さくなります。
②1より小さい数でわると、商はわられる数より大きくなります。

❹ ①(72－15×4)÷3＝(72－60)÷3
＝12÷3＝4
②12×5－96÷4＝60－24＝36

❺ ㋐正方形の形に並(なら)んだご石から、内側のご石をひきます。
㋑式に表すと、4×2＋2×2 となります。

❻ ①1000－x＝780
x＝1000－780＝220
②a×0.7＝980
a＝980÷0.7＝1400

まとめのテスト 106ページ

❶
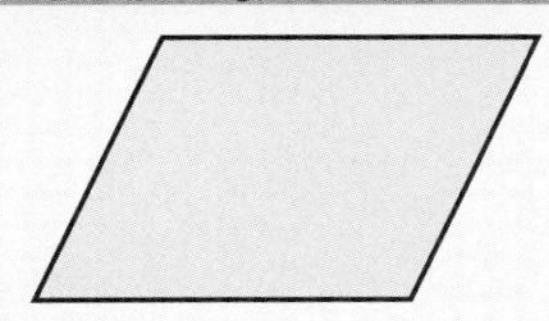

❷
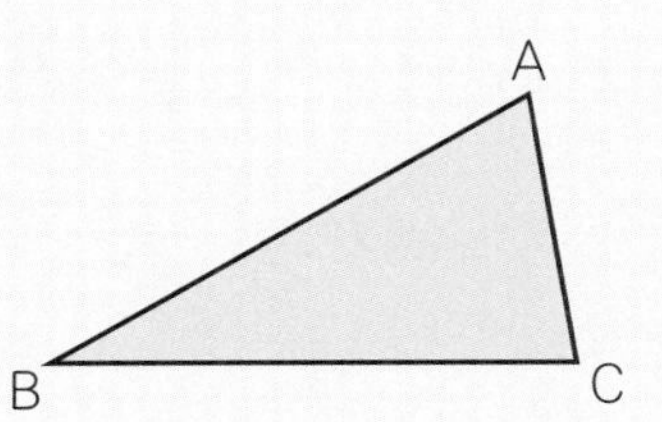

❸ ㋐50°　㋑100°　㋒60°　㋓60°
㋔120°

❹ ①式　15×3.14＝47.1　　答え　47.1 cm
②式　5×3.14＋8×2＝31.7
答え　31.7 cm

❺ ①
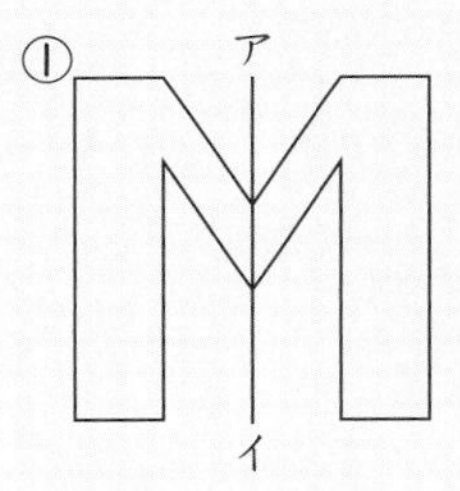

②
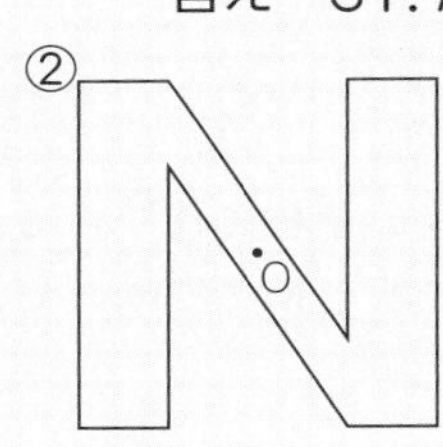

てびき

❶ 平行四辺形は点対称（てんたいしょう）な図形なので、対応する辺の長さや角の大きさは等しくなります。

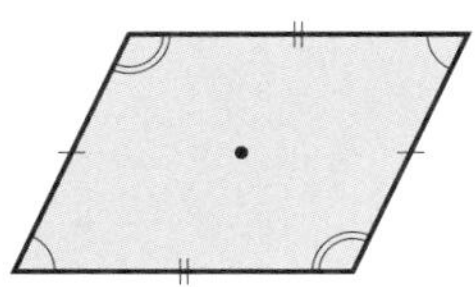

❷ 頂点（ちょうてん）Bに対応する点をとり、その点から直線をひきます。辺BCの長さをコンパスではかり、頂点Cに対応する点をとります。
頂点B、Cに対応する点を中心として、それぞれ辺AB、ACの長さをコンパスでうつして、頂点Aに対応する点をとります。

❸ 三角形の3つの角の大きさの和は180°、四角形の4つの角の大きさの和は360°です。
㋐180°−(70°＋60°)＝50°
㋑360°−(105°＋85°＋70°)＝100°
正六角形の中心の角度は360°で、正六角形を6等分してできる三角形は正三角形になります。
㋒360°÷6＝60°
㋔60°＋60°＝120°

❹ ②左右の2つの半円を合わせると、直径5cmの1つの円になります。

❺ 下のようにして、対応する点をとります。
①
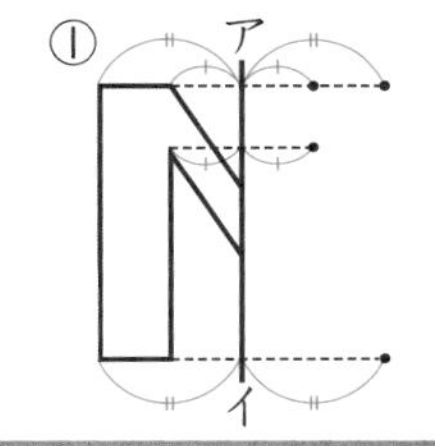

②
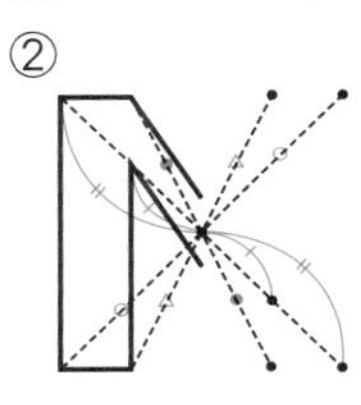

まとめのテスト 107ページ

❶ 式　3×500÷100＝15　　答え　15 m

❷ ①面㋑、面㋓、面㋔、面㋕　②面㋓
③辺AB、辺DC、辺HG　④面㋒、面㋕

❸ ①面㋕　②辺カオ　③頂点イ、頂点エ

❹ (例)
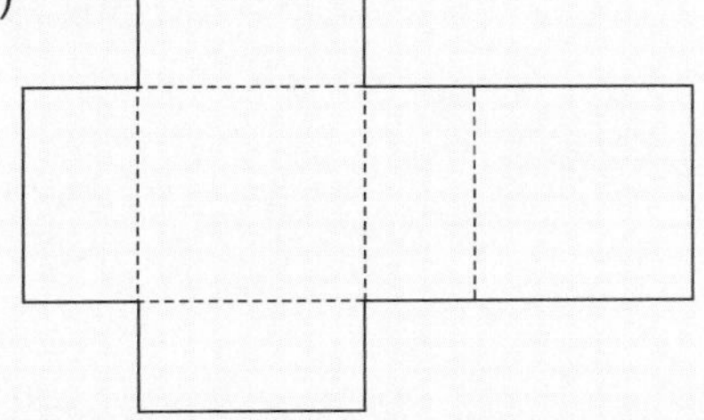

てびき

❶ 縮図（しゅくず）のABの長さは3cmです。

❷ ③辺DCも、辺EFと平行です。

まとめのテスト 108ページ

てびき

❶ ①式　$14\times9\div2=63$　答え　63 cm²
②式　$(7+11)\times6\div2=54$　答え　54 cm²
③式　$4\times4\times3.14\times\frac{1}{4}=12.56$
答え　12.56 cm²

❷ ①25 m²　②6.28 m²

❸ 式　$224\div28=8$　答え　8 m

❹ 式　$60\times70\times20=84000$
84000 cm³＝84 L　答え　84 L

❺ ①70 cm³　②156 cm³　③251.2 cm³

❷ ①$5\times4\div2+5\times6\div2=25$(m²)
②$3\times3\times3.14\times\frac{1}{2}-1\times1\times3.14\times\frac{1}{2}-2\times2\times3.14\times\frac{1}{2}=6.28$(m²)

❸ 長方形の面積＝縦(たて)×横
縦の長さを x m とすると、$x\times28=224$
$x=224\div28=8$

❹ 直方体の体積＝縦×横×高さ
1 L＝1000 cm³

❺ ①$4\times7\div2\times5=70$(cm³)
②$(8+5)\times4\div2\times6=156$(cm³)
③$4\times4\times3.14\times5=251.2$(cm³)

まとめのテスト 109ページ

てびき

❶ ①0.2　②30000　③500　④0.2　⑤1.08
⑥4000　⑦0.6　⑧9700000

❷ ①cm　②m　③m　④km　⑤g
⑥kg　⑦cm²　⑧m²

❸ ①

高さ　x(cm)	1	2	3	4
体積　y(cm³)	25	50	75	100

②

対角線 x(cm)	1	2	3	4
対角線 y(cm)	12	6	4	3

❹ ①$y=4\times x$、比例
②$y=60\div x$、反比例
③$y=50\times x$、比例

❶ ⑦ 1 cm³＝1 mL＝$\frac{1}{1000}$ L だから、
600 cm³ は、$600\times\frac{1}{1000}=0.6$(L)

❸ ①三角柱の体積＝底面積×高さ
②ひし形の面積＝対角線×対角線÷2

❹ 比例する x と y の関係は、y＝きまった数×x の式で表すことができます。
反比例する x と y の関係は、y＝きまった数÷x で表すことができます。

まとめのテスト 110ページ

てびき

❶ 式　$(82\times3+88)\div4=83.5$　答え　83.5 点

❷ ①式　$78200\div92=850$　答え　850 人
②式　$89600\div108=829.6\cdots$
答え　約 830 人

❶ かずきさん、ななさん、まなぶさんの3人の合計点は 82×3(点)、あやかさんを加えた4人の合計点は $82\times3+88$(点)です。

❷ 人口密度(じんこうみつど)＝人口÷面積(km²)

❸ ①分速 800 m　②28 km

❹ ①50 %　②37.5 %　③0.09　④1.08

❺ ①40　②240　③1600　④680

❻ ①1：3　②2：5　③7：4　④7：3

❸ ①48 km＝48000 m
分速は、48000÷60＝800(m)
②道のり＝速さ×時間
800×35＝28000　　28000 m＝28 km

❹ ② $\frac{3}{8}$＝3÷8＝0.375 → 37.5 %

❺ ①8÷20＝0.4 → 40 %
②400×0.6＝240(g)
③求める長さを x m とすると、
x×0.75＝1200
x＝1200÷0.75＝1600
④850×(1－0.2)＝850×0.8＝680

❻ ①16：48＝(16÷16)：(48÷16)＝1：3
②1.8：4.5＝(1.8×10)：(4.5×10)＝18：45
＝(18÷9)：(45÷9)＝2：5
③3.5：2＝(3.5×2)：(2×2)＝7：4
④1：$\frac{3}{7}$＝(1×7)：$\left(\frac{3}{7}\times 7\right)$＝7：3

まとめのテスト　111ページ

❶ ①帯グラフ　②折れ線グラフ　③棒(ぼう)グラフ
④柱状グラフ

❷ ①5 % 増えた。　②450 人

❸ ①4.5 冊(さつ)　②3 冊

❹ ①

図書室を利用した人調べ　(人)

		今週 利用した	今週 利用していない	合計
先週	利用した	29	㋐ 14	43
先週	利用していない	19	9	28
合計		48	23	㋑ 71

②㋐先週利用して、今週利用していない人数
㋑6年生の人数の合計

❺ 5通り

てびき

❶ 割合(わりあい)を表すグラフ→円グラフ、帯グラフ
変化を表すグラフ→折れ線グラフ
大小を表すグラフ→棒グラフ
散らばりの様子を表すグラフ→柱状グラフ

❷ ①B小学校の児童数の割合は、平成元年は全体の20 %、平成 30 年は全体の 25 % です。
②25 % → 0.25
1800×0.25＝450

❹ ①あいているところ、上から順に
43－14＝29　　28－19＝9
左から順に
29＋19＝48　　14＋9＝23
43＋28＝71

❺

青	赤	黄	白	緑
○	○	○	○	
○	○	○		○
○	○		○	○
○		○	○	○
	○	○	○	○

5色から4色を選ぶことは、1色を選ばないことと同じです。選ばない1色は、青、赤、黄、白、緑の5通りだから、5色から4色を選ぶ組み合わせも5通りです。

数学へのとびら

方眼にかいた正方形　112ページ

てびき

1 ①㋐合同　㋑180　㋒180　㋓90　㋔等しく　㋕正方形
②10 cm²　③3.16

1 ②$4\times4-1\times3\div2\times4=10$(cm²)
（4×4：外側の正方形の面積、$1\times3\div2\times4$：周りの直角三角形4つ分の面積）

③$3.1\times3.1=9.61$　$3.2\times3.2=10.24$
だから、$\frac{1}{10}$の位は1です。
$3.11\times3.11=9.6721$
$3.12\times3.12=9.7344$
⋮
$3.16\times3.16=9.9856$ ← 10にいちばん近い
$3.17\times3.17=10.0489$

夏のチャレンジテスト

てびき

1 ①㋐　②㋔

2 ①$\frac{9}{4}\left(2\frac{1}{4}\right)$　②$\frac{10}{13}$

3 線対称(せんたいしょう)…㋐、㋑、㋒、㋔
点対称…㋑、㋒、㋕

4 ①$\frac{6}{7}$　②$\frac{8}{3}\left(2\frac{2}{3}\right)$　③$\frac{33}{4}\left(8\frac{1}{4}\right)$
④$\frac{5}{24}$　⑤$\frac{3}{40}$　⑥$\frac{2}{9}$

5 ①$\frac{4}{15}$　②$\frac{5}{24}$　③4　④$\frac{4}{3}\left(1\frac{1}{3}\right)$
⑤$\frac{6}{5}\left(1\frac{1}{5}\right)$

6 ①$\frac{15}{14}\left(1\frac{1}{14}\right)$　②$\frac{25}{18}\left(1\frac{7}{18}\right)$　③$\frac{6}{5}\left(1\frac{1}{5}\right)$
④3　⑤2

4 分数×整数の計算は、分母はそのままにして分子に整数をかけます。

②$\frac{4}{15}\times10=\frac{4\times\overset{2}{\cancel{10}}}{\underset{3}{\cancel{15}}}=\frac{8}{3}\left(=2\frac{2}{3}\right)$

③$1\frac{3}{8}\times6=\frac{11}{8}\times6=\frac{11\times\overset{3}{\cancel{6}}}{\underset{4}{\cancel{8}}}=\frac{33}{4}\left(=8\frac{1}{4}\right)$

分数÷整数の計算は、分子はそのままにして分母に整数をかけます。

⑤$\frac{21}{20}\div14=\frac{\overset{3}{\cancel{21}}}{20\times\underset{2}{\cancel{14}}}=\frac{3}{40}$

⑥$1\frac{7}{9}\div8=\frac{16}{9}\div8=\frac{\overset{2}{\cancel{16}}}{9\times\underset{1}{\cancel{8}}}=\frac{2}{9}$

5 分母どうし、分子どうしをかけます。

④$1.6\times\frac{5}{6}=\frac{16}{10}\times\frac{5}{6}=\frac{4}{3}\left(=1\frac{1}{3}\right)$

⑤$\frac{9}{10}\times\frac{5}{2}\times\frac{8}{15}=\frac{6}{5}\left(=1\frac{1}{5}\right)$

6 わる数の逆数をかけます。

④$3.6\div\frac{6}{5}=\frac{36}{10}\times\frac{5}{6}=3$

⑤$\frac{9}{14}\div\frac{3}{8}\div\frac{6}{7}=\frac{9}{14}\times\frac{8}{3}\times\frac{7}{6}=2$

7 ①

②

8

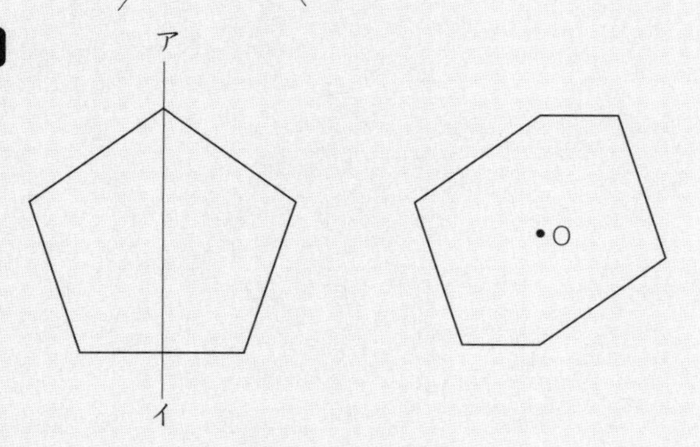

9 式　$1000-x\times7=440$　　$x=80$

答え　80円

10 式　$1\frac{1}{4}\times1\frac{1}{5}\times\frac{2}{3}=1$　　答え　$1\ m^3$

11 式　$1\frac{7}{8}\div\frac{3}{4}=\frac{5}{2}\left(2\frac{1}{2}\right)$　答え　$\frac{5}{2}$ha$\left(2\frac{1}{2}\right.ha\left.\right)$

12 式　$\frac{\overset{2}{\cancel{40}}}{\underset{3}{\cancel{60}}}=\frac{2}{3}$

$11\times\frac{2}{3}=\frac{11}{1}\times\frac{2}{3}=\frac{11\times2}{1\times3}=\frac{22}{3}\left(7\frac{1}{3}\right)$

答え　$\frac{22}{3}$km$\left(7\frac{1}{3}\right.km\left.\right)$

13 式　$1\frac{2}{3}\div\frac{5}{6}=\frac{5}{3}\div\frac{5}{6}=\frac{5}{3}\times\frac{6}{5}=\frac{\overset{1}{\cancel{5}}\times\overset{2}{\cancel{6}}}{\underset{1}{\cancel{3}}\times\underset{1}{\cancel{5}}}=2$

答え　2倍

7 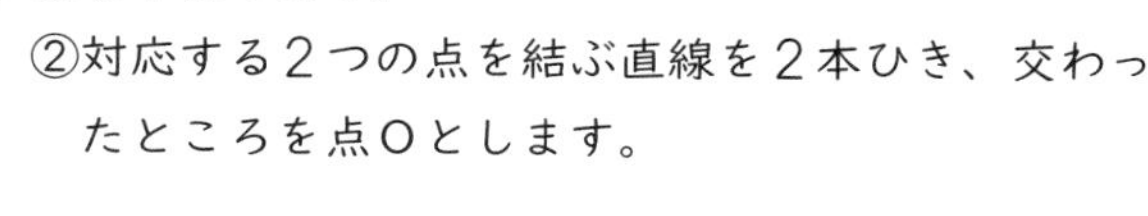
①5本あります。
②対応する2つの点を結ぶ直線を2本ひき、交わったところを点Oとします。

8 下のようにして、対応する点をとります。

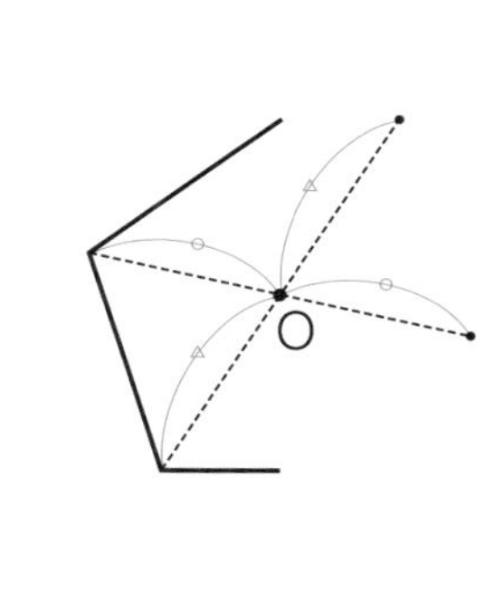

9 くしだんご7本の代金は、
$x\times7=1000-440=560$(円)です。

10 辺の長さが分数でも、体積の公式を使うことができます。直方体の体積＝縦(たて)×横×高さ

11 畑全体の面積を x ha とすると、
$x\times\frac{3}{4}=1\frac{7}{8}$　　$x=1\frac{7}{8}\div\frac{3}{4}$

12 40分間を時間になおします。

$40\div60=\frac{\overset{2}{\cancel{40}}}{\underset{3}{\cancel{60}}}=\frac{2}{3}$(時間)

きょりは、速さ×時間で求められます。

13 求める数を x として、問題の場面を数直線に表します。

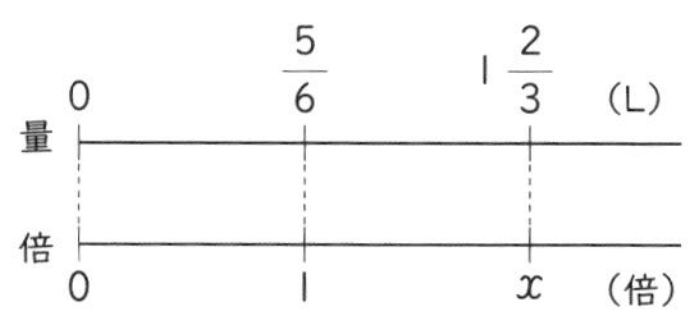

冬のチャレンジテスト

てびき

1 比例…㋒、反比例…㋐

2 ①3：5　②15：8

3 拡大図(かくだいず)…㋔、縮図(しゅくず)…㋒

4 ①式　$5\times5\times3.14=78.5$　　答え　78.5 cm²

②式　$8\times8\times3.14\times\frac{1}{4}=50.24$

答え　50.24 cm²

4 ②円全体の面積の $\frac{1}{4}$ になっています。

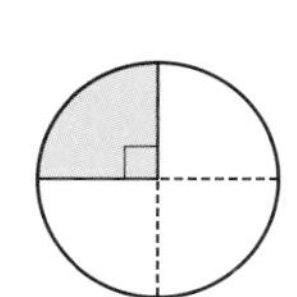

5 ①

1辺の長さ x(cm)	1	2	3	4	5
周りの長さ y(cm)	7	14	21	28	35

②$y=7\times x$

③y(cm) 正七角形の1辺の長さと周りの長さ

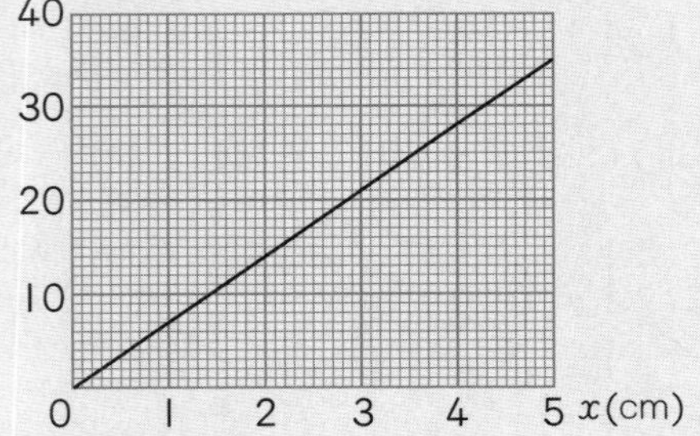

②周りの長さはいつも、1辺の長さの7倍になっています。

③xの値(あたい)とyの値を表す点をグラフにとり、0の点を通る直線で結びます。

6 ①

人数 x(人)	1	2	3	4	5
1人分の長さ y(m)	18	9	6	4.5	3.6

②$y=18\div x(x\times y=18)$

②$x\times y$は、いつも18になります。
yはxに反比例し、
きまった数は18です。

7 ①式 $(6+10)\times5\div2\times5=200$

答え 200 cm³

②式 $7\times7\times3.14\times20=3077.2$

答え 3077.2 cm³

角柱、円柱の体積＝底面積×高さ

8 ①2：5 ②5：2 ③5：2 ④15：14

③$0.2:0.08=(0.2\times100):(0.08\times100)$
$=20:8=(20\div4):(8\div4)$
$=5:2$

④$\frac{5}{6}:\frac{7}{9}=\left(\frac{5}{6}\times18\right):\left(\frac{7}{9}\times18\right)=15:14$

9 ①20 kg ②

握力(あくりょく)測定の記録

握力(kg)	人数(人)
10以上～15未満	1
15 ～20	8
20 ～25	10
25 ～30	1
合　計	20

①平均値(ち)は、データの合計÷データの個数で求められます。
$(21+19+24+17+20+16+18+23+23+21+18+25+19+14+22+20+21+17+18+24)\div20=400\div20=20$(kg)

②正の字を使って整理すると、落ちや重なりを防ぐことができます。

10

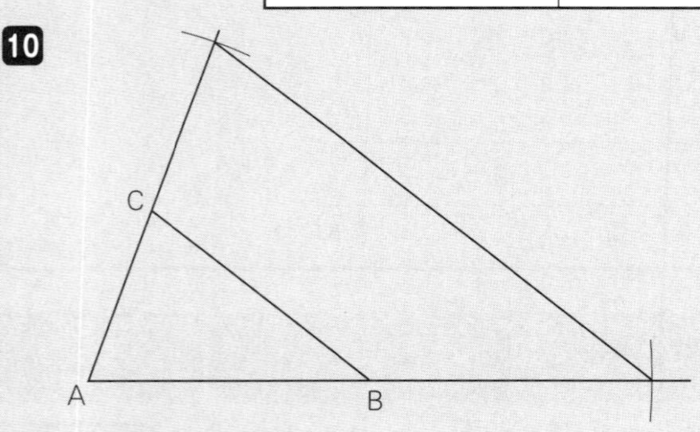

辺AB、辺ACをそれぞれのばして、辺の長さが2倍になるようにコンパスでうつしとり、頂点(ちょうてん)Bに対応する頂点、頂点Cに対応する頂点の位置を決めます。

11 ①32 cm ②21人

①横の長さをx cmとすると、$3:4=24:x$

②クラス全体と女子の人数の比は、
$(6+7):7=13:7$
女子の人数をx人とすると、$13:7=39:x$

12 式　$4\times4\times3.14-2\times2\times3.14=37.68$
答え　37.68 cm^2

12 色のついた部分の面積は、右の図の色がついた部分の面積と同じです。

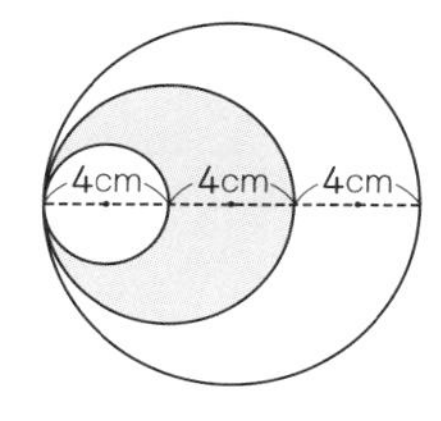

13 式　$(3+5)\times3\div2\times6=72$　　答え　72 cm^3

13 展開図を組み立てると、底面が上底3cm、下底5cm、高さ3cmの台形で、高さが6cmの四角柱になります。

春のチャレンジテスト

てびき

1 さしすせ、さしせす、さすしせ、
さすせし、させしす、させすし、
しさすせ、しさせす、しすさせ、
しすせさ、しせさす、しせすさ、
すさしせ、すさせし、すしさせ、
すしせさ、すせさし、すせしさ、
せさしす、せさすし、せしさす、
せしすさ、せすさし、せすしさ

2 たな、たは、たま、なは、なま、はま

3 ①6通り　②6通り

4 ①4通り　②8通り

5 ①いも、いぶ、いお、いぱ、もぶ、もお、もぱ、
ぶお、ぶぱ、おぱ
②5通り

1 1番め　2番め　3番め　4番め

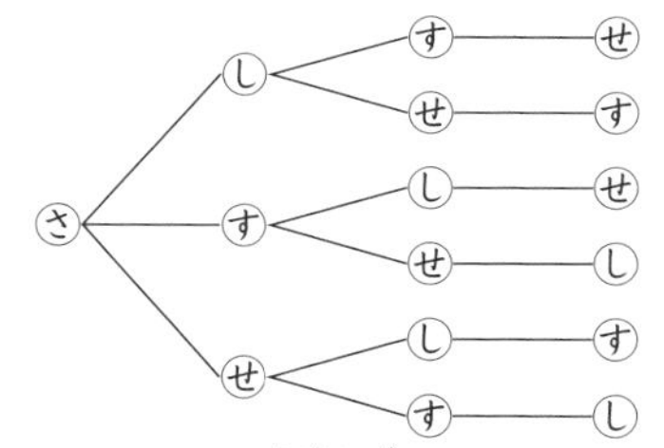

上のように、樹形図をかくと、4人の並び方がわかりやすいです。

2 た―な、た―は、た―ま　　な―は、な―ま　　は―ま

対戦の組み合わせを選ぶとき、順番は関係ないので、た―なとな―たは同じ組み合わせです。

3 ①十の位　一の位
3―5
3―8
十の位が5や8の場合も、それぞれ2通りあるから、全部で$2\times3=6$（通り）

②百の位　十の位　一の位
3―5―8
3―8―5
百の位が5や8の場合も、それぞれ2通りあるから、全部で$2\times3=6$（通り）

4 ①

1回め	2回め
表	表
表	裏
裏	表
裏	裏

②

1回め	2回め	3回め
表	表	表
表	表	裏
表	裏	表
表	裏	裏
裏	表	表
裏	表	裏
裏	裏	表
裏	裏	裏

5 ①
い―も、い―ぶ、い―お、い―ぱ　　も―ぶ、も―お、も―ぱ　　ぶ―お、ぶ―ぱ　　お―ぱ

くだものの組み合わせに順番は関係ないので、い―もとも―いは同じ組み合わせです。

6 ①20通り　②10通り

7 ①20、23、25、30、32、35、50、52、53
9
②2035、2053、2305、2350、2503、
2530、3025、3052、3205、3250、
3502、3520、5023、5032、5203、
5230、5302、5320
18

②

い	も	ぶ	お	ぱ
○	○	○	○	
○	○	○		○
○	○		○	○
○		○	○	○
	○	○	○	○

5つのくだものの中から4つを選ぶということは、残す1つを選ぶことと同じです。5つから1つを選ぶので、5通りです。

6 ①班長(はんちょう)　会計

A—B
A—C
A—D
A—E

B、C、D、Eが班長のときも、それぞれ4通りあるから、全部で、
4×5＝20(通り)

②2人を選んで順番を決めないとき、
A—BとB—Aは同じ組み合わせです。
2人の選び方は、次のようになります。

A	B	C	D	E
○	○			
○		○		
○			○	
○				○
	○	○		
	○		○	
	○			○
		○	○	
		○		○
			○	○

7 ①02や05などは2けたの整数とはいえないので、
十の位は2、3、5のどれかです。

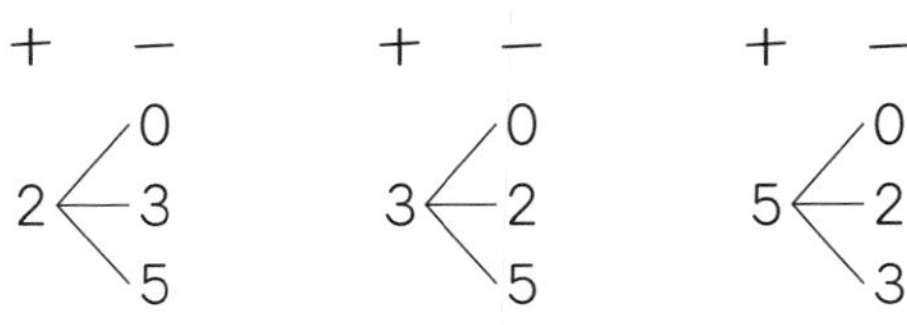

②0235や0352などは4けたの整数とはいえないので、千の位は2、3、5のどれかです。

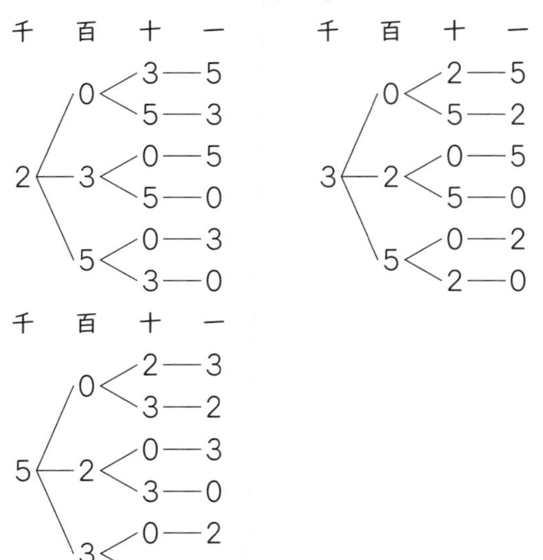

8 ①6円、11円、15円、51円、55円、60円、101円、105円、110円、150円、501円、505円、510円、550円、600円

②166円、566円、616円、656円、661円、665円

9 ①(ハ)(ポ)(コ)、(ハ)(ポ)(オ)、(ハ)(ポ)(ウ)、(チ)(ポ)(コ)、(チ)(ポ)(オ)、(チ)(ポ)(ウ)、(フ)(ポ)(コ)、(フ)(ポ)(オ)、(フ)(ポ)(ウ)

②27通り

③ハンバーガー、ポテト、ウーロン茶

④5通り

8 ①

1円	5円	10円	50円	100円	500円	金額
○	○					6
○		○				11
○			○			51
○				○		101
○					○	501
	○	○				15
	○		○			55
	○			○		105
	○				○	505
		○	○			60
		○		○		110
		○			○	510
			○	○		150
			○		○	550
				○	○	600

②

1円	5円	10円	50円	100円	500円	金額
○	○	○	○	○		166
○	○	○	○		○	566
○	○	○		○	○	616
○	○		○	○	○	656
○		○	○	○	○	661
	○	○	○	○	○	665

9 ①ポテトをサイドメニューにしたときの選び方は下のようになります。

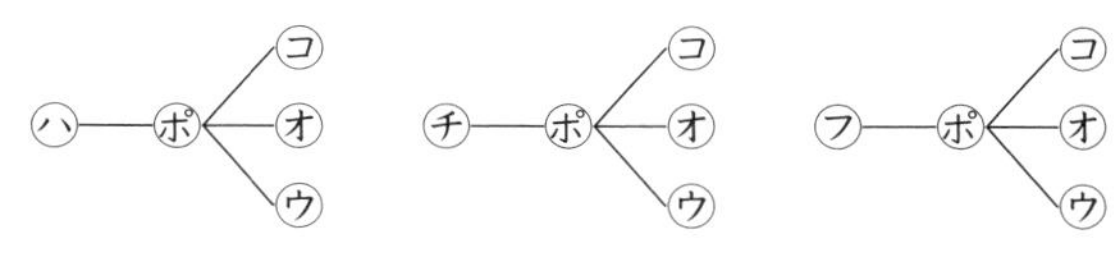

②バーガー、サイドメニュー、ドリンクがそれぞれ3種類ずつあるので、3×3×3＝27(通り)

③バーガー、サイドメニュー、ドリンクでそれぞれいちばん安いのは、ハンバーガー、ポテト、ウーロン茶です。

④サイドメニューとドリンクで少なくとも180＋120＝300(円)かかるから、バーガーにチーズバーガー、フィッシュバーガーを選ぶことはできません。バーガーをハンバーガーにしたときの選び方は下のようになります。

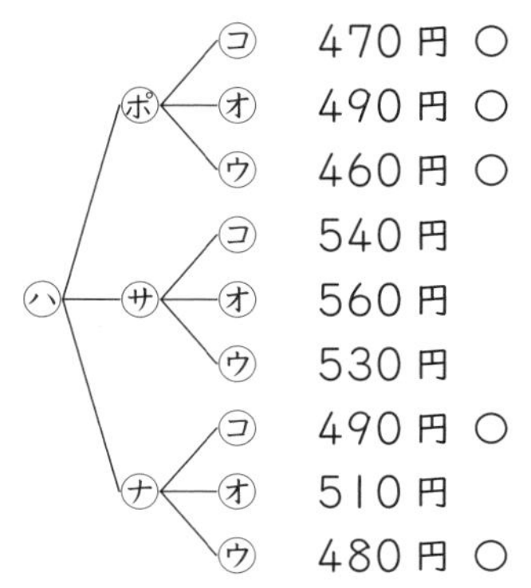

学力診断テスト

てびき

1 ① $\frac{14}{15}$ ② $\frac{2}{3}$ ③ $\frac{9}{5}\left(1\frac{4}{5}\right)$
④2 ⑤ $\frac{4}{7}$ ⑥ $\frac{9}{25}$

2 ①1 ②1.2 ③3.6

3 ㋓

4 25.12 cm²

5 ①式 6×4÷2×12＝144
答え 144 cm³
②式 5×5×3.14÷2×16＝628
または、5×5×3.14×16÷2＝628
答え 628 cm³

6 線対称…㋐、㋑ 点対称…㋐、㋓

7 ㋑、㋓

8 ① $y=36\div x$ ②いえます（いえる）

9 ①角E ②4.5 cm

10 6通り

11 ①中央値…5冊
最頻値…5冊
②5冊
③右のグラフ
④6冊以上8冊未満
⑤4冊以上6冊未満

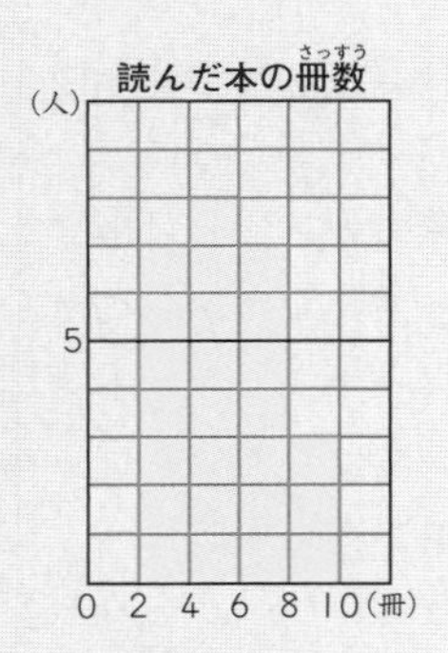

12 ① $y=12\times x$ ②900 L
③300000 cm³ ④50 cm
⑤（例）浴そうに水を200 Lためて
シャワーを1人15分間使うと、
200＋12×15×5＝1100（L）、
浴そうに水をためずにシャワー
を1人20分間使うと、
12×20×5＝1200（L）
になるので、浴そうに水をためて
使うほうが水の節約になるから。

2 x の値が5のときの y の値が3だから、きまった数は
3÷5＝0.6 式は $y=0.6\times x$ です。

4 右の図の①の部分と、②の部分は同じ形です。だから、求める面積は、直径8cmの円の半分と同じです。
4×4×3.14÷2＝25.12（cm²）

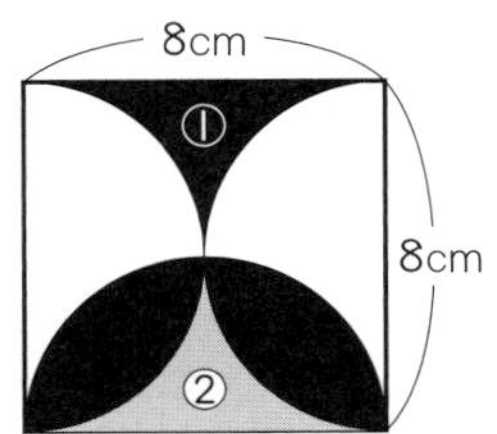

5 どちらも「底面積×高さ」で求めます。
①の立体は、底面が底辺6cm、高さ4cmの三角形で、高さが12cmの三角柱です。
②の立体は、底面が直径10cmの円の半分で、高さが16cmの立体です。また、②は底面が直径10cmの円、高さが16cmの円柱の半分と考えて、
「5×5×3.14×16÷2」でも正解です。

6 1つの直線を折り目にして折ったとき、両側の部分がぴったり重なる図形が線対称な図形です。また、ある点のまわりに180°まわすと、もとの形にぴったり重なる図形が点対称な図形です。

7 ㋑は6で、㋓は7でわると2：3になります。

8 ① 横＝面積÷縦　$x\times y=36$ としても正解です。
②①の式は、y＝きまった数$\div x$　だから、x と y は反比例しているといえます。

9 ②形の同じ2つの図形では、対応する辺の長さの比はすべて等しくなります。辺ABと辺DBの長さの比は2：6で、簡単にすると1：3です。辺ACと辺DEの長さの比も1：3だから、1：3＝1.5：□として求めます。

10 赤—青、赤—黄、赤—緑、青—黄、青—緑、黄—緑の6通りです。
例えば、右のようにして考えます。
赤＜青・黄・緑　青＜黄・緑　黄—緑

11 ①ドットプロットから、クラスの人数は25人とわかります。
中央値は、上から13番目の本の冊数です。
②平均値は、125÷25＝5（冊）になります。
③ドットプロットから、2冊以上4冊未満の人数は7人、4冊以上6冊未満の人数は8人、6冊以上8冊未満の人数は7人、8冊以上10冊未満の人数は3人です。
④8冊以上10冊未満の人数は3人、6冊以上8冊未満の人数は7人だから、本の冊数が多いほうから数えて10番目の児童は、6冊以上8冊未満の階級に入っています。
⑤5冊は4冊以上6冊未満の階級に入ります。

12 ① $12\times x=y$ としても正解です。
⑤それぞれの場合の水の使用量を求め、比かくした上で「水をためて使うほうが水の節約になる」ということが書けていれば正解とします。